高等院校安全与减灾管理系列教材

城市安全与防灾规划原理

刘 茂 李 迪 编著

图书在版编目(CIP)数据

城市安全与防灾规划原理/刘茂，李迪编著. —北京：北京大学出版社，2018. 1
（高等院校安全与减灾管理系列教材）
ISBN 978-7-301-29048-4

Ⅰ. ①城… Ⅱ. ①刘… ②李… Ⅲ. ①城市—灾害防治—城市规划—高等学校—教材
Ⅳ. ①X4 ②TU984.11

中国版本图书馆 CIP 数据核字（2017）第 311087 号

书　　名	城市安全与防灾规划原理 CHENGSHI ANQUAN YU FANGZAI GUIHUA YUANLI
著作责任者	刘　茂　李　迪　编著
责任编辑	王　华
标准书号	ISBN 978-7-301-29048-4
出版发行	北京大学出版社
地　　址	北京市海淀区成府路 205 号　100871
网　　址	http://www.pup.cn　新浪微博：@北京大学出版社
电子信箱	zpup@pup.pku.edu.cn
电　　话	邮购部 62752015　发行部 62750672　编辑部 62765014
印 刷 者	北京大学印刷厂
经 销 者	新华书店
	787 毫米 × 980 毫米　16 开本　16.75 印张　340 千字
	2018 年 1 月第 1 版　2018 年 1 月第 1 次印刷
定　　价	42.00 元

内容提要

城市公共安全规划包括两种最基本的规划，即针对城市事故灾难的安全规划和针对城市自然灾害的防灾规划以及这两种规划的基本原理——风险分析原理。

本书主要内容包括：城市风险分析与规划的基本概念及规划的主要内容；城市事故风险、灾害风险分析的理论和方法、案例及计算模拟；风险可接受水平与规划目标的关系；城市安全规划选址、布局及规划决策；城市防灾规划准备、分析、编制规划、城市防灾对策措施、实施与更新等。

本书适用于安全科学与工程、城市建设、城市规划与设计、防灾减灾、市政工程、消防工程、环境科学与工程等专业的本科生及研究生作为教材和参考书，也可用于相关专业的工程技术人员和政府、企业管理者参考。

前言

继《事故风险分析理论与方法》《城市公共安全学——原理与分析》《城市公共安全学——应急与疏散》出版后，《城市安全与防灾规划原理》一书终于面世了。城市安全与防灾规划原理，顾名思义是针对城市预防事故与灾害发生的安全规划与防灾规划。这些规划是为城市发展构建平安环境，立规矩，订计划，从而规避风险，策划安全防灾应对措施。

近年来，我国城市发展迅猛异常，城市化进程大大推进，城市的快速发展势必产生诸多风险，导致事故灾害频频发生，因而防控城市风险并制订安全防灾规划成为社会的紧迫需求。

安全与防灾规划以预防为出发点，防患事故灾害在尚未发生时如何规避风险，确定城市合理的功能区划、并在地图上正确选址、合理布局等都是安全与防灾规划的核心内容。因为规划是预防为主，考虑问题是在事情发生之前，比较那些事后的应急救援所采取的“亡羊补牢”，无论从社会效益、经济效益都要强许多倍。当前的一种倾向是，每当谈到城市安全时总会只谈应急，似乎应急做好了，于是就安全了，这种过分强调应急救援是与安全预防原理相悖的。

这本书名为原理，旨在讲清安全防灾规划普适的原理，即风险分析原理或称风险管理理论，基于风险评价实行风险避免、减少、转移和可接受风险的原则，贯穿在安全与防灾规划的始终。规划目标是规划的核心，确定一个合理可行又能实现跨越进步的目标至关重要，从风险角度理解，规划目标就是一个使城市可持续发展的合理可接受的风险水平，合理确定风险可接受水平是制订规划目标的关键。

作者多年来始终认为城市公共安全问题是一个复杂的问题，因为它是城市问题和安全问题的耦合，由于城市问题和安全问题自身的复杂性，使得城市安全变得更为复杂，对于这样一个复杂问题的解决，必须通过构建城市公共安全体系才能实现，这个体系包括对城市安全风险分析，在风险分析的基础上制订安全规划，在规划的指导下进行城市的风险管理，对不可避免的事故灾害进行应急救援等四个方面。

本书是南开大学城市公共安全研究中心刘茂教授和他的学生们十多年辛勤耕耘的教学、科研成果，本书的核心内容，主要源自他们的学术论文、科研报告和公开发表的文章，本书构建了城市安全与防灾规划的框架，提出了核心理论和定量分析方法。必须提到的是，在朱坦教授的倡导下，牛晓霞博士首先开始安全规划的理论研究。

本书的另一位作者李迪及其所在的赛飞特工程技术集团有限公司多年来一直致力于对国内重要的化工企业、工业园区进行风险评估，实现了风险理论与企业实际相结合，并且取得了丰富的经验和成果，为安全规划提供了翔实的分析案例，为本书增色不少。

本书各章节完成情况如下：第二章由周亚飞、杨杰、王振、操铮、许同生完成，案例分析由赛飞特工程技术集团有限公司张玉省等人完成；第三章由杨杰、王靖文、徐伟、周亚飞完成；第四章由刘旭锋、李清水、张永强完成；第五章由李清水、于辉完成，案例分析由赛飞特工程技术集团有限公司张玉省等人完成；第六、七章由杨杰完成。本书文字和内容编排由赛飞特工程技术集团有限公司孙建中完成。本书编写工作历时半年多，需要对大量文献、资料归纳整理，工作量巨大。

城市安全与防灾规划是最近几年开始的，无论是从定义概念，还是理论和方法，都不够完善，有待进一步的探索和研究。本书以事故灾难的安全规划和自然灾害的防灾规划为重点，而对一些专项规划，例如工业园区安全规划、交通安全规划、城市地下空间安全规划、城市基础设施安全规划、地震防灾规划、洪水防灾规划、应急救援规划、疏散与避难规划等，没有做详细叙述，但是它们的原理和方法是相通的。

由于安全防灾规划还处于不断探索之中，加上编者水平有限，可能存在一些不妥和错误之处，恳请读者和同行专家指正。

刘茂　李迪

2016 年 12 月

目 录

1 绪论 ······ (1)
1.1 基本概念 ······ (2)
1.1.1 城市事故风险 ······ (2)
1.1.2 城市灾害风险 ······ (3)
1.1.3 城市风险可接受水平 ······ (4)
1.1.4 城市安全规划 ······ (4)
1.1.5 城市防灾规划 ······ (5)
1.2 城市安全和防灾规划的内容 ······ (5)
2 城市安全风险分析 ······ (7)
2.1 城市火灾风险分析 ······ (7)
2.1.1 建立城市火灾风险分析指标体系 ······ (7)
2.1.2 城市火灾风险分级 ······ (9)
2.2 城市火灾风险分析案例 ······ (9)
2.2.1 指标分级 ······ (9)
2.2.2 城市火灾风险等级图 ······ (15)
2.3 城市工业危险源风险分析 ······ (16)
2.3.1 重大事故发生概率 ······ (16)
2.3.2 重大事故影响范围 ······ (17)
2.3.3 个体致死概率计算模型 ······ (19)
2.3.4 事故个人风险 ······ (19)
2.4 城市工业危险源风险分析案例 ······ (19)
2.4.1 工业园区风险分析案例 ······ (19)
2.4.2 涉氨企业安全风险分析 ······ (28)
2.4.3 危险货物道路运输风险分析案例 ······ (30)
2.5 城市公共场所风险分析 ······ (34)

2.5.1 拥挤踩踏事故发生的因素 …………………………………………………… (34)
2.5.2 人群拥挤踩踏事故的风险模型 ………………………………………… (38)
2.5.3 体育赛场人群聚集风险计算案例 ……………………………………… (38)
2.6 城市公共基础设施风险分析 …………………………………………………… (45)
2.6.1 城市市政管线综合安全评价指标体系 ………………………………… (47)
2.6.2 城市燃气管网的定量风险分析与研究 ………………………………… (49)
2.7 城市燃气管道风险分析案例 …………………………………………………… (51)
2.7.1 城市燃气输气站和高压管网 …………………………………………… (51)
2.7.2 安全风险分析 …………………………………………………………… (52)
3 城市灾害风险分析 …………………………………………………………… (54)
3.1 地震风险分析 …………………………………………………………………… (55)
3.1.1 基于 HAZUS 软件的地震风险分析方法 ……………………………… (55)
3.1.2 地震灾害风险案例分析 ………………………………………………… (72)
3.2 洪水风险分析 …………………………………………………………………… (82)
3.2.1 蒙特卡罗方法模拟分析河道堤防失效和洪水漫顶的概率 ………… (82)
3.2.2 堤防失稳机理分析和故障树的建立 …………………………………… (83)
3.2.3 堤防失稳概率的蒙特卡罗方法模拟计算 ……………………………… (85)
3.2.4 基于蒙特卡罗模拟的堤防漫顶失效概率分析 ………………………… (89)
3.2.5 基于计算机模拟软件的洪水淹没的范围和深度的模拟 …………… (90)
3.2.6 城市洪水风险案例分析 ………………………………………………… (94)
3.3 台风风暴潮灾害风险分析 …………………………………………………… (107)
3.3.1 台风风暴潮灾害风险指数评价 ……………………………………… (108)
3.3.2 台风风暴潮灾害分析案例 …………………………………………… (110)
3.3.3 台风风暴潮灾害海水入侵影响预测 ………………………………… (113)
3.3.4 台风风暴潮灾害海水入侵影响预测案例 …………………………… (114)
4 风险可接受水平及规划目标 ……………………………………………… (118)
4.1 个人风险可接受水平 ………………………………………………………… (118)
4.1.1 根据事故统计数据得出风险可接受水平 …………………………… (119)
4.1.2 根据其他国家和行业风险标准确定风险可接受水平 ……………… (120)
4.2 社会风险可接受水平 ………………………………………………………… (123)
4.2.1 根据事故统计数据得出风险可接受水平 …………………………… (123)
4.2.2 个人和社会风险可接受水平的关联 ………………………………… (125)
4.2.3 社会风险可接受水平的建议值 ……………………………………… (126)
4.3 经济风险可接受水平 ………………………………………………………… (126)

4.3.1　经济风险可接受与成本-收益分析 …… (127)
4.3.2　成本-收益分析中的成本计算 …… (127)
4.3.3　成本-收益分析中的收益计算 …… (129)
4.3.4　对个人和社会风险的成本-收益分析 …… (130)
4.3.5　经济风险矩阵——经济风险可接受水平 …… (131)
4.4　国外可接受风险水平标准 …… (132)
4.4.1　英国可接受风险标准 …… (133)
4.4.2　欧盟(European Union,EU)风险可接受标准 …… (135)
4.4.3　澳大利亚和新西兰可接受风险标准 …… (137)
4.5　城市安全与防灾规划目标的确定 …… (139)
4.5.1　城市火灾风险的降低 …… (140)
4.5.2　城市地震风险的降低 …… (143)
4.5.3　洪水灾害风险的降低 …… (148)
5　城市安全规划 …… (149)
5.1　欧盟各国土地利用规划的概况 …… (149)
5.1.1　土地利用规划的 Seveso II Directive 的条款 …… (150)
5.1.2　欧盟各国土地利用规划常用方法 …… (151)
5.2　基于风险指数 *RI* 的选址评价 …… (154)
5.2.1　风险指数 *RI* 的计算 …… (155)
5.2.2　选址合理性的判断 …… (156)
5.2.3　LNG 储备库的选址案例 …… (157)
5.3　PADHI 规划决策 …… (158)
5.3.1　PADHI 方法的一般步骤 …… (158)
5.3.2　规划对象类型及敏感度等级划分 …… (160)
5.3.3　规划对象位置的确定 …… (165)
5.3.4　规划决策 …… (168)
5.3.5　拟建 LNG 储备库的周边决策案例 …… (168)
5.4　基于蒙特卡罗的布局分析 …… (176)
5.4.1　蒙特卡罗分析实现方法 …… (176)
5.4.2　布局对比方法 …… (177)
5.4.3　某工厂布局案例分析 …… (179)
5.5　基于我国现行法规的安全规划案例 …… (188)
5.5.1　可容许风险标准 …… (189)
5.5.2　个人风险值 …… (191)

6 城市防灾规划 …………………………………………………… (194)
6.1 规划准备 …………………………………………………… (194)
6.1.1 规划支持 …………………………………………………… (194)
6.1.2 组建规划团队 …………………………………………… (198)
6.1.3 公众参与 …………………………………………………… (199)
6.2 风险分析 …………………………………………………… (201)
6.2.1 风险识别 …………………………………………………… (201)
6.2.2 灾害概况 …………………………………………………… (203)
6.2.3 财产目录 …………………………………………………… (208)
6.2.4 损失评估 …………………………………………………… (213)
6.3 编制规划 …………………………………………………… (218)
6.3.1 确定规划目标 …………………………………………… (218)
6.3.2 识别并确定优先防灾措施 ………………………………… (222)
6.3.3 确定防灾实施策略 ……………………………………… (228)
6.3.4 草拟防灾规划 …………………………………………… (230)
6.4 规划实施与更新 …………………………………………… (231)
6.4.1 采纳规划 …………………………………………………… (232)
6.4.2 实施规划 …………………………………………………… (233)
6.4.3 评估规划结果 …………………………………………… (234)
6.4.4 修改规划 …………………………………………………… (236)
6.5 某城市防灾规划案例分析 ………………………………… (237)
6.5.1 规划概况 …………………………………………………… (237)
6.5.2 确定主要灾害类型 ……………………………………… (241)
6.5.3 主要灾种风险分析 ……………………………………… (244)
6.5.4 规划目标 …………………………………………………… (245)
7 城市防灾对策 …………………………………………………… (246)
7.1 火灾安全措施 ……………………………………………… (246)
7.2 工业危险源规划措施 ……………………………………… (246)
7.3 地震减缓防灾措施 ………………………………………… (247)
7.4 洪水防灾措施 ……………………………………………… (249)
7.5 城市滑坡灾害防灾措施 …………………………………… (250)
参考文献 ………………………………………………………… (252)

1 绪 论

由于城市问题与公共安全问题的耦合，城市公共安全变得越来越复杂，城市公共安全区别于工业生产安全，专门研究城市中工业危险源、城市公共基础设施、城市公众聚集场所、城市自然灾害等对城市经济和社会发展带来的风险。除了生产劳动之外，这些风险还存在于人们生活、生存范围的各个方面，包括了衣、食、住、行、休闲娱乐等各个领域及环节。

随着城市化进程日益加快，工业建设项目数量不断增加，很多地区出现了工业区与居住区等人口密集的区域交错分布或相邻的现象，一些工业园区或设施中储存或使用了大量的易燃、易爆或有毒的危险化学品，作为城市中重要的工业危险源，一旦发生火灾、爆炸和毒气泄漏事故，往往带来物质损失、环境破坏、大量人员伤亡，后果通常非常严重。

城市公共基础设施如城市燃气系统、电力系统、通信系统和信息网络系统以及地铁、轻轨等公共基础设施一旦出现故障，不仅会使城市陷入瘫痪状态，而且会给城市带来巨大的灾难。

人群聚集场所，如体育场、歌剧院、大型会展中心等公共场所，事故也时有发生，若缺乏控制及管理，往往会造成较大的人员伤亡，并使公共场所事故灾害扩大化。

另外，因全球气候变化、人类活动，城市的自然灾害也日益严重。地震、洪水、台风等自然灾害频发，因其危害面广、破坏力强和社会影响大，对社会和经济发展造成的影响也在不断加剧，日益成为制约城市可持续发展的重大隐患。以地震为例，新中国成立以来，我国各种自然灾害造成的死亡人数约为 55 万，其中地震造成的死亡人数约 28 万(不含四川汶川地震)。洪水风险也是人类最严重的自然风险之一，统计资料表明，全世界每年自然灾害死亡人数中有 75%为洪水灾害造成的。

城市公共安全规划作为城市综合规划的重要组成部分，是减少城市事故灾害损失的重要途径，根据分析对象不同，可分为两部分内容：一是城市安全规划，针对事故；二是城市防灾规划，针对自然灾害。城市安全规划和城市防灾规划面向不同的对象，其分析的主体也就不同，相对应的，城市安全规划与城市防灾规划分别需要城市事故风险分析和城市自然灾害分析，如图 1-1 所示(见第 2 页)。

整体来说，城市公共安全规划应该针对的是，在社会进步和经济快速发展的背景下城市所面临的各种公共安全问题，包括城市安全、城市防灾、城市公共卫生及城市社会安全的规划，其中城市安全、城市防灾规划是城市公共安全规划的核心，所以本书对城市公共安全规划的讨论重点是城市安全规划和城市防灾规划。

制订城市安全规划首先必须进行风险分析，只有进行风险分析才能弄清城市面临的风险类型及大小，根据风险类型、大小采取相对应的风险管理及防控措施，因此风险分析可看作是城市安全规划的基础。

制订合理的安全规划及防灾规划有两大核心问题：第一个核心问题是确定风险可接受水平，分析风险是否在可承受范围内，它是制定规划目标的基础；第二个核心问题是规划目标的确定，规划目标是由可接受风险水平决定的，也就是说，只有确定合理风险接受水平，才能确定合理的规划目标。

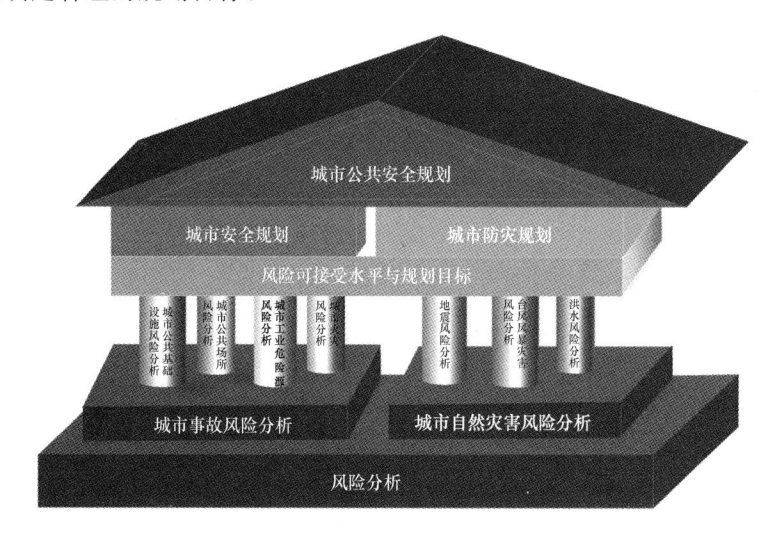

图 1-1　城市公共安全规划组成

1.1　基本概念

1.1.1　城市事故风险

城市内现存的或潜在的可能导致事故的状态，在一定条件下可发展为事故，可称为城市事故风险，城市事故风险通常被用来描述未来事件可能造成的损失，即它总涉及不可靠性和不能肯定的事件。在生产过程中，由于大量不确定性因素的存在，使得人们在从事生产的同时承担着一定的事故风险。对于事故风险进行准确地评估，以便采取预防性措施，降低风险，达到可接受水平。

能量转换、有害因素和人为因素三个方面是导致城市事故风险的主要因素。

(1) 能量转换。

能量转换引起的风险是指由于能量失控导致的伤害,可以分为物理模式和化学模式。物理模式主要是通过动能和势能以及其他能量间的转化引起的事故,造成人员伤亡和财产损失。主要包括物理爆炸、锅炉爆炸、机械失控和电气失控等。化学模式主要是通过物质化合和分解等化学反应导致能量失控,使静态的化学能转化成物理能,由物理能对目标产生破坏力。化学模式主要包括火灾、爆炸、毒气释放等。

(2) 有害因素。

有害因素主要指的是能对人的生命和健康造成危害的一些物质。很多化学物质,如氯气、氰化物、重金属、苯等,会对人体造成急性或慢性的危害,还有一些惰性气体,如二氧化碳、氮气等,有使人窒息的风险,更严重的甚至会危及生命;另外还有生物性的有害因素,如细菌、病菌和真菌等,有致病的危险性。

(3) 人为因素。

人与人之间的精神状态和心理特征不同,而且人的心理易受环境因素的影响,由于这些因素的影响,操作机器时,有可能导致误操作,引起事故。为了防止事故发生就必须加强人员的教育和培训,提高其可靠性、适应能力和应变能力,并且加强人机工程学研究,提高设备的易操作性,减少误操作。

1.1.2 城市灾害风险

城市灾害风险是城市自然灾害风险的简称。自然灾害风险指未来若干年内由于自然因子变异的可能性及其造成损失的程度。一般认为一定区域自然灾害风险是由自然灾害危险性(Hazard)、暴露性(Exposure)或承灾体的脆弱性(Vulnerability)三个因素相互综合作用而形成的。基于以上对自然灾害风险的认识,可以得出自然灾害风险的数学计算公式为:

自然灾害风险度=危险性(度)×暴露性(受灾财产价值)×脆弱性(度)

自然灾害危险性,是指自然灾害异常程度,主要是由自然危险因子活动规模(强度)和活动频次(概率)决定的。一般自然危险因子强度越大,频次越高,自然灾害所造成的破坏损失越严重,自然灾害的风险也越大。暴露性是指可能受到自然危险因子威胁的所有人和财产,如人员、房屋、农作物、生命线等。一个地区暴露于危险因子的人和财产越多即受灾财产价值密度越高,可能遭受的潜在损失就越严重,自然灾害风险就越大。承灾体的脆弱性,是指在给定危险地区存在的所有任何财产,由于潜在的自然灾害危险因素而造成的伤害或损失程度,其综合反映了自然灾害的损失程度。一般承灾体的脆弱性愈低,自然灾害损失愈小,反之亦然。

1.1.3 城市风险可接受水平

社会公众根据主观愿望对城市风险水平的接受程度即为风险的可接受水平，在确定风险的可接受水平时，不仅要考虑人们的心理因素和当前社会的技术可行性，还应考虑经济上的可行性和降低风险的效益问题等诸多方面。

在风险的可接受方面，合理可接受水平（As Low As Reasonable Practicable，ALARP）的概念被越来越多地提及。ALARP 准则包含两条风险分界线，上面一条称为可接受风险线，下面一条为可忽略风险线。这两条风险分界线将风险分为三个区域：不可接受区、合理可接受区（ALARP 区）和可忽略区，如图 1-2 所示。若风险处于不可接受区，无论它带来的收益有多大，都必须采取措施来减少风险；在可忽略区，风险处于很低水平，可以忽略不计；这两种极端情况之间的区域就是 ALARP 区。对此区域，要在实际情况下通过风险评估，采取必要的风险减缓措施尽量减少风险。

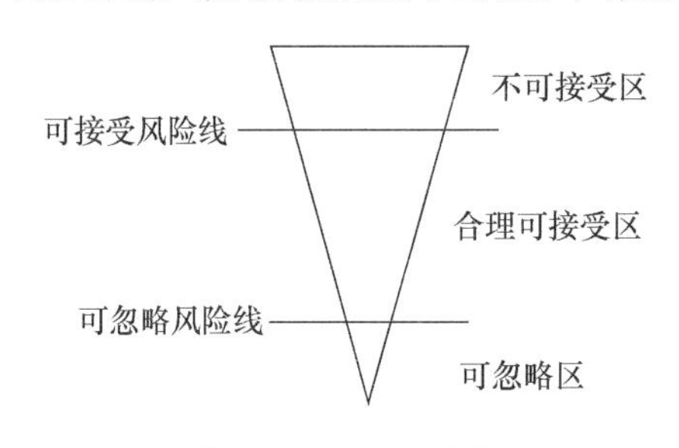

图 1-2 ALARP 图

1.1.4 城市安全规划

城市安全规划是指在对一个城市地区进行安全现状调查、风险评价、预测因城市发展所引起的变化的基础上，根据安全科学原则提出以保护和改善城市安全为目的而对城市进行的战略性布局。其主要对象是城市区域内人们的正常生产和生活活动，调节这些正常的生产和生活活动对公共安全产生的影响。

城市安全规划就是对城市事故风险的控制与降低的安全设计。其着眼于城市生产中可能发生的事故，以预防和减少事故灾害为目的，从时间、空间上对城市的布局进行安排，其实质是对城市生产、生活要素的选址，通过预先规划，将不同的要素合理地布置在城市的不同位置，使其相互间影响尤其是发生意外情况时的破坏降至最低，从而达到从初始阶段城市的安全风险可知、可控。

从面向对象上来说，城市安全规划也可以看作是土地利用规划，如何在现有土地上针对相应的生产要素进行选址、安排即是城市安全规划的内容。

1.1.5 城市防灾规划

城市防灾规划是指城市规划中的防灾内容、内涵或有关内容，它渗透到城市规划的方方面面，涉及总体规划与专业规划的每一个环节。应以社会科学和自然科学综合研究为主导，形成以地方应急管理为主体的灾害预防、救援以及灾后重建的行政管理体系和防灾保险为依托的社会保障体制。城市防灾规划制定本身就是防灾的重要组成部分。有效地制定和实施规划以及保证规划的灵活性是防灾管理取得效益的根本。城市防灾规划作为城市总体规划中的专项规划，要和其他专项规划相协调。

为提高城市应对灾害的抵御能力，降低因灾害而导致的损失，需要对城市遭受灾害进行风险分析的基础上，编制城市防灾规划。

基于风险分析的城市防灾规划包括规划准备、风险分析、编制规划、规划实施和更新四个步骤，以此作为城市防灾规划编制的流程，用于城市专项防灾规划及综合防灾规划的编制。考虑城市总体规划及经济发展水平等因素，在对城市灾害进行风险分析的基础上，确定防灾规划目标，并制定风险减缓措施来实现规划目标。在防灾规划中，可供选择的防灾措施有多种，由于经济、技术、政策及环境等因素的限制，利用效益成本分析法对防灾措施进行优化，从中选择优先级别高的防灾措施进行风险减缓，并通过防灾规划的实施，对防灾措施进行不断完善。

1.2 城市安全和防灾规划的内容

城市安全和防灾规划是按照各专项自身的特点和基本规律进行的详细规划，并按照时间、空间、行业和部门进行分解，将规划措施尽可能分解落实到项目和城市危险源及自然灾害。同时针对各专项规划提出的主要措施、对策、投资和政策导向等进行综合分析与协调，并将反映出的主要问题反馈给城市公共安全总体规划系统，经过各层次间的反复协调，做出优化的、可实施的城市公共安全总体规划方案。

城市安全和防灾规划的主要内容包括：城市安全风险分析、城市灾害风险分析、风险安全可接受水平，城市安全及防灾规划目标、编制城市安全规划与城市防灾规划。

城市安全规划的研究范围主要集中在下面几个方面：

(1) 城市火灾：主要指城市建筑火灾和城市空间火灾，属于人为事故火灾。

(2) 城市工业危险源：主要对象为有毒有害、易燃易爆的物质和能量及其工业设备、设施、场所。

(3) 城市公共场所：主要指人群高度集中、流动性大的公共场所，如影剧院、体育场馆、商务中心、超市和商场等，易发生群死群伤恶性事故。

(4) 城市公共基础设施：城市生命线中的水、电、热、通信设施和信息网络系统以及地铁、轻轨等设施。

城市防灾规划的研究范围主要针对的是城市灾害，灾害是对所有造成人类生命财产损失或资源破坏的自然和人为现象的总称。城市灾害是指由于自然和人为变化造成的人员伤亡、财产损失、社会失稳、资源破坏等现象或一系列事件。

城市灾害包括：旱灾、洪涝、台风风暴潮、火山、海啸、地震等。对我国历年发生的各种灾害进行统计分析可发现，造成城市人身和财产损失较大的灾害是地震、风暴潮和洪水。

2 城市安全风险分析

2.1 城市火灾风险分析

国内对城市火灾风险评价研究较少，国际上有些研究进展，如“亚洲城市减灾计划(Asian Urban Disaster Mitigation Program，AUDMP)”，其通过构建指标体系对城市进行网格划分，得到城市不同区域火灾危险等级，并通过图层叠加的方式在地理信息系统(Geographic Information System 或 Geo-Information System，GIS)平台下可视化表达。《美国爱达荷州火灾规划》根据火灾本身发生的可能性、可能的承灾体及救援能力建立了城市火灾风险分析指标体系，根据各指标权重求得火灾风险值，并对其进行分级以说明火灾危险性的大小。

2.1.1 建立城市火灾风险分析指标体系

根据美国消防协会(National Fire Protection Association，NFPA)在 NFPA1144 和 NFPA299中制定的野火危险等级表(Wildfire Hazard Rating Form)以及亚洲灾害预防中心的“亚洲城市减灾计划(Asian Urban Disaster Mitigation Program，AUDMP)”中的城市火灾风险评价部分，制定城市火灾风险分析指标体系，并对城市火灾危险进行等级划分。

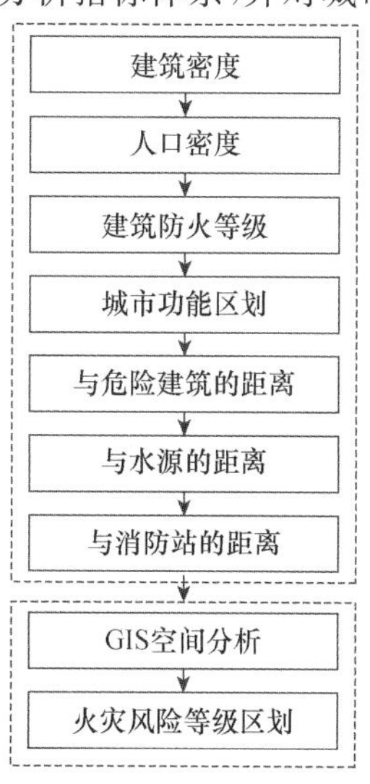

图 2-1　城市火灾风险分析流程

选取相应的评价指标，并对各指标人为赋予权重值，最后在 GIS 中对各影响因素进行叠加，得到城市火灾风险等级图。城市火灾风险分析流程，如图 2-1 所示。

城市火灾风险分析的评价标准，如表 2-1 所示。

表 2-1　城市火灾风险分析的评价标准

变量	权重	等级	分值
建筑密度	9	根据 GIS 中的 Kernel Smoothing 确定	5
			4
			3
			2
			1
人口密度	9	>1200 人/m^2	5
		900～1200 人/m^2	4
		600～900 人/m^2	3
		300～600 人/m^2	2
		0～300 人/m^2	1
建筑防火等级	7	Ⅳ	5
		Ⅲ	4
		Ⅱ	3
		Ⅰ	2
城市功能区划	5	商业区	5
		居住区	4
		工业区	3
		教育 & 体育区	2
		其他	1
与危险建筑的距离	7	0～300 m	5
		300～600 m	4
		600～900 m	3
		900～1200 m	2
		>1200m	1
与水源的距离	3	>200 m	5
		150～200 m	4
		100～150 m	3
		50～100 m	2
		0～50 m	1
与消防站的距离	6	>3000 m	5
		2000～3000 m	4
		1000～2000 m	3
		500～1000 m	2
		0～500 m	1

GIS 中用来确定每个区域火灾风险的模型如下所示：

$$FRV = W_1 * BD + W_2 * BFR + W_3 * PD + W_4 * LU + W_5 * DHB + W_6 * DW + W_7 * DFS$$

其中，FRV 为火灾风险的量化指标；BD 为建筑密度的值；BFR 为建筑防火等级的值；PD

为人口密度的值；LU 为城市功能区划的值；DHB 为与危险建筑的距离值；DW 为与水源的距离值；DFS 为与消防站的距离值；$W_i(i=1\cdots7)$为风险指标的权重。

2.1.2 城市火灾风险分级

根据城市火灾风险分析指标体系，可得城市火灾风险值，并确定火灾风险等级，如表2-2所示。所有过程均在GIS中实现，其中建筑和人口密度、建筑防火等级、城市功能区划使用GIS中的Kernel Smoothing实现；与危险建筑的距离、与水源的距离和与消防站的距离使用GIS中的Euclidean Distance实现。

表 2-2 城市火灾风险分级

总分	火灾风险等级	等级
＞150	很高	5
126～149	高	4
100～125	中等	3
76～99	低	2
51～75	很低	1

2.2 城市火灾风险分析案例

2.2.1 指标分级

1. 建筑密度

建筑密度根据统计资料所得，如图2-2所示，颜色越深的区域，分值越大，建筑密度越大。可以看出，深色区域所代表的棚户区建筑密度最大。

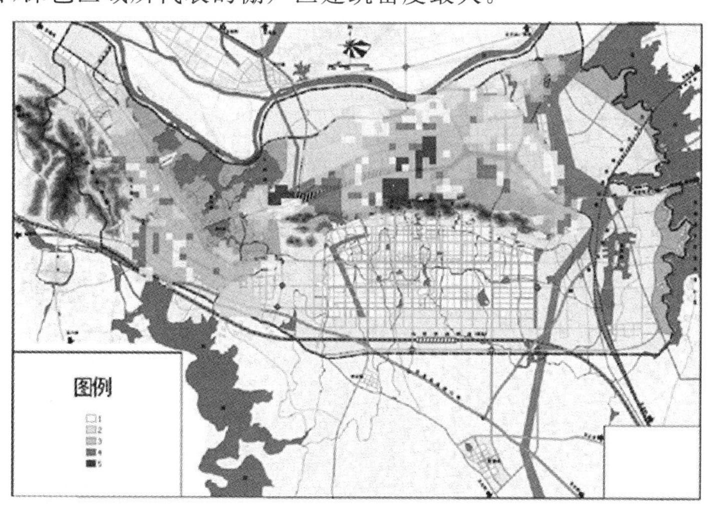

图 2-2 建筑密度分级

2. 人口密度

根据城市功能区划对其人口密度进行分级，人口密度如图 2-3 所示。颜色越深的区域，分值越大，人口密度越大。

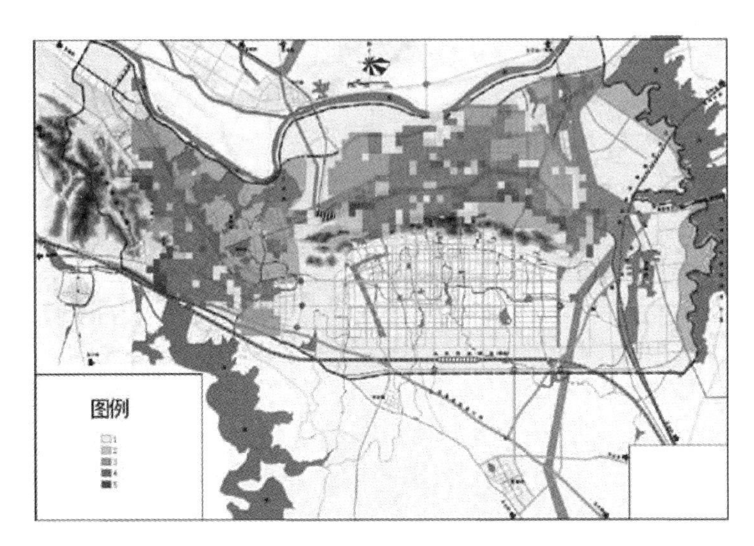

图 2-3　人口密度分级

3. 城市功能区划

根据城市规划，建设用地规划如图 2-4 所示。

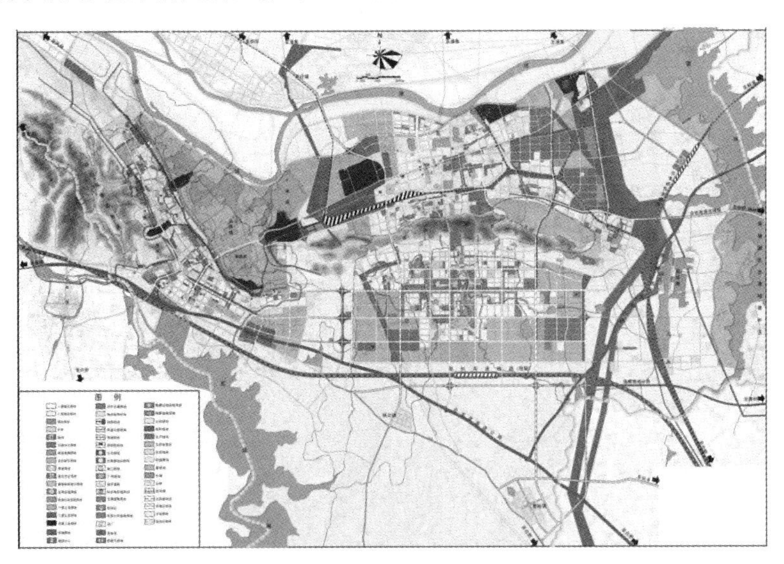

图 2-4　建设用地规划

城市功能区划如图 2-5 所示，颜色越深的区域，分值越大。各区域依分值从大到小分别为商业区、居住区、工业区、教育与体育区和其他用途的区域。

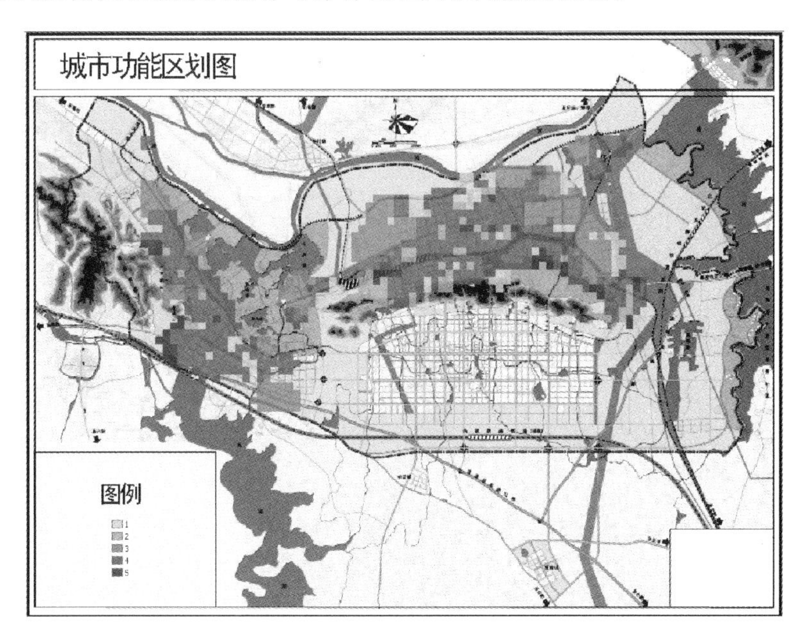

图 2-5 城市功能区划图

4. 与危险建筑的距离

危险建筑包括加油站、石化工厂等危险源。现有危险源分布如图 2-6 所示。

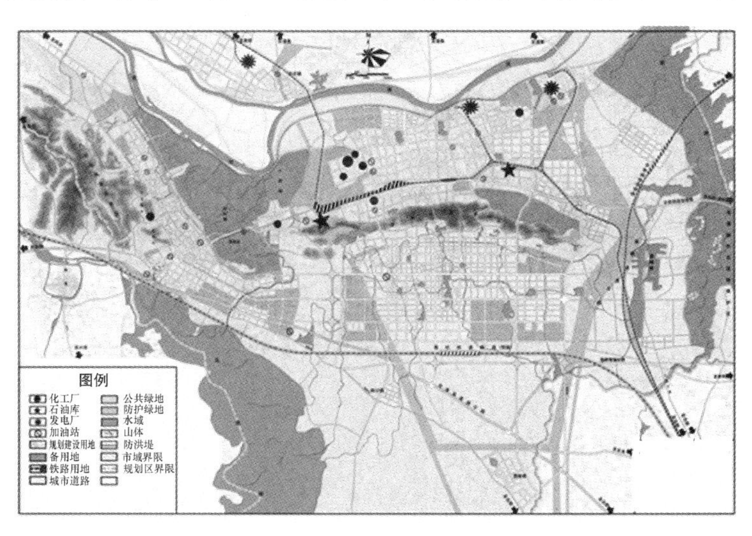

图 2-6 危险源分布

将与危险建筑的距离分成5个等级，颜色越深的区域离危险建筑的距离越近。如图2-7所示，颜色越深的区域分值越大，与区域离危险建筑的距离越近，其火灾危险也越大。

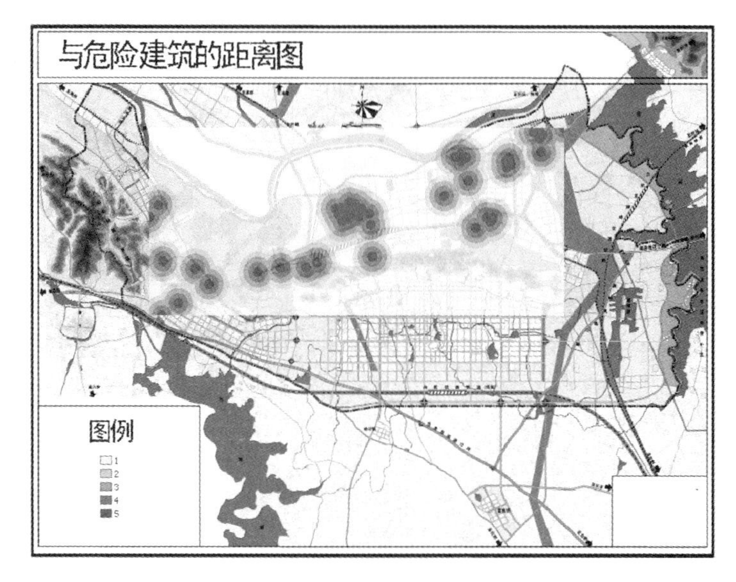

图 2-7　与危险建筑的距离

5. 与消防站的距离

消防设施现状，如图2-8所示。

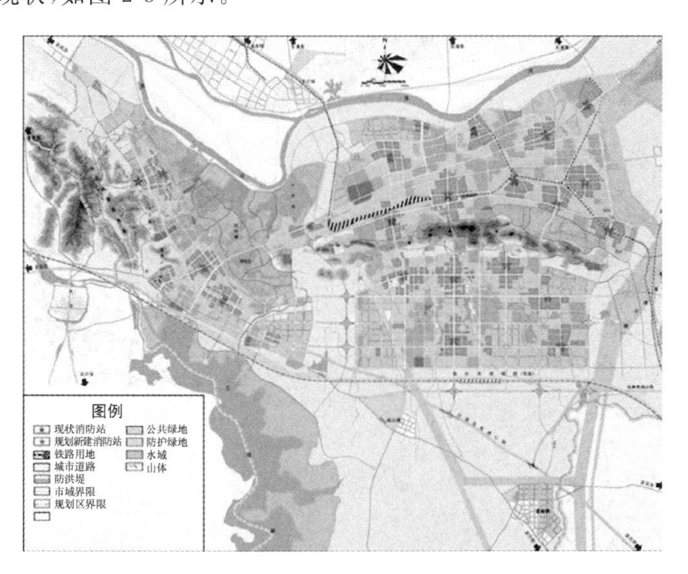

图 2-8　消防设施分布

与消防站的距离,如图 2-9 所示。

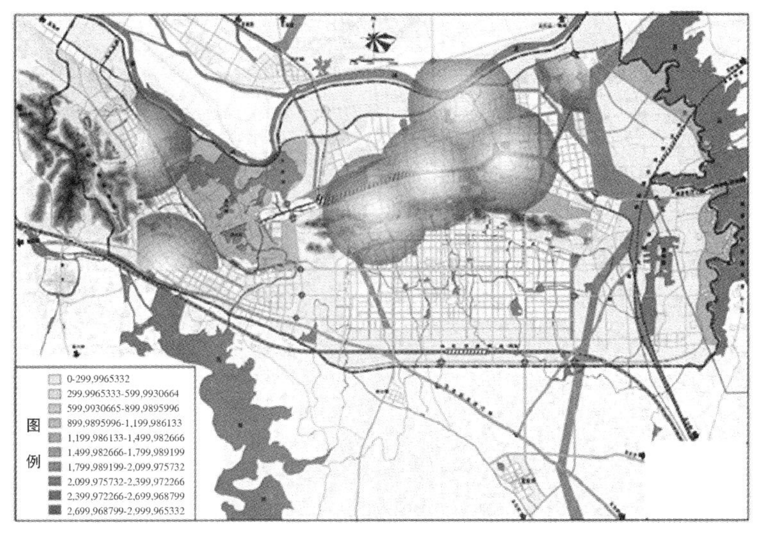

图 2-9 与消防站的距离

将与消防站的距离分成 5 个等级。颜色越深的区域,离消防站的距离越远,如图 2-10 所示。颜色越深的区域分值越大,离消防站的距离越远,其火灾危险也越大。

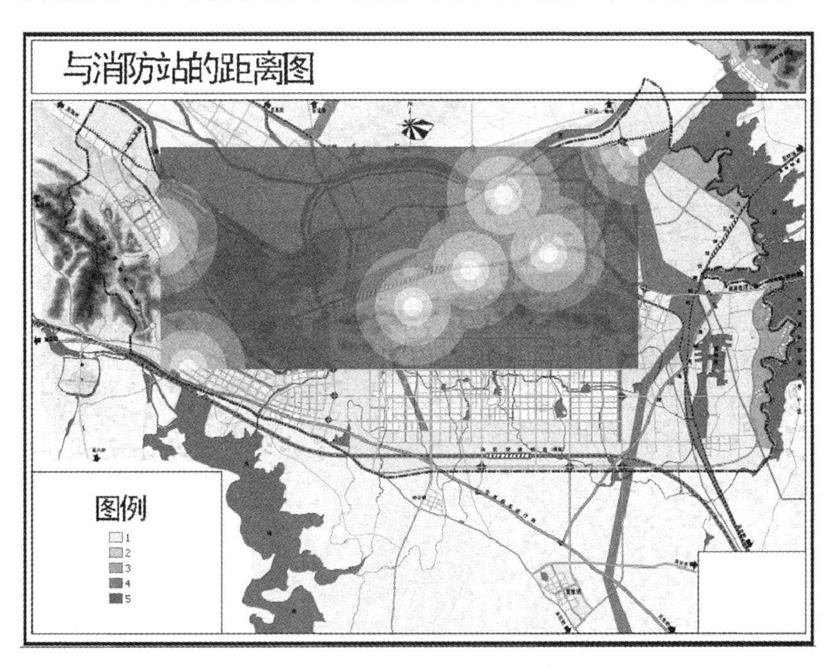

图 2-10 与消防站距离的分级

6. 与水源的距离

根据城市消防规划,消防供水如图 2-11 所示。

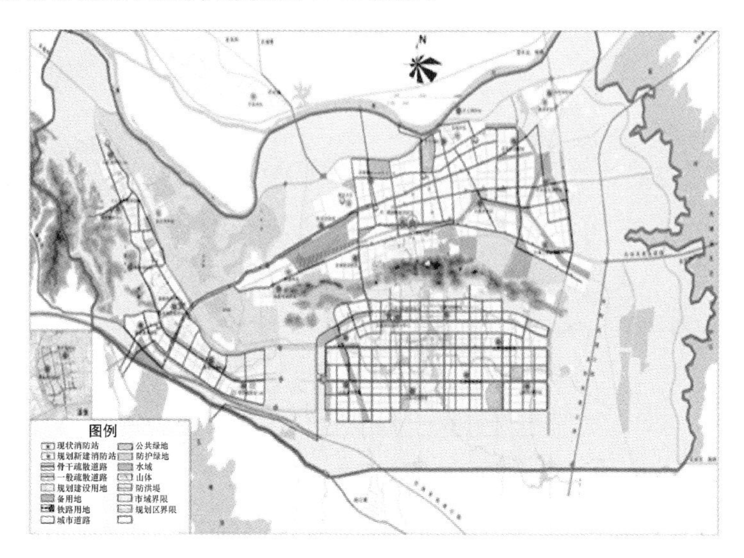

图 2-11　消防供水

与水源的距离如图 2-12 所示。

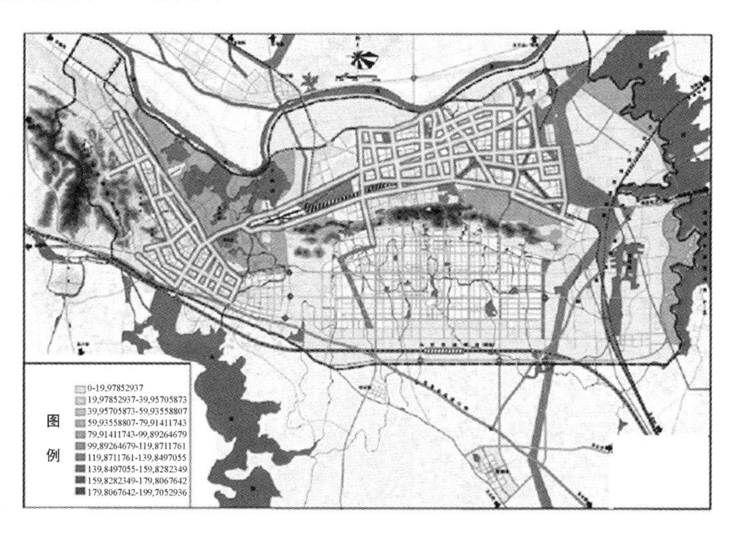

图 2-12　与水源的距离

将与水源的距离分成 5 个等级。颜色越深的区域分值越大,离水源的距离越远,其火灾危险也越大。如图 2-13 所示。

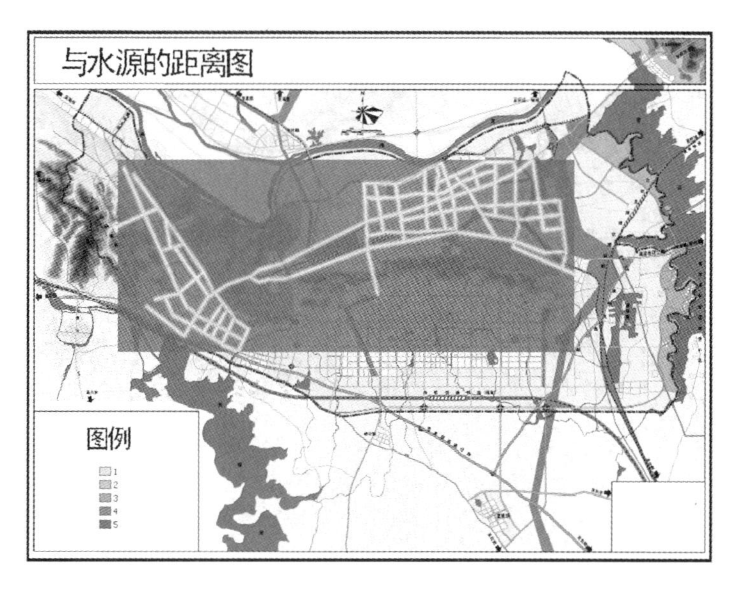

图 2-13　与水源的距离分级

2.2.2　城市火灾风险等级图

根据火灾风险指标体系及各指标的取值，通过 GIS 中的图层叠加，可得到规划区域的火灾现状风险等级图，如图 2-14 所示。颜色越深的区域分值越大，其火灾风险等级也越高。可以看出，建筑和人口密度大、危险源附近、离消防站和水源远的地方的火灾风险较大。

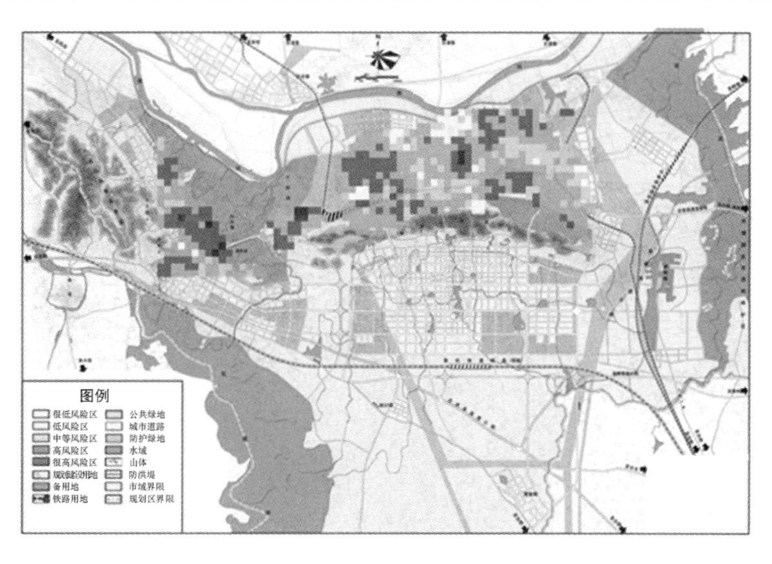

图 2-14　火灾现状风险等级

2.3 城市工业危险源风险分析

工业危险源存在着大量的有毒、易燃易爆的有害物质，常见的重大事故类型主要是中毒、火灾和爆炸事故。重大事故发生带来的危害主要是：毒气泄漏、热辐射伤害和冲击波超压的伤害，这些伤害严重的可能造成人员的死亡。

工业危险源风险分析的程序，如图 2-15 所示。

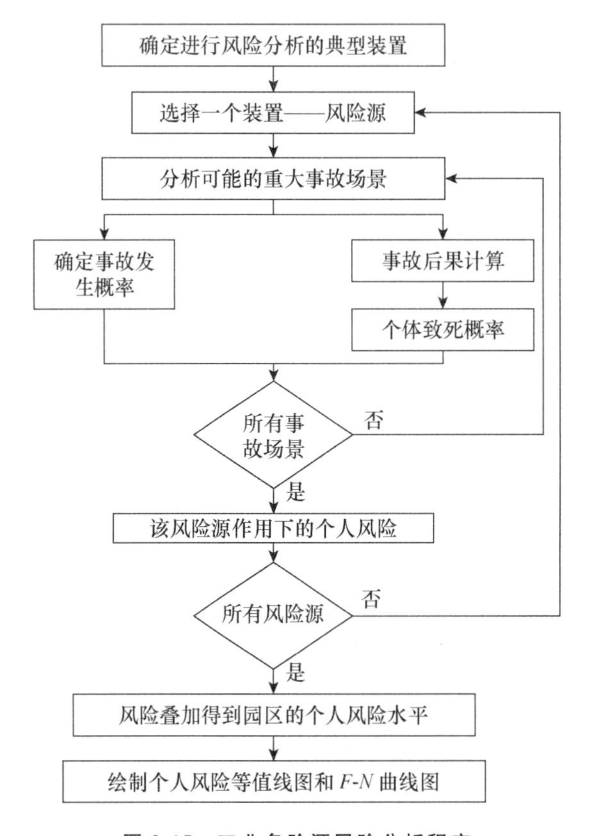

图 2-15　工业危险源风险分析程序

2.3.1　重大事故发生概率

重大事故发生概率多是通过多年的事故发生数据积累统计得来的。由于我国从事安全研究时间较短，也没有对我国化工设备发生事故进行足够量的数据积累统计。

目前事故发生概率的获取有三种途径：查阅设施或设备操作者的失效记录，运用事故树方法从引发事故的基本事件逐层分析,取事故发生概率的通用值(默认值)。为了避免大量的调查和计算,事故发生概率常常采用概率的通用值(默认值)。荷兰国家应用科学研究院的"Purple Book"、英国安全与健康执行局(The Health and Safety Executive, HSE)的"失效率及事件数据库(FAILURE RATE AND EVENT DATA,FRED)"、荷兰国立卫生研究院 R. Taylor 编写的"失效频率研究"等对事故发生概率的通用值(默认值)进行了统计,在风险分析方面得到了认可和应用。

采用英国 HSE 提供的失效率及事件数据库中给出的事故发生概率值,作为城市安全风险分析研究中的事故发生概率。

2.3.2 重大事故影响范围

本部分应用 ALOHA 软件计算得到工业危险源位置网格中心点受到的各重大事故暴露剂量值,再根据人体致死概率函数法,确定各重大事故造成伤害程度下的个体致死概率。

影响范围比较大的事故,其发生概率由英国安全与健康执行局提供的化工设备事故发生概率数据库 FRED 中给出。

1. 重大事故类型

工业危险源中有毒、易燃易爆的有害物质,总结其发生中毒、火灾和爆炸事故的类型有:中毒事故(重气扩散、高斯扩散)、闪火、池火灾、蒸气云爆炸(Vapour Cloud Explosion,VCE)、沸腾液体扩展蒸气云爆炸(BLEVE)、粉尘爆炸等。

危险物质泄漏后,可根据危险物质特性及各类型事故发生的事件树,分析可能发生的重大事故场景,如图 2-16 所示。

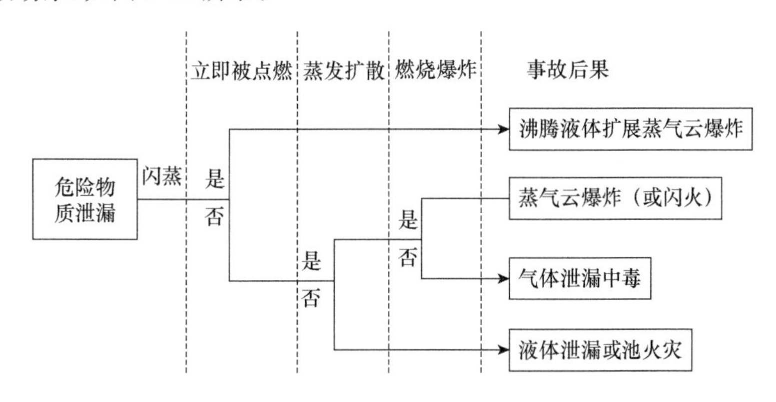

图 2-16 危险物质泄漏后的事件树

2. 重大事故后果计算

应用美国EPA化学制品突发事件和预备办公室推荐的ALOHA模拟软件计算工业危险造成的可能的事故后果，ALOHA软件计算快捷、准确，现已得到广泛应用。GIS和ALOHA可通过插件Aloha_9.dll动态链接在一起。首先应用ALOHA模拟生成事故后果图，然后在ArcGIS软件中具体显示气体扩散图，实现事故后果在地理信息系统中的应用。

ALOHA (Areal Locations of Hazardous Atmospheres)是由美国EPA化学制品突发事件和预备办公室(Chemical Emergency Preparedness and Prevention Office, CEPPO)，国家海洋和大气管理(National Oceanic and Atmospheric Administration, NOAA)响应和恢复办公室共同开发的程序。ALOHA系统的有害物质数据库包括了近1000种常用化学品的物理化学性质，毒性参数等，用户可按需要增加新的物质。ALOHA中采用的数学模型有：高斯模型、重气扩散模型、蒸气云爆炸、BLEVE火球等成熟的事故后果计算模型。应用中需要用户提供基础的气象资料和分析对象的实际设备参数和事故变量(泄漏孔径、孔形等)等，对其进行各种类型的事故后果计算。同时通过选择合适的事故后果模型，可以计算得到化学物质泄漏导致的毒气扩散、火灾和爆炸事故中涉及的毒性物质的浓度、热辐射和冲击波超压值。

ALOHA综合考虑了影响事故后果的多种因素：

(1) 危险品特性，如：毒性、易燃易爆性等；

(2) 设备参数，如：设备尺寸、温度、压力、泄漏源等；

(3) 气象条件因素，如：风向、风速、大气稳定度、相对湿度等。

考虑到上述因素对危险事故后果的影响，应用ALOHA对危险装置进行事故后果计算的流程，如图2-17所示。

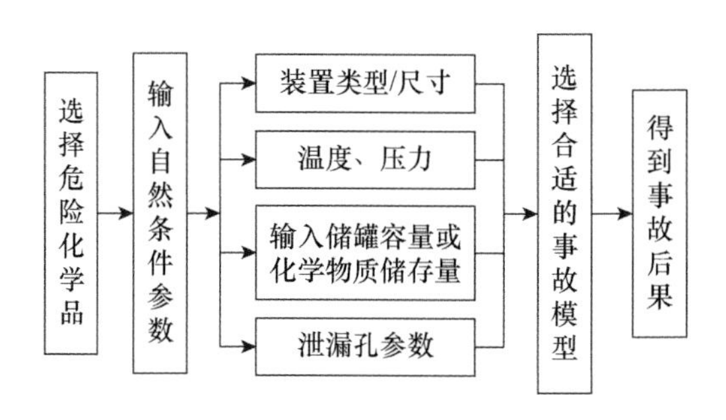

图2-17 ALOHA的事故后果计算流程

2.3.3 个体致死概率计算模型

个体致死概率可通过各事故后果模型计算出某一事故场景在某处产生的毒物浓度数值、热辐射通量或冲击波超压值，然后根据概率函数法计算得到。概率变量 Y 和概率(或百分数) $p_{d/f}$ 的关系可以用下式表示：

$$p_{d/f} = \frac{1}{\sqrt{2\pi}} \int_{-\infty}^{Y-5} \exp\left(-\frac{u^2}{2}\right) du \text{ ，} \tag{2-1}$$

式中，$p_{d/f}$ 表示个人由于事故发生而死亡的概率；Y 表示概率变量，u 表示一个积分变量。其中概率变量 Y 服从正态分布，可通过人体脆弱性模型计算得到，具体的数学模型如表 2-3 所示。

表 2-3 人体脆弱性模型

脆弱性影响因子	概率数学模型	剂量
毒物泄漏	$Y=a+b1\ln D$	$D=C^n t_e$
热辐射	$Y=-37.23+2.56\ln D$	$D=I^{1.33} t_e$
冲击波超压	$Y=5.13+1.37\ln D$	$D=P_s$

其中 Y 为致死变量；I 为辐射强度，W/m^2；P_s 为静态超压的峰值，P_a；C 为毒物浓度，ppm；t_e 为暴露时间，s。

火球和池火灾辐射强度的值 2.0 kW/m^2、5.0 kW/m^2 和 10.0 kW/m^2 分别为火球的一度烧伤、二度烧伤和死亡热辐射阈值；蒸气云爆炸的 1.0 psi、3.5 psi 和 8 psi 分别为蒸气云爆炸造成建筑破坏、严重伤害、玻璃震碎的冲击波超压阈值。

2.3.4 事故个人风险

通常情况下，个人风险量化由下式表示：

$$IR = p_f \cdot p_{d/f} \text{，} \tag{2-2}$$

式中，p_f 是事故发生的概率；$p_{d/f}$ 是个人由于事故的发生而死亡的概率。

2.4 城市工业危险源风险分析案例

2.4.1 工业园区风险分析案例

工业园区是一个比较完整、复杂的工业生产经营单位，其事故风险具有连锁性、扩张性等特点，建立科学的区域风险评价方法对整个区域的安全状况做出准确评价，并在此基础上对风险值较高的地区实施布局改造，对新建的危险源或其他设施进行合理规划，就显得十分必要。

工业园区风险分析主要采用中国安全生产科学研究院 CASST-QRA2.0 软件进行计算机辅助模拟分析。该软件模拟分析使用先进的有毒物质泄漏扩散、火灾、爆炸和毒物影响模型，经过了多个区域性定量风险评价项目试点的实际验证，并结合了专业从事定量风险评价工作专家的宝贵经验，是高新技术和丰富经验的结晶。

工业园区风险分析程序如图 2-18 所示。

(1) 前期准备工作，收集企业、园区的资料，并进行整理，对工业园区现场进行勘察；

(2) 对园区规划各方面合理性进行定性分析；

(3) 应用计算机辅助模拟计算，对园区规划项目及入驻企业进行风险分析；

(4) 根据风险分析情况，对工业园区提出措施建议；

(5) 形成风险分析结论。

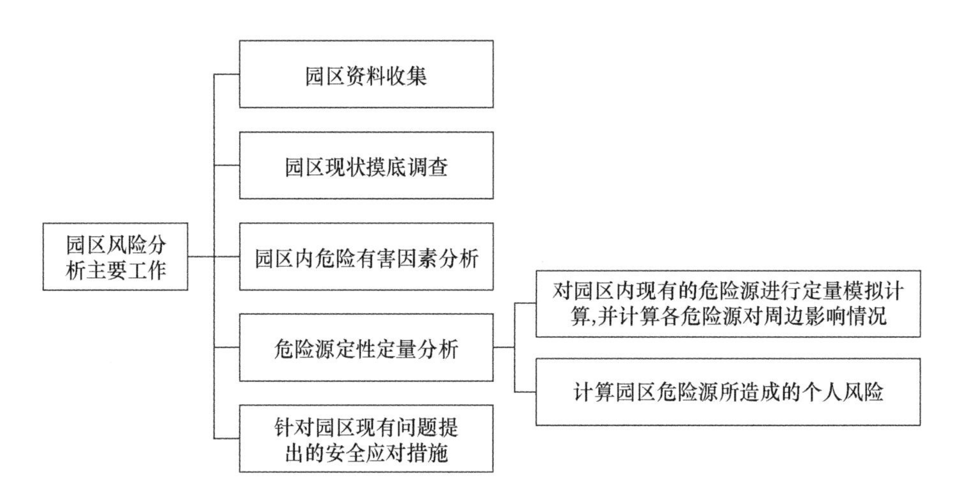

图 2-18 工业园区风险分析程序

本案例以某工业园区为例进行风险分析，该工业园区南北长约 9 km，东西长约 3 km，规划工业用地总面积为 27.71 km^2，主要分煤气化产业区、精细加工区、机械加工区、金融商业区等四个区，如图 2-19 所示。

截至 2016 年 1 月，园区已入驻企业 54 家，其中化工企业 25 家，加气站及燃气供应 1 家，加油站 4 家，物流企业 3 家，一般行业企业 21 家，如图 2-20 所示。

图 2-19 企业分布示意图

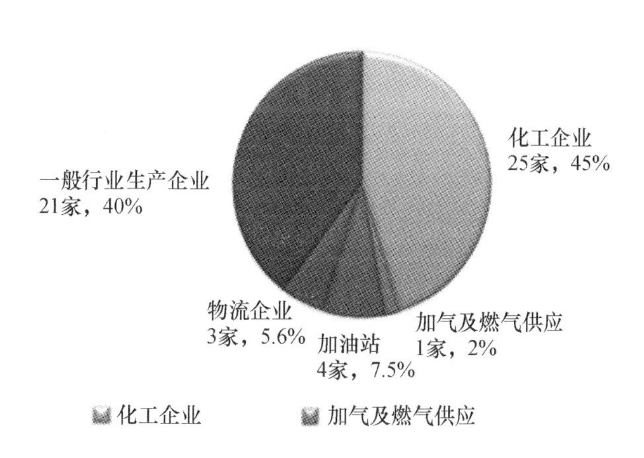

图 2-20 园区内企业情况

1. 工业园区内可能发生的事故

根据汇总，该工业园区内分布多家化工企业，如以煤化工为主的化工企业 A，化工企业 B，化工企业 C 和化工企业 D，每家企业都有多个危险装置，如合成塔、压力罐等。篇幅有限，本部分仅以四家企业部分主要危险设施、设备为例进行说明。通过分析，上述企业主要危险源及可能引发的事故类型如表 2-4 所示。

2. 各类事故模拟计算结果

通过计算机模拟计算，出现池火、蒸气云爆炸及中毒事故的影响范围如表 2-5 所示，篇幅有限，仅列出部分计算结果。

一般情况下，装置设备、容器等发生泄漏形成池火、闪火等事故后，其危害是相当严重的，主要表现在：

(1) 池火：池火的热辐射危害非常严重。从表 2-5 可以看出，模拟气象条件下，最严重的池火灾事故是(乙烯储罐整体破裂)火焰热辐射造成的人员伤害，也就是说，位于液池下风向上述距离以内的未加保护人员(如现场作业人员及消防队员等)，若持续暴露 1 min 以上，将遭受轻度烧伤、严重烧伤或死亡的伤害；若持续暴露 10 s 以上，将遭受高温烘烤、轻度烧伤或严重烧伤的伤害。另外，处于池火之中的多数设备、设施都将在遭受严重破坏后进一步引起事故升级。因此，控制泄漏规模和池火规模，缩短池火的燃烧时间特别重要。

(2) 闪火：闪火是可燃蒸气云的非爆炸燃烧，其特点是可燃气体在气云内快速燃烧，并可能回烧至泄漏口，但不会产生明显的爆炸超压。一般认为，处于闪火范围内的室外人员全部烧死，而在气云以外的人员一般不受影响。闪火对地面设备、设施的破坏并不严重，但有可能因为引燃可燃物质而导致二次火灾事故。闪火的危害范围主要局限于可燃性气云所分布的范围。闪火往往会进一步引发泄漏源处的喷射火或池火等事故。

(3) 蒸气云爆炸：一旦发生大规模蒸气云爆炸事故，其危害将是十分严重的，主要表现在：

① 蒸气云所包围区域(即爆源)的建筑物、设备、设施及暴露人员(位于室外且未加保护人员)，将直接被损毁或死亡。

② 爆源周围的建筑物和设备、设施在爆炸波的作用下，将遭受不同程度的破坏。在破裂泄漏的模拟环境条件下，距爆源中心影响范围以内的建筑物及设备、设施，将分别遭受严重破坏、中度破坏或轻度破坏，此外，工艺设备设施一旦遭受严重破坏，很可能引发二次事故，如泄漏、火灾爆炸等，导致事故升级。

③ 距蒸气云障碍区内的暴露人员，在蒸气云爆炸波的冲击作用下将分别遭受轻度伤害、严重伤害或出现死亡，蒸气云爆炸时产生的金属或砖石碎片，也会给周围人员及设备带来危害，在蒸气云包围区域(即爆源)的暴露人员和位于室外未加保护人员，将直接因蒸气云爆炸严重烧伤或死亡。

表 2-4　主要危险源及可能发生的事故类型

序号	企业项目	项目名称	危险源	个数	规格	危险源工艺条件	介质	主要灾害模式
1	化工企业 A	煤气化装置 甲醇罐区， 丙烯原料罐区	尿素合成塔	2	70 m^3	180℃，22MPa	氨	中毒扩散、物理爆炸
			氨合成塔	2	60 m^3	500℃，28MPa	氨	中毒扩散、物理爆炸
			液氨球罐	1	1500m^3	常温，1.7MPa	液氨	中毒扩散、物理爆炸
			甲醇储罐	2	5000m^3	常温，常压	甲醇	池火
			乙醇储罐	1	5000m^3	常温，常压	乙醇	池火
			丙烯球罐	4	2500m^3	常温，1.8MPa	丙烯球罐	闪火、BLEVE、蒸气云爆炸、物理爆炸
2	化工企业 B	72 万吨/年甲醇生产项目， 一期 4.2 万 Nm^3/h 空分装置， 二期 4.5 万 Nm^3/h 空分装置	锅炉	3	YG－140/9.8－M	140t/h，540℃，9.8MPa	水，蒸气	物理爆炸
			甲醇储罐	4	Φ30 000×16 500 VN＝10 000m^3	常温，常压	甲醇	池火
			液氨储罐	2	Φ2800×10 328 V＝60.3m^3 卧式	42℃，1.8MPa	液氨	中毒扩散、物理爆炸
3	化工企业 C	100 万吨/年 DMTO 装置， 20 万吨/年 聚丙烯装置	甲醇原料罐（内浮顶）	4 台	10 000m^3	常温，常压	甲醇	池火
			乙烯压力球罐	3 台	2000m^3	常温，1.0 MPa	乙烯	闪火、BLEVE、蒸气云爆炸、物理爆炸
			混合 C4 球罐（兼开工 LPG 用）	2 台	2000m^3	常温，0.8MPa	混合 C4	闪火、BLEVE、蒸气云爆炸、物理爆炸
			3 台丙烯球罐		2000m^3	常温，1.8MPa	丙烯	闪火、BLEVE、蒸气云爆炸、物理爆炸
	化工企业 D	12 万吨/年 环氧乙烷装置， 10 万吨/年 EVA 装置， 12 万吨/年 表面活性剂 装置三套装置	甲醇	2	20 000 m^3	常温，常压	甲醇	池火
			EO 球罐	4	400 m^3	－5℃，0.3MPa	环氧乙烷	闪火、BLEVE、蒸气云爆炸、物理爆炸
			乙二醇反应器	1	22.22 m^3	200℃，0.3MPa	环氧乙烷	池火、物理爆炸
			液态甲烷罐	1	100 m^3	常温，常压	甲烷	池火

表 2-5 计算机模拟计算结果一览表(限于篇幅,仅列出部分计算结果)

危险源	泄漏模式	灾害模式	死亡半径/m	重伤半径/m	轻伤半径/m	多米诺半径/m
化工企业 B: 甲醇储罐	容器整体破裂	池火	91	103	133	—
化工企业 B: 甲醇储罐	容器中孔泄漏	池火	17	21	30	—
化工企业 B: 锅炉	容器物理爆炸	物理爆炸	29	50	85	41
化工企业 A: 丙烯球罐	容器大孔泄漏	闪火: 1.2m/s,E 类	1058	—	—	—
化工企业 A: 丙烯球罐	容器大孔泄漏	闪火: 静风,E 类	1058	—	—	—
化工企业 A: 丙烯球罐	容器整体破裂	BLEVE	773	1041	1698	518
化工企业 A: 丙烯球罐	容器大孔泄漏	闪火: 1.8m/s,D 类	574	—	—	—
化工企业 A: 丙烯球罐	容器中孔泄漏	闪火: 静风,E 类	378	—	—	—
化工企业 A: 丙烯球罐	容器中孔泄漏	闪火: 1.2m/s,E 类	378	—	—	—
化工企业 A: 尿素合成塔	塔器完全破裂	中毒扩散: 静风,E 类	87	123	165	—
化工企业 A: 尿素合成塔	塔器完全破裂	中毒扩散: 4.9m/s,C 类	18	27	36	—
化工企业 A: 甲醇储罐(3500)	容器中孔泄漏	池火	15	20	27	—
化工企业 A: 氨合成塔	塔器完全破裂	中毒扩散: 静风,E 类	208	294	396	—
化工企业 D: 液态甲烷罐区	容器大孔泄漏	闪火: 1.2m/s,E 类	924	—	—	—
化工企业 D: 液态甲烷罐区	容器整体破裂	BLEVE	143	213	367	136
化工企业 D: 液态甲烷罐区	容器大孔泄漏	云爆	89	152	257	122
化工企业 D: 液态甲烷罐区	容器物理爆炸	物理爆炸	23	40	68	32
化工企业 C: 甲醇原料罐	容器整体破裂	池火	85	96	124	—
化工企业 C: 甲醇原料罐	容器中孔泄漏	池火	14	17	24	—
化工企业 C: 混合 C4 球罐	容器大孔泄漏	闪火: 1.2m/s,E 类	810	—	—	—
化工企业 C: 混合 C4 球罐	容器大孔泄漏	闪火: 静风,E 类	810	—	—	—
化工企业 C: 混合 C4 球罐	容器整体破裂	BLEVE	694	934	1523	464

续表

危险源	泄漏模式	灾害模式	死亡半径/m	重伤半径/m	轻伤半径/m	多米诺半径/m
化工企业 C：混合 C4 球罐	容器大孔泄漏	闪火：1.8m/s,D 类	446	—	—	—
化工企业 C：混合 C4 球罐	容器大孔泄漏	云爆	76	129	217	104
化工企业 C：混合 C4 球罐	容器中孔泄漏	池火	57	70	104	28
化工企业 C：混合 C4 球罐	容器物理爆炸	物理爆炸	56	99	165	78
化工企业 D：EO 球罐	容器大孔泄漏	闪火：1.8m/s,D 类	54	—	—	—
化工企业 D：EO 球罐	容器中孔泄漏	池火	50	62	93	24
化工企业 D：EO 球罐	容器大孔泄漏	闪火：4.9m/s,C 类	50	—	—	—
化工企业 D：EO 球罐	容器物理爆炸	物理爆炸	30	51	87	41
化工企业 D：EO 球罐	容器中孔泄漏	闪火：4.9m/s,C 类	20	—	—	—
化工企业 D：EO 球罐	容器中孔泄漏	闪火：1.8m/s,D 类	18	—	—	—
化工企业 D：EO 球罐	容器大孔泄漏	云爆	10	17	29	13
化工企业 D：EO 球罐	容器中孔泄漏	云爆	4	6	11	5

注：小孔泄漏孔径为 0～5 mm,代表值 5 mm;中孔泄漏孔径为 5～50 mm,代表值 25 mm;大孔泄漏孔径为 50～150 mm,代表值 100 mm;完全破裂孔径>150 mm,一般取整个设备的直径,当设备(设施)直径小于 150 mm 时,取小于设备(设施)直径的孔泄漏场景以及完全破裂场景。泄漏时间除完全破裂外一般取 10 min。

因此，在制定应对发生大规模蒸气云爆炸事故应急预案时，应考虑到安全距离内人员的防护以及事故发生后逃生路线的设置。并采取演练等措施，保证生产人员的生命安全。

3. 模拟事故后果影响范围

(1) 化工企业C乙烯球罐整体破裂泄漏发生BLEVE爆炸事故影响范围模拟图如图2-21所示。

灾害模式：1-丁烯球罐发生罐体整体破裂而造成的蒸气云爆炸事故；

外部大火灾概率：0.01；

发生概率：球罐整体破裂发生BLEVE的概率为1×10^{-4}，考虑储罐上方设有安全阀、冷却水、安全连锁等安全设施，事故发生概率可按降低一个数量级考虑。BLEVE爆炸引发周边的火灾，对球罐产生大量热辐射，则认为该事故发生的概率为1×10^{-7}。

事故影响：该事故概率接近现行国家标准中对高敏感场所、重要目标、特殊高密度场所的防护要求(新建装置)，因此该事故严重程度为灾难性事故。此类事故应引起园区管理者高度重视。

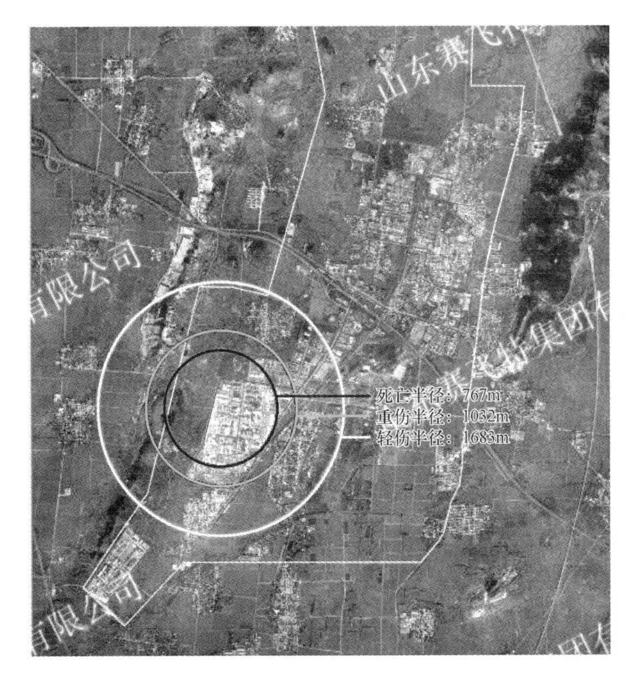

图2-21　化工企业C乙烯球罐整体破裂泄漏发生BLEVE爆炸事故影响范围模拟图

(2) 化工企业 A 液氨储罐($1500\ m^3$)整体破裂发生的中毒事故影响范围模拟图如图 2-22 所示。

灾害模式：液氨储罐($1500\ m^3$)发生罐体整体破裂泄漏；

气象条件：风速 4.9 m/s,大气稳定度为 C 类；

发生概率：主导风向(SE)概率为 9.3%,压力容器灾难性失效概率为 1×10^{-6},则认为该事故发生的概率为 9.3×10^{-8}(假设各种防御措施失效)；

事故影响：尽管发生此类大型泄漏事故的概率不高,多数情况下(非极端状态)由于其泄漏扩散浓度分别向两侧和纵向扩展,会使下风轴向扩散距离相应减小,但鉴于其泄漏扩散事故的后果较为严重,会对周边的设施和人员造成严重的损害,应该引起高度重视并采取有效的措施防范此类事故的发生。

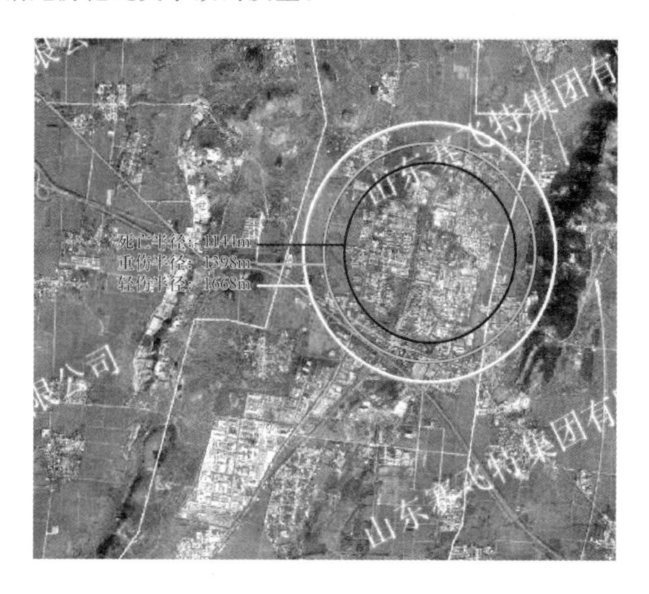

图 2-22 化工企业 A 液氨储罐($1500\ m^3$)整体破裂发生中毒扩散事故影响范围模拟图(风速 4.9 m/s,大气稳定度 C 类)

(3) 化工企业 B 液氨储罐整体破裂发生中毒扩散事故影响范围模拟图如图 2-23 所示。

灾害模式：液氨储罐发生罐体整体破裂泄漏；

气象条件：风速 1.8 m/s,大气稳定度为 D 类；

发生概率：主导风向(SE)概率为 9.3%,压力容器灾难性失效概率为 1×10^{-6},则认为该事故发生的概率为 9.3×10^{-8}(假设各种防御措施失效)；

事故影响：尽管此类大型泄漏事故的概率不高，多数情况下（非极端状态）由于其泄漏扩散浓度分布向两侧和纵向扩展，会使下风轴向扩散距离相应减小，但鉴于其泄漏扩散事故的后果较为严重，会对周边的设施和人员造成严重的损害，应该引起高度重视并采取有效的措施防范此类事故的发生。

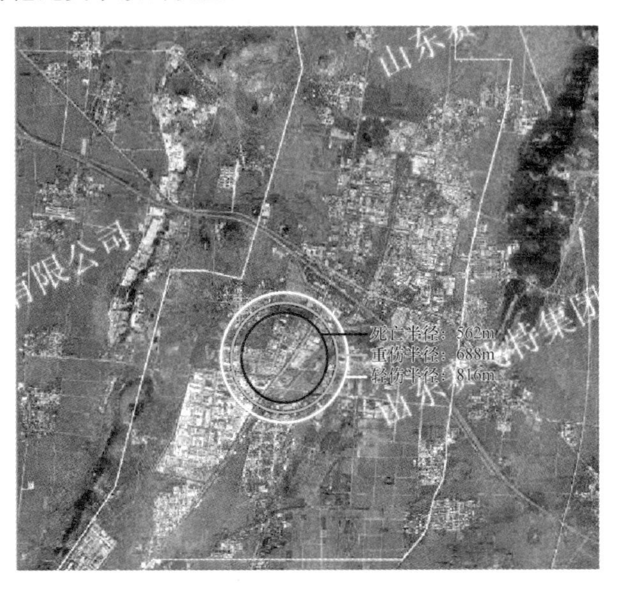

图 2-23　化工企业 B 液氨储罐整体破裂发生中毒扩散事故影响范围模拟图
（风速 1.8 m/s，大气稳定度 D 类）

2.4.2　涉氨企业安全风险分析

涉氨企业是指生产、储存、使用氨水、氨气和液氨的企业，现阶段城市集中区一般都会存在大量涉及液氨使用企业，其主要业务多为食品加工、冷藏，氨使用量少则几吨，多则数十吨。因企业多处城市集中区，周围人员较多，一旦泄漏，往往会造成较大的事故后果，因此城市中涉氨企业的风险也需要重点关注。

涉氨企业可能会发生多种类型的事故，如燃烧爆炸、中毒等，其中中毒事故影响范围往往最大。

如某城市涉及液氨使用的企业有 46 家（包括构成重大危险源的 7 家），行业类型主要为食品加工企业，使用设备主要是压缩机、中间冷却器、低压循环桶、氨泵、蒸发式冷凝器、蒸发器、液氨储罐等。该城市涉氨企业如表 2-6 所示。

表 2-6 某城市液氨使用企业一览表

序号	企业名称	液氨量/t	冷库面积/m^2	备注
1	A 公司	10	10 000	构成重大危险源
2	B 公司	13	2200	构成重大危险源
3	C 公司	5	2000	构成重大危险源
4	D 公司	2	2000	
5	E 公司	5	1500	

以两家重大危险源企业(用氨量均超过 10 t)为例进行说明,根据企业用氨量并结合企业周边情况,使用计算机辅助模拟,呈现涉氨企业发生泄漏事故后可能造成的后果、事故影响范围。

(1) A 公司。

该公司周边设施较多,厂区内设有职工宿舍,一旦发生氨泄漏事故,影响范围较大。

该企业共设有 7 处制冷机房,液氨总存量 35 t,单台储罐大小为 5 m^3,发生事故的毒物扩散范围为 258 m(大孔泄漏、风速 2.8 m/s,大气稳定度 D)。发生事故可能影响到周边的商店、酒店、食品公司、有机硅有限公司及双元路行人和车辆。影响范围如图2-24所示。

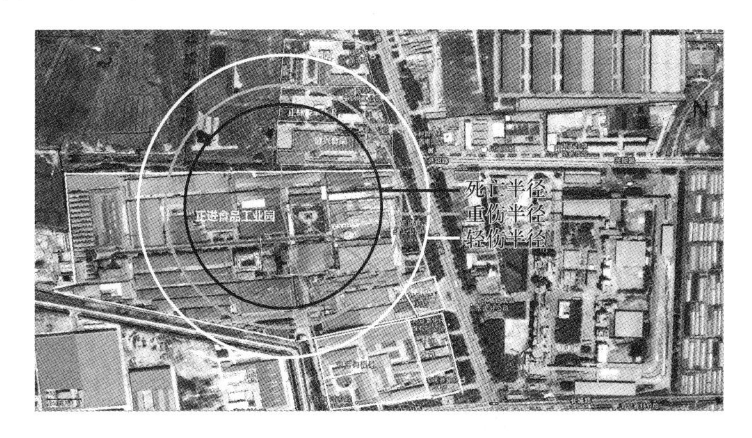

图 2-24 模拟 A 公司液氨储罐大孔泄漏事故影响范围示意图
(风速 2.8 m/s,大气稳定度 D)

(2) B 公司。

该公司使用液氨作为制冷剂介质,液氨存有量约 13 t,其主要风险为中毒窒息和爆炸。该企业周边企业较多,其制冷机房距北侧村庄约 260 m,西侧村庄约 370 m,东侧约 500 m 处为国际机场跑道。如液氨机房发生大规模泄漏事故,则会对周边造成较大的影响,如图 2-25 所示 。

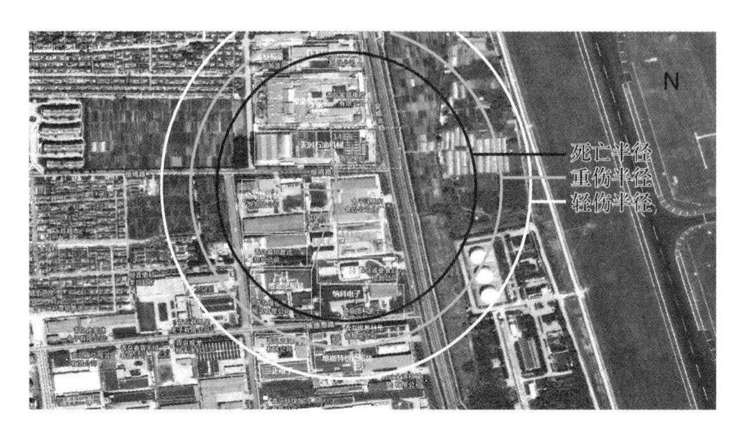

图 2-25　模拟 B 公司液氨储罐大孔泄漏事故影响范围示意图
(风速 2.8 m/s,大气稳定度 D)

泄漏扩散事故模拟：以最大单个液氨储罐（8 m^3）进行泄漏扩散模拟，在容器大孔泄漏（100 mm）、风速 2.8 m/s，大气稳定度 D 的情况下，死亡半径为 228 m，重伤半径274 m，轻伤半径 326 m。

2.4.3　危险货物道路运输风险分析案例

道路危险货物运输车辆也是一种危险源，是一种动态的危险源，其装载运输的危险化学品有其自身的危险性，在运输过程中如果发生事故，不仅可能导致车毁人亡，而且还可能引发燃烧、爆炸、腐蚀、毒害等严重的灾难事故，危及公共安全和人民群众的生命财产安全，导致环境污染。

本案例以青岛市城阳区危险货物运输道路为例，城阳区内现有多家取得经营许可的危险化学品运输企业。该区危险化学品运输量主要集中在区内部分炼化企业周边，原油及各种产品的进出基本依托汽车运输（少量液化石油气管道外输），大量的危险化学品运输车辆增加了城阳及周边地区的道路运输风险。

1. 危险货物道路运输风险分析

危险化学品道路运输安全风险较高，假设一辆 30 t 液化石油气运输槽车在运输过程发生交通事故引起液化石油气泄漏，进而引发火灾爆炸事故。地点在城市正阳中路与 308 国道交汇转盘处（考虑车流量大，车辆拥堵路段）或国道某社区处（考虑靠近炼化企业，危化品运输车辆多）。

利用计算机进行模拟计算，结果如表 2-7 所示。

表 2-7 事故模拟结果一览表

危险源	泄漏模式	灾害模式	死亡半径	重伤半径	轻伤半径	多米诺半径
液化气槽车	容器大孔泄漏	闪火：静风，E 类	416 m	—	—	—
液化气槽车	容器中孔泄漏	闪火：静风，E 类	252 m	—	—	—
液化气槽车	容器大孔泄漏	闪火：4.5 m/s，C 类	248 m	—	—	—
液化气槽车	容器大孔泄漏	闪火：2.8 m/s，D 类	220 m	—	—	—
液化气槽车	容器中孔泄漏	闪火：4.5 m/s，C 类	154 m	—	—	—
液化气槽车	容器中孔泄漏	闪火：2.8 m/s，D 类	134 m	—	—	—
液化气槽车	容器大孔泄漏	闪火：9.6 m/s，A 类	118 m	—	—	—
液化气槽车	容器中孔泄漏	闪火：9.6 m/s，A 类	80 m	—	—	—
液化气槽车	容器大孔泄漏	蒸气云爆炸	58 m	103 m	170 m	80 m
液化气槽车	容器整体破裂	BLEVE	53 m	108 m	204 m	90 m
液化气槽车	容器中孔泄漏	蒸气云爆炸	36 m	64 m	107 m	50 m
液化气槽车	容器物理爆炸	物理爆炸	15 m	26 m	45 m	21 m

事故发生车转盘位置的爆炸影响范围如图 2-26 所示。

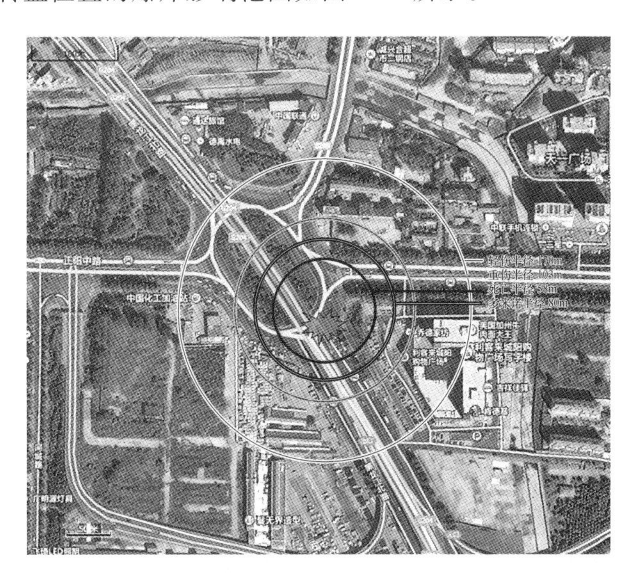

图 2-26 模拟 30 t 液化石油气槽车大孔泄漏发生蒸气云爆炸事故的影响范围（转盘位置）

事故发生在正阳中路与 308 国道交汇转盘处的影响范围主要是周围车辆、高架桥及周围 170 m 范围内的建(构)筑物设施和人员如图 2-27 所示。

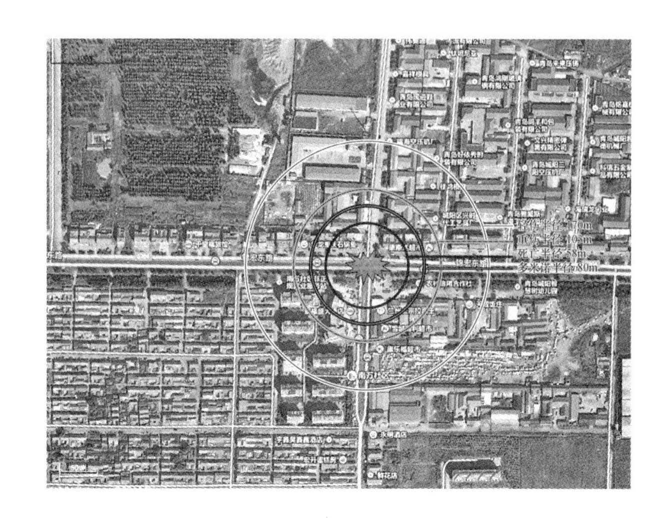

图 2-27　模拟 30 t 液化石油气槽车大孔泄漏发生蒸气云爆炸事故的影响范围（308 国道位置）

事故发生在 308 国道东侧路口，影响范围主要是村庄及周围 170 m 范围内的建（构）筑物设施及人员。

图 2-26 和图 2-27 为点位的影响范围图，而作为危险品运输公路，其道路风险影响范围是随着危险品车辆的移动而移动的，因此，其整体的道路运输风险等值线是以道路轴线为中心线，两侧对称的平行线，如图 2-28 所示。

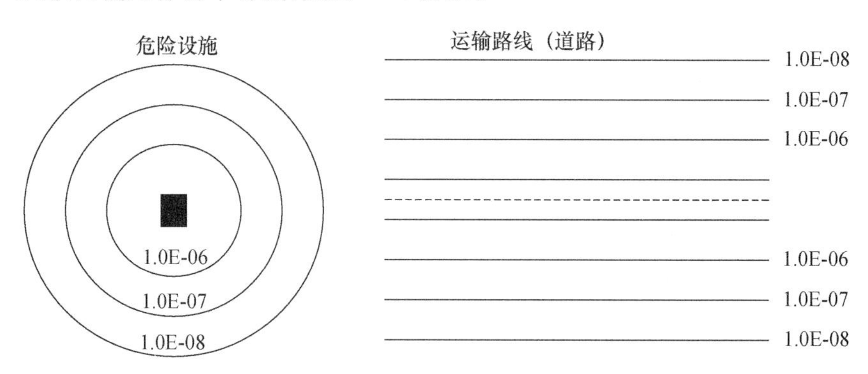

图 2-28　危险道路两侧风险等值线示意图

2. 危险货物运输道路风险案例分析

该区域有多家化工企业，年需原油超 130×10^{4} t，原油及各种产品的进出主要以公路运输为主，308 国道是必经之路。

参考《危险化学品生产、储存装置个人可接受风险标准和社会可接受风险标准(试行)》及国内外相关资料,道路的可容许风险标准取 10^{-4}。

当风险高于最大可容许风险是不可接受的,而处于最大可容许风险以下时,则应采用风险越低越好的原则,但应遵从 ALARP(As Low As Reasonable Practice)原则作为可接受原则。

(1) 分析模型和基础数据。

本次评估 308 国道的危险化学品主要为评估某炼化公司危险化学品运输对道路造成的安全风险的大小。以计算运输易燃危险品为例,根据式(2-3)计算运输易燃危险品对道路两侧的个人风险为

$$R=0.70\cdot p_i(l_i)\cdot p_t\cdot n\cdot\sqrt{r_i^2-y_e^2}/L(l_i) \tag{2-3}$$

上式中,R 为道路运输伤亡区域内任意点的个人风险值;$P_i(l_i)$ 为 l_i 路段交通事故概率;p_t 为条件泄漏概率;n 为一个生产周期运输车辆数;r_i 为易燃危险品可能伤亡半径(km);y_e 为计算点到运输路线中心线的垂直距离(km)。

年运输量 270×10^4 t,单位易燃危险品运输车辆运载量 30 t,按年生产 330 天计算,年均周转率按 10.6 考虑,一个生产周期的运输车辆为 8491 辆。

根据易燃品危险品的安全紧急疏散距离及一次运载量,并结合道路的实际情况,各类危险品车辆伤亡半径如表 2-8 所示。

表 2-8 各类危险品运输事故当量伤亡半径

序号	危险品类别	可能伤亡半径
1	易燃危险品	各向 0.20 km

(2) 道路运输风险计算结果。

其中,$p_i(l_i)\cdot p_t$ 为交通事故概率与条件泄漏概率的乘积,即危险品运输事故概率。根据道路分类标准,乡村区域车辆交通事故概率为 1.34×10^{-6}/ km,条件泄漏概率为 0.082;城市区域车辆交通事故概率为 7.75×10^{-6}/ km,条件泄漏概率为 0.062。高速公路车辆交通事故概率为 1.35×10^{-6}/ km,条件泄漏概率为 0.062,该道路车流量属城市区域交通车流量,即 $p_i(l_i)\cdot p_t=7.75\times10^{-6}\times0.062$。因此式(2-3)中 $p_i(l_i)\cdot p_t$ 取值 0.481×10^{-6},$L(l_i)$为路段长度 3 km。

单独运输易燃危险品时,r_i 取表 2-8 中易燃危险品可能伤亡范围半径 0.2 km,从式(2-3)可知,最大风险点出现在始发点,即 $y_e=0$。道路易燃危险品运输车辆风险按式(2-3)计算,将各参数代入式(2-3),得到一个生产周期的道路运输风险为

$$R=0.70\times0.481\times10^{-6}\times8491\times0.2\div3$$

计算得

$$R=1.90\times10^{-4}$$

2.5 城市公共场所风险分析

公共场所是指由于人口密度大、人员活动集中、物的流动稠密、信息交换频繁从而易于发生各种事故和灾难的公共建筑或场所。

按使用性质划分，可分为教育、科研类，如：各类学校，幼儿园，科研机构等；文化、娱乐类，如：文化宫，博物馆，青少年活动设施，电影院等；体育、休息类，如：体育场(馆)，游憩设施等；医疗、卫生类，如：各类医院等；商业、服务类，如：百货商店，大型商场等。

按人口在空间分布层次划分，可分为受限空间类：高层建筑、地下商场、室内体育馆等；开放空间类：商业街、集贸市场等。

受限空间类公共场所最大特点就是安全出口有限，给紧急情况下的人员疏散带来很大困难，在此类公共场所中，最大安全隐患是火灾，一旦发生火灾，直接烧死的人很少，绝大多数是因为无法及时逃生而被火灾的烟气毒死和窒息而死，还有由于人群急于逃命而造成的拥挤踩踏或从高处坠落造成的伤亡。

城市公共场所事故灾害的一个显著特点是有大量人群聚集，一旦发生公共事故，由于缺乏控制及管理，往往会造成较大的人员伤亡，并使公共场所事故灾害扩大化。在这里把公共场所中可能发生的事故定为由于人群聚集所引发的事故，如因观众的争吵而导致的秩序混乱，或发生争执甚至暴力等。公共场所事故以人群聚集为条件，由于公众在公共场所事故及意外事故中，存在从众心理及盲目恐慌，往往使事故难以控制并有导致灾害扩大化的趋势，或引起某种次生事故灾害。

2.5.1 拥挤踩踏事故发生的因素

导致人群拥挤踩踏事件的因素很多，如图 2-29 所示，一般可以分为场所的类型和设计，人群的类型和行为，人群聚集场所的管理等。本文分别从人群的密度与速度，人群的受力状况，运动人群中的信息传播，人群的组成及大小等方面进行分析，用于在现实中指导人群管理。

1. 人群密度

人群拥挤踩踏事故发生的一个基本条件是人群高度密集。人群密度与人群运动速度密切相关，密度的增加会使得人的运动速度下降甚至发生堵塞。Wertheimer(2000)指出，一旦人群密度超过了临界值，个人和人群就处在风险中。Still 认为，对于静止的人群，人群安全的临界密度为 4.7 人/m^2；对于运动的人群，安全的临界密度为 4.0 人/m^2。

拥挤踩踏事故周围的人群密度可以分为三个层次：自由运动区，限制运动区和运动停滞区。运动停滞区的人群密度应在 4.0 人/m^2 以上，运动几乎处于停滞状态，运动时

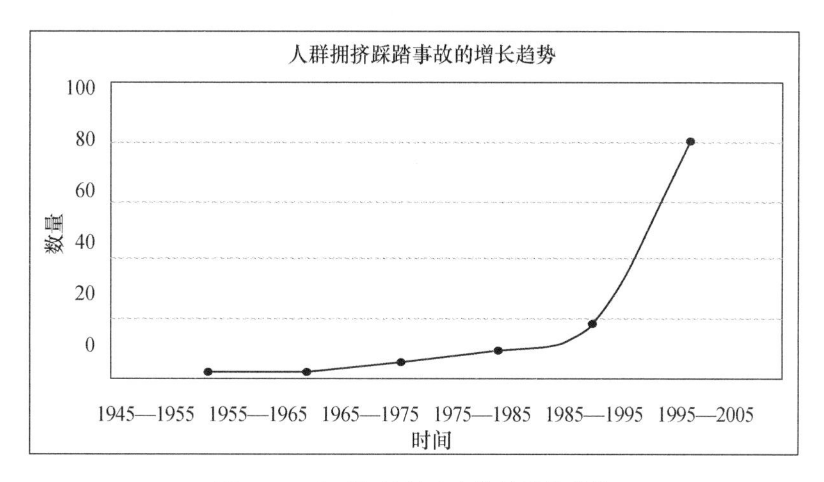

图 2-29　人群拥挤踩踏事故的增长趋势

断时续；限制运动区的人群密度处于 0.5～4.0 人/m² 之间，该部分人群相互影响，运动速度在 0.5～1.0 m/s 之间；处于外围的人群属于自由运动人群，其运动速度为自由运动速度（1.34 m/s 左右），行人间无相互影响。人群拥挤事故的发生点通常在运动停滞区，由于窒息、中暑、滑倒、骚乱等原因，诱发了事故的发生，人群拥挤事故发生时，事发点处由于有人突然跌倒，人群中出现波动，随之产生多米诺效应。事故点临近区域人群因惯性或来自后面的推动力也叠加到已经跌到的人（人群）上；没有获知信息的人群由于信息缺乏而继续前进，导致距离事发地点附近的人群密度越来越大。随着触发事件的发生，处于事故发生地点附近的人群密度增大到一定程度后（同时伴随着信息的传播），处于中间区域的人群运动速度减缓，或者向与事故发生方向相反的方向疏散，该区域混乱度增大，且范围扩大。

拥挤事故发生点的初始密度值可能处于限制运动状态或停滞状态。但事故发生后，由于信息的缺乏和人群的恐慌，聚集密度会在短时间内急剧上升，甚至达到 8 人/m² 以上。此时，个体将失去控制，人将成为人群中的一部分。研究表明，当人群密度为 7 人/m² 时，人群具有流体的性质。人群中的震荡波通过人群进行传播，使得人们双脚离地，震荡距离可以达到 3 m 甚至更大。强大的人群压力，恶化的焦急情绪，使得人们呼吸困难。人体周围不能传播身体散发出的热量，会使人们虚脱或者昏倒。

2. 拥挤踩踏事件中力的作用

拥挤的人群中可以产生不可承受或不可控制的力。研究表明，拥挤踩踏事故中的人群死亡主要是由压力导致的窒息。事故过后，现场因压力而弯曲的钢质扶手表明，这种力要超过 4500 N。这种力的产生是来源于推挤和因多米诺效应而叠加的身体重力。拥挤踩踏事故中的人群拥挤有两种类型：人群在垂直方向上相互堆叠和水平方向的相互拥挤。在辛辛那提摇滚音乐会事故中，人体堆积的长度达 9 m。人群之间的压力主要来自于后面人群推动力及墙壁向后的反作用力。对由于身体倾斜和推挤而对护栏产生的力进行的试验表明：30%～75%是由参加者的体重产生的。研究表明，在恐慌状态下，5 个人能够产生 3430 N 的力。

D. Helbing 对人群的疏散时间与期望速度之间的关系进行了研究，如图 2-30 所示。当期望速度小于 1.5 m/s 时，人群疏散时间随期望速度增加而增大；期望速度高于 1.5 m/s 时，疏散效率开始下降。这是由于推挤，导致摩擦力增加而产生的后果。此外，当期望速度为 5 m/s 时，如图 2-30 虚线部分，如果作用于他们的径向力的总和除以他们的周长超过 1600 N/m，行人开始出现受伤现象并且不能运动，成为其他人运动的障碍。

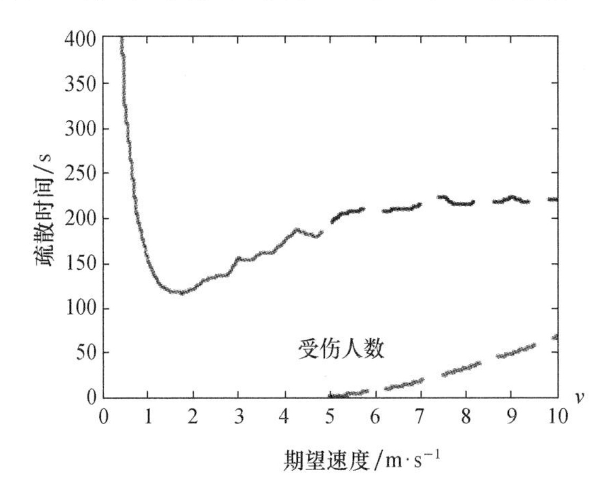

图 2-30　疏散时间与期望速度关系

3. 人群的恐慌

在触发事件发生后，人群会产生严重的恐慌情绪，恐慌对人群拥挤踩踏事故的影响主要表现为两个方面：一方面，恐慌状态下的人群会产生诸如推挤、超越他人等不理智的行为，从而使事故急剧恶化；另一方面，恐慌会使人由个体行为为主转化到以从众行为为主。

研究表明，恐慌对人群的作用是两方面的。适度的恐慌有利于加快人群疏散速度，有利于人群逃生。当恐慌度低于 0.4 时，以个体行为为主，表现出理智；当恐慌度大于 0.4 时，个体随恐慌度增加而表现出越来越强的从众行为，理智丧失，拥挤踩踏事故发生时，人群处于极度恐慌状态下，期望速度高，相向运动多有发生，从而使拥挤踩踏事故的后果加剧。

4. 人群的大小

人群的大小与事故的后果之间也存在着密切的关系。这主要是因为：由于人群变大，一旦开始运动，停下来或改变方向需要很长时间，从人群中开始出现波动到恢复稳定状态需要的时间增加。其间很容易因某些突发事件而出现失控，而拥挤事故很可能在其间发生。研究表明，事故的持续时间非常短，事故发生时犹如爆炸冲击波的速度冲击人群。如果人群过大，可能会使事故的后果加剧。

5. 信息交流

信息交流分为管理人员之间的交流、管理人员与人群之间的交流、人群内部的交流，人群踩踏事故中的通信主要指前两者。

心理学家把人群比作相互啮合的，具有某种行为的多个个体的集合，每个个体周围都形成小的群组，群组成员之间互通信息，每个群组中都有一个处于支配地位的成员。群组的成员并不知道整个人群中正发生什么，所以处于支配地位的个体可能影响其他个体的行为。相邻的群组和群组之间可以互通信息，如图 2-31 所示。群组之间传播的信息可能是传闻和错误的信息（如谣言），这可能导致人们不期望行为的发生。

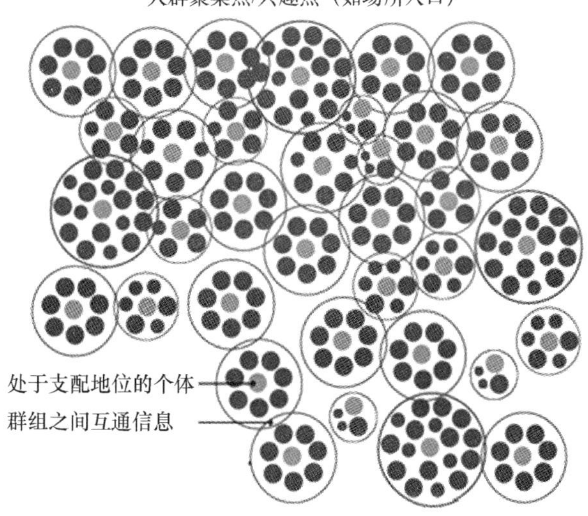

图 2-31 人群间的信息交流

通常，人群缺乏对信息的前后比较。事故发生前，在后面的人群处于低密度自由运动状态，而前面的人群已经处于不稳定和高压力状态。当前面的人群已经发生了严重的灾难时，后面的人群常因信息缺乏而表现出不适当的行为。前面队列的崩溃给出一种向前运动的错误感觉。这类问题的唯一管理方法是对后面的人群进行管理，而不像普通的人群管理方法中对前面人群进行管理。因人群过大产生的通信缓慢或通信困难而带来的问题，可以采取对侧面人群和后面人群进行控制来减缓。

2.5.2 人群拥挤踩踏事故的风险模型

人群拥挤踩踏事故的现实风险由固有风险和风险减缓因子构成，其中固有风险由原发事故风险和风险扩大因子构成，如图 2-32 所示。

人群拥挤踩踏事故的现实风险＝原发事故风险×风险扩大因子×风险减缓因子。

其中固有风险与以下因素有关：场所类型、活动类型、人群性质、人群组成、人群的数量、人群密度、场所管理、社会状态（和平稳定或战争以及是否具有种族仇恨）和自然灾害等。风险扩大因子和风险减缓因子可以看作控制因子，当管理完善，人群的整体素质高，安全意识强时，该因子就是风险减缓因子；反之则为风险扩大因子。

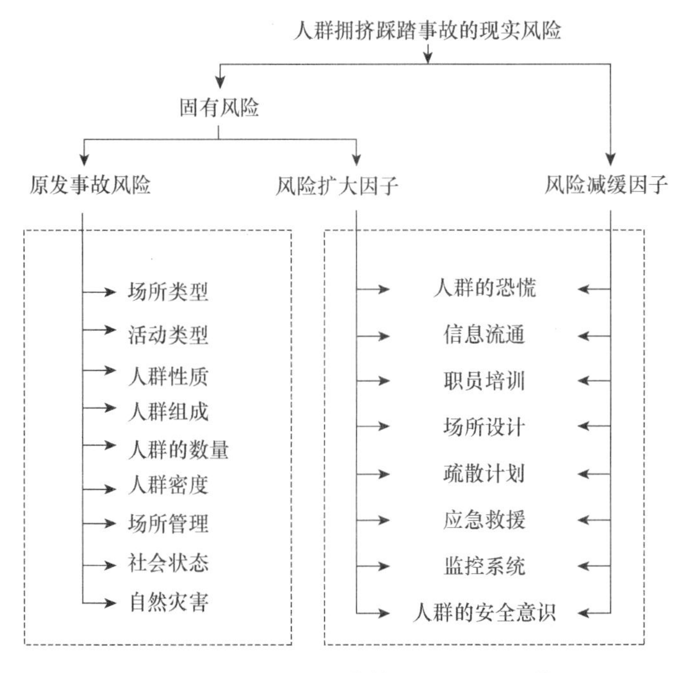

图 2-32 人群拥挤踩踏事故现实风险指标体系

2.5.3 体育赛场人群聚集风险计算案例

体育赛场历史事故统计分析表明出口堵塞为导致疏散人群拥挤踩踏事故发生的主要原因，滞留阶段是人群疏散过程最常见的一种人流形式，同时也是拥挤踩踏事故风险的主要承载体。本部分基于人群流量与人群密度关系建立了时间维变量的滞留人数定量模型，通过设定体育赛场看台不同宽度出口人群疏散实例计算分析结果表明，滞留人数不仅对人群疏散时间有直接影响，而且与事故发生概率之间存在一定的关系。

1. 滞留人数定量模型基本参数分析

(1) 模型基本参数。

影响出口滞留人数的基本参数为人群流量 F,其为人群流动系数与出口宽度的函数,而人群流动系数又与人群移动速度与人群密度有关,表示如下:

$$F=fW=vDW, \tag{2-4}$$

式中,F 为特定时间间隔内通过出口的人群流量,人/s;f 为人群流动系数,单位时间、单位出口宽度通过的人数,人/(s·m);v 为人群移动速度,m/s;D 为人群密度,人/m^2;W 为出口宽度,m。

由式(2-4)可以看出,人群流量与人群移动速度、人群密度和出口宽度有关,出口宽度一般为定值。人群移动速度与密度的关系许多学者都进行了大量的观测研究,比较典型有日本 K. Togawa,俄罗斯 Predtechenski 和 Milinskii,加拿大 Paul 及《SFPE 消防工程手册》等。上述模型基本上都是为研究疏散问题而根据经验或试验数据统计得到的,一般来说没有考虑出口完全堵塞的情况,国内刘禹等人在相关假设条件下构建了拥挤状态下人群密度与人群速度关系模型,模型考虑当人群密度达到一定值时,出口人群流量为零,而由赛场出口事故原因分析可知,出口区域人群密度非常高时,出口会出现堵塞情况,因此本定量模型是基于人群流量参数在某特定密度下取零的条件建立的。

(2) 模型基本参数关系分析。

许多学者对人群移动速度与密度的关系都进行了大量的观测研究,除了前面对疏散时间计算公式的研究者外还包括英国的 Keith Still,荷兰的 W. Daamen 和 Hoogendoorn,香港的 S. M. Lo 以及国内刘禹等人。其中许多研究都有相似之处,选取有代表性的研究总结如图 2-33 所示。

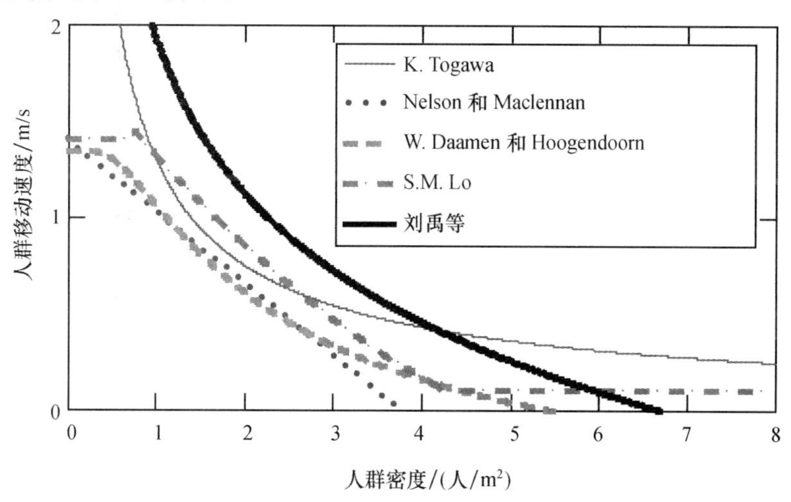

图 2-33 人群移动速度与人群密度经验关系总结

而人群流动系数通常表示为人群密度和人群移动速度的函数，因此根据图 2-33 可以得到人群流动系数与人群密度的关系，如图 2-34 所示。

由图 2-33 和图 2-34 可知，由于研究对象及现场观测方法等的不同得出的关系曲线也存在一定的差异。一般来说可以将人群密度和人群移动速度的关系描述成对数关系，也可以描述成指数甚至线性关系。但所有研究表明，如果人员的移动速度大，必然要求的人口密度小，而相应的人群流量不一定大，反之，人群密度大，但速度又会降下来，流量也不一定大，人群流量只有在某一人口密度的条件下达到最大。

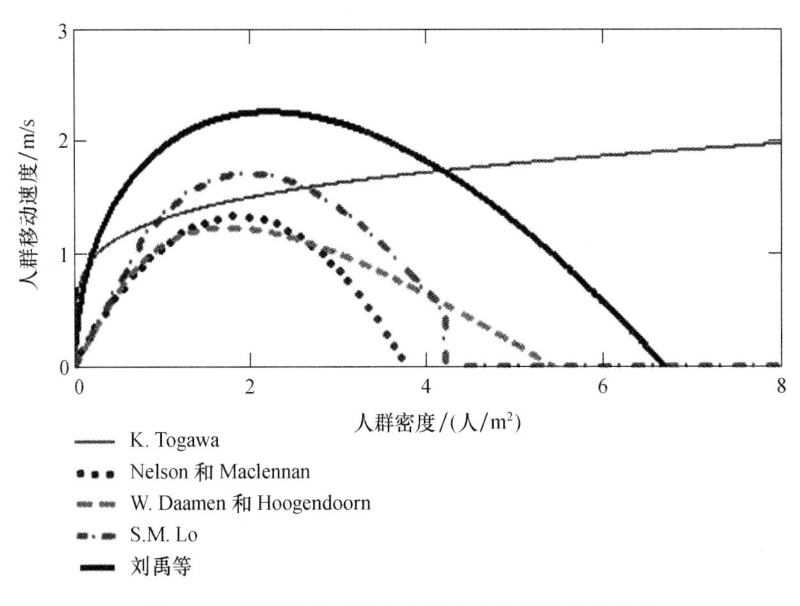

图 2-34 人群流动系数与人群密度的经验关系总结

2. 滞留人数定量模型的建立

赛场恐慌人群进行疏散是在假定体育赛场事故灾害（如看台倒塌、恐怖袭击等）已经发生的条件下，恐慌人群通过狭窄通道或出口处时可能发生拥挤踩踏事故，基于此原理提出了对恐慌人群拥挤事故进行定量风险分析的模型。模型从人群密度与移动速度之间的关系着手，分析了出口人群流动系数随密度变化的规律。拥挤踩踏事故发生的一个重要特征就是特定区域人群高度聚集，也就是该区域聚集人数多少决定了此类事故风险的发生概率。因此本文提出了基于时间维变量的滞留人数模型来表征人群聚集风险的易发程度。

依据日本 Togawa 推导的建筑疏散时间公式及其他相关理论，在人群疏散方向上取一基准断面 P，则向断面 P 前进的人群称为流入群集；流出断面 P 继续前进的人群为流出群集，如果由于某种原因，例如通路变窄，或遇到门、楼梯、台阶等通道性质的改变，便容易引起人群在基准断面P处的滞留与混乱，在断面P处滞留的人群称为滞留群集，它等于流入群集与流出群集人数之差。

考虑赛场水平通道人群疏散场景：多个分支入口，一个出口，通道内人群流动呈直线型，通道出口在 t 时刻的聚集(滞留)人数 N_A 如式(2-5)所示：

$$N_A=\begin{cases}\sum_{i=1}^{k}\int_0^t f_i(t)w_i(t)\mathrm{d}t\cdots\cdots(t\leqslant t_0)\\ \sum_{i=0}^{k}\int_0^t f_i(t)w_i(t)\mathrm{d}t-\int_{t_0}^{t}f(t)W(t)\mathrm{d}t\cdots\cdots(t_0\leqslant t\leqslant t_1)\\ \sum_{i=0}^{k}\int_0^t f_i(t)w_i(t)\mathrm{d}t-\int_{t_0}^{t}f(t)W(t)\mathrm{d}t+\sum_{i=0}^{k}\int_{t_1}^{t}f_i(t)w_i(t)\mathrm{d}t\cdots\cdots(t_1\leqslant t\leqslant T)\end{cases}\quad(2\text{-}5)$$

式(2-5)中，$f_i(t)$ 为通道第 i 个分支入口 t 时刻的人群流动系数(单位时间内单位空间宽度通过的人数)，人/(m·s)；$f(t)$ 为通道出口 t 时刻人群流动系数，人/(m·s)；$w_i(t)$ 为第 i 个分支入口 t 时刻人流宽度，m；$W(t)$ 为通道出口 t 时刻人流宽度，m；k 为通道分支入口数目；t_0 自疏散开始至出口断面P处刚出现人群滞留的时间；t_1 为通道出口人群流动系数 $f=0$ 的时间；T 为最后一人从分支入口进入通道的时间或出口区域达到饱和密度的时间。

3. 赛场出口实例分析

选取某奥林匹克中心体育场看台其中一个出口区域，如图2-35所示。设计为七个看台的观众从此出口疏散到安全地带。

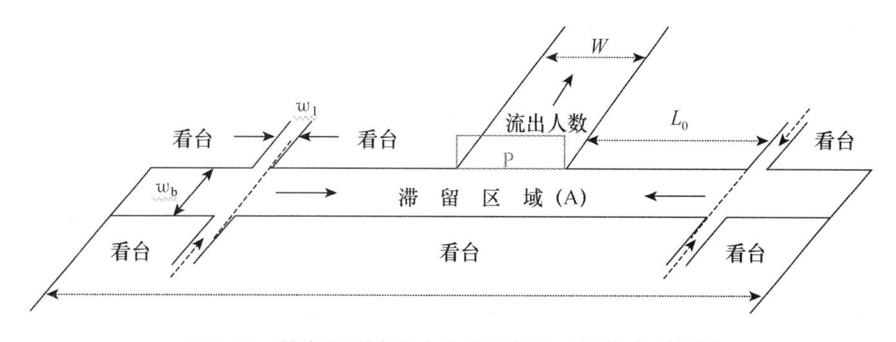

图2-35　某奥林匹克中心体育场看台人群疏散示意图

(1) 初始设置。

人流宽度设定：看台纵走道宽度 w_1 设为两股人流宽度(单股人流为0.5 m)，横走道

宽度 w_b 设为四股人流宽度（$w_b=2.0$ m），出口通道宽度设为 W。

距离和面积设定：出口与最近的看台通道距离 L_0 按 15 个座位来算为 15×0.6（座位宽）=9 m，出口附近区域面积 $A=w_b\times(2L_0+W)m^2$。

看台人数设定：看台按 20（排）×15（座位数）=300 人计算，因此总的疏散人数为 2400 人。

（2）相关假设及疏散场景描述。

纵走道出口人群流量设定：本模型不考虑观众从座席到纵走道的疏散，只考虑纵走道出口流量，《体育建筑设计规范》及相关体育建筑设计资料设定中国单股人群流量为 40～42 人/min，本研究人群流量 F' 取 40 人/min，也就是单股人流每 1.5 秒通过一个人。

疏散场景设定：观众首先从座位看台纵走道出口进入横走道，然后通过出口通道疏散到安全地带。由于人数为正整数，由（1）分析可知每 1.5 秒单股人流从纵走道走出一个人，所以设此模型的时间间隔 $\Delta t=1.5$ 秒，疏散时间 $t=1.5n(n=1,2\cdots N)$。

（3）滞留人数计算。

通过体育场水平出口通道的滞留人数可以通过下式来计算：

① 当 $t\leqslant t_0(t_0=L_0/v')$：

$$N_{A,t_0}(n)=\sum_{i=1}^{k}\int_0^t f_i\cdot w_l\cdot \mathrm{d}t=1.5\cdot\alpha\cdot k\cdot F'\cdot n, \tag{2-6}$$

式中，$N_{A,t_0}(n)$ 为 $t\leqslant t_0$ 时刻水平通道出口区域（A）在时刻 $t(n)$ 的滞留人数，且 $t(n)\in[0,t_0]$；v' 疏散过程个体期望疏散速度；$v'=1.5$ m/s；α 为看台出口人流股数，$\alpha=2$；k 为看台出口数目，$k=4$。

② 当 $t_0<t\leqslant t_1$：

$$\begin{aligned}N_{A,t_1}(n)&=\sum_{i=1}^{k}\int_0^t f_i\cdot w_l\cdot dt-\int_{t_0}^t f\cdot W\cdot dt\\&=N_{A,t_1}(n-1)+1.5\alpha\cdot k\cdot F'-1.5W\cdot f(D)\end{aligned} \tag{2-7}$$

式中，$N_{A,t_1}(n)$ 为 $t_0<t\leqslant t_1$ 时刻水平通道出口区域（A）在时刻 $t(n)$ 的滞留人数，且 $t(n)\in[t_0,t_1]$；$N_{A,t_1}(n-1)$ 为 $t_0<t\leqslant t_1$ 时刻水平通道出口区域（A）在时刻 $t(n-1)$ 的滞留人数，且 $t(n-1)\in[t_0,t_1]$；$f(D)$ 为水平通道出口人群流动系数，其为人群密度的函数，此处假设出口区域附近（A）人群密度是相同的，人群密度可以用下式表示：

$$D=\frac{N_A}{A}=\frac{N_A}{w_b(2L_0+W)} \tag{2-8}$$

③ 当 $t_1<t\leqslant T$：

此时出口的人群流动系数在 t_1 时刻为零，也就是说此出口没有人员能够疏散出去。假设出口区域（A）人群密度最大为 D'，则

$$N_{A,T}(n)=\begin{cases}N_{A,T}(n)\cdots\cdots\cdots\cdots\cdots\cdots\cdots\cdots & \dfrac{N_{A,T}(n)}{A}\geqslant D'\\ N_{A,T}(n)+\sum\limits_{i=1}^{k}\int_{t_1}^{t}f_i\cdot w_l\cdot dt\cdots & \dfrac{N_{A,T}(n)}{A}<D'\end{cases}\tag{2-9}$$

式中，$N_{A,T}(n)$ 为 $t_1<t\leqslant T$ 时刻水平通道出口区域（A）在时刻 $t(n)$ 的滞留人数，且 $t(n)\in[t_1,T]$。其他符号意义同前。

4．结果讨论

由于其他时间段出口处的滞留人数为线性增长关系，所以以（$t_0<t\leqslant t_1$）时间段为研究重点进行分析，此阶段也为人群拥挤踩踏事故最可能发生的阶段。出口人群流动系数[$f(D)$]和出口宽度（W）都是影响出口滞留人数的重要参数，下面分别进行讨论。

基于人群流动系数与人群密度的经验关系，计算滞留人数随时间的变化情况，并设定三种不同的出口宽度（$W_1=2$ m，$W_2=4$ m，$W_3=8$ m）分别进行计算如图 2-36、图 2-37 和图 2-38 所示。

（1）出口宽度 $W_1=2$ m 时滞留人数随时间变化关系。

由图 2-36 可以看出，对于 2 m 出口宽度来说，滞留人数随时间变化并不是简单的线性关系，并且随着时间的增长所有滞留曲线都是增加的，但是都有一个急剧增长的时刻，并且这个时刻的出现对于不同的人群流动系数与人群密度的关系是不同的。

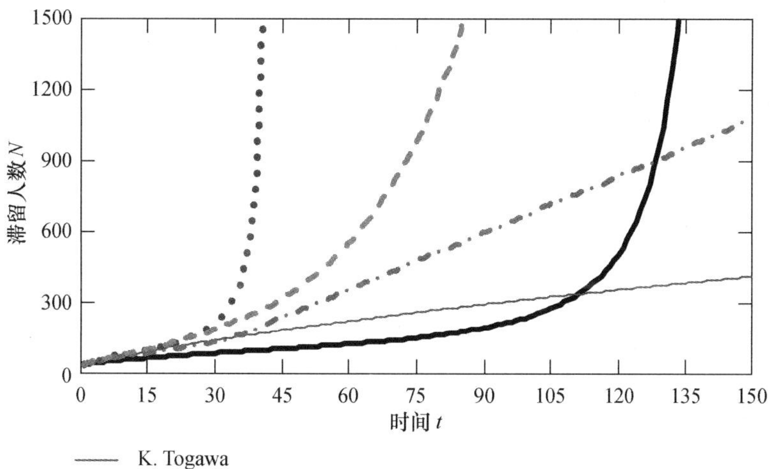

图 2-36 出口宽度 $W_1=2$ m 时滞留人数随时间变化关系

(2) 出口宽度 $W_2=4\ m$ 时滞留人数随时间变化关系。

如图 2-37 所示，对于 4 m 出口宽度来说，出口处滞留人数随时间变化关系也不是线性增长的。基于 W. Dammen 和 Hoogendoom，Nelson 和 Maclennan 的人群流动系数与人群密度关系曲线推出的滞留人数曲线随着时间的增长，滞留人数增加，并且出现滞留人数急剧增长的时刻。而基于 K. Togawa，S. M. Lo et al 和刘禹等的人群流动系数与人群密度关系曲线推出滞留人数曲线几乎是一条直线，也就是说进入出口多少人，疏散出去多少人，出口处不会出现大量滞留人群。

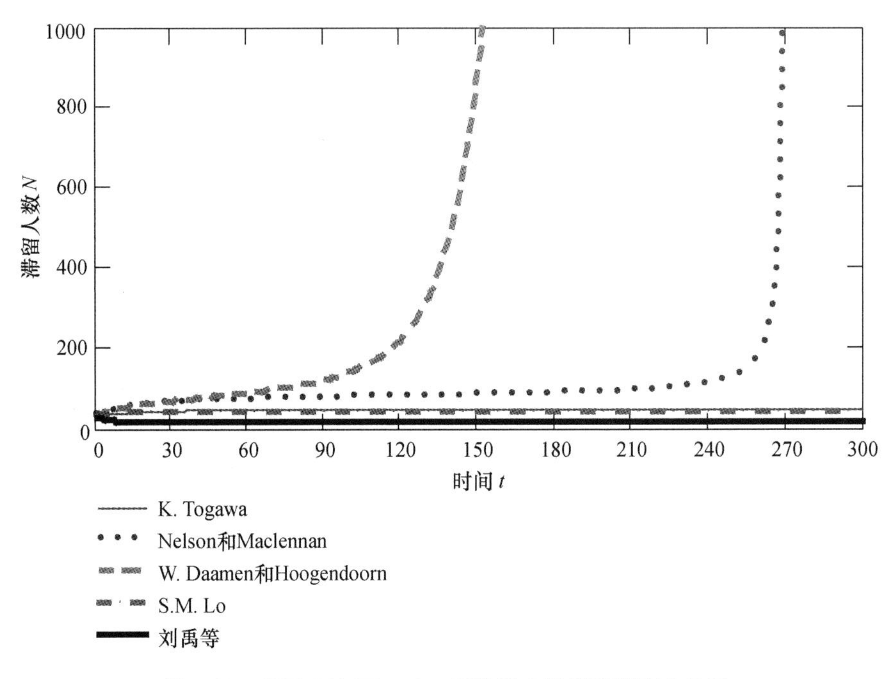

图 2-37　出口宽度 $W_2=4$ m 时滞留人数随时间变化关系

(3) 出口宽度 $W_3=8$ m 时滞留人数随时间变化关系。

如图 2-38 所示，当出口宽度为 8 m 时，滞留人数随时间变化都不是线性增长关系，而是随着时间的增长，滞留人数下降到一定值后并保持此值，也就是说对于 8 m 宽的出口来说所有基于人群流动系数与人群密度关系曲线得到滞留人数几乎没有变化，也就是出口处不会出现滞留人群，也就不会出现人群拥挤踩踏事故发生，所以说出口宽度对于减少事故发生也很重要的。

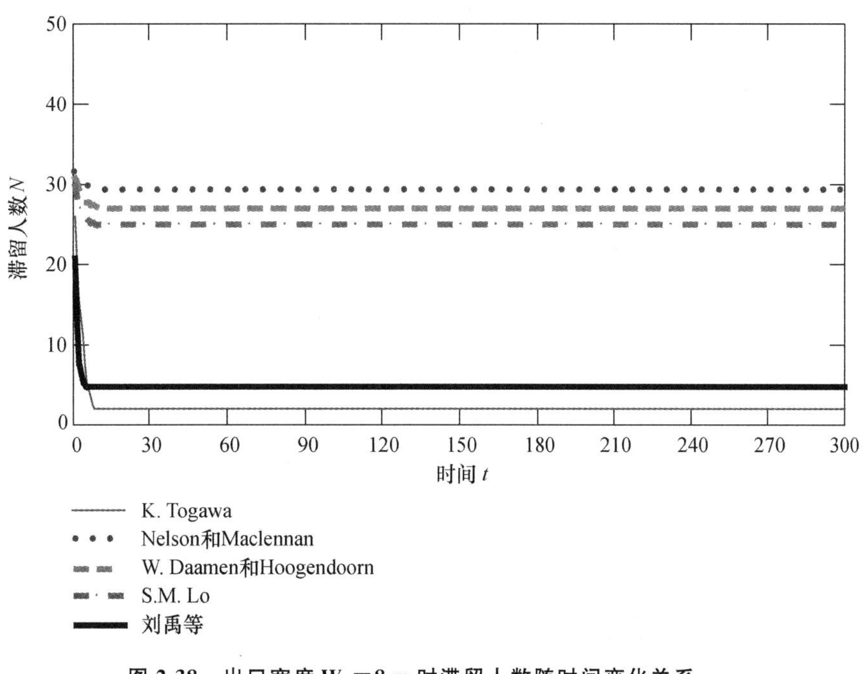

图 2-38 出口宽度 $W_3=8$ m 时滞留人数随时间变化关系

2.6 城市公共基础设施风险分析

城市公共基础设施为城市提供电力、燃气、供热、给排水等方面的保障。把燃气、供热、给排水等管线，统称为城市市政管线，它们一旦出现重大事故，将使整个城市陷入瘫痪。

2013 年 11 月 22 日 10 时 25 分，位于山东省青岛经济技术开发区的输油管道泄漏原油进入市政排水暗渠，在形成密闭空间的暗渠内油气积聚遇火花发生爆炸，造成 62 人死亡、136 人受伤，直接经济损失 75 172 万元，造成极为严重的社会和环境影响。诸如油气管道、电力设施等公共基础设施是城市的重要生命线，减少和避免发生此类事故必要而紧迫，因此对城市的公共基础设施进行安全规划具有极为重要的现实意义。

规划包括研究市政管线结构性能破坏的评价模型，市政管线易损性评价分析，通过综合分析各个影响因素建立相应的市政管线安全评价指标体系，并建立相应的综合评价方法。具体体现在以下几点：

(1) 城市市政管线在常态条件下的失效和地质灾害条件下的结构性能变化以及损坏机理研究；研究一般失效因素、地震动和场地破坏对城市市政管线结构破坏影响，建立结构性能破坏评价模型，研究管线破坏可靠性指标。

（2）在结合国内外市政管线研究成果的基础上，总结了市政管线安全评价的分析方法，针对市政管线的易损性进行了深入研究，提出了一套市政管线综合安全评价指标体系和评价方法。具体的技术路线如图 2-39 所示。

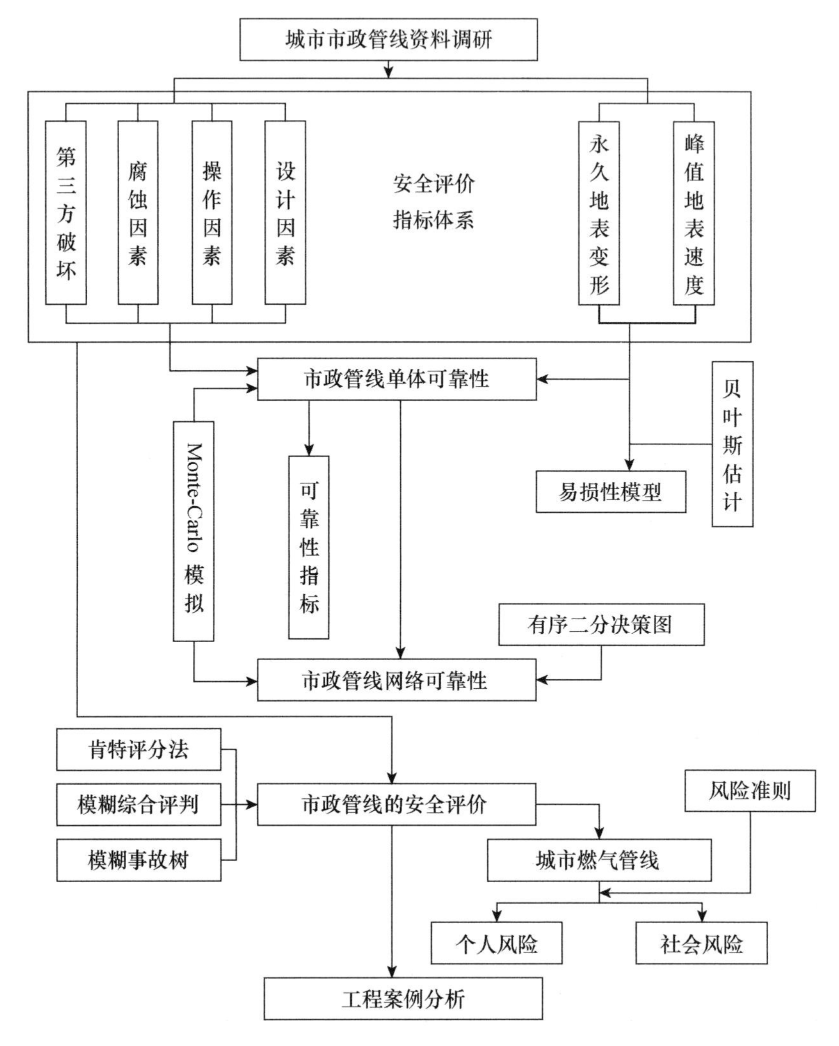

图 2-39　市政管线风险评价技术路线示意图

（3）建立市政管线失效的原因及失效形式的判断指标体系，如图 2-40 所示。

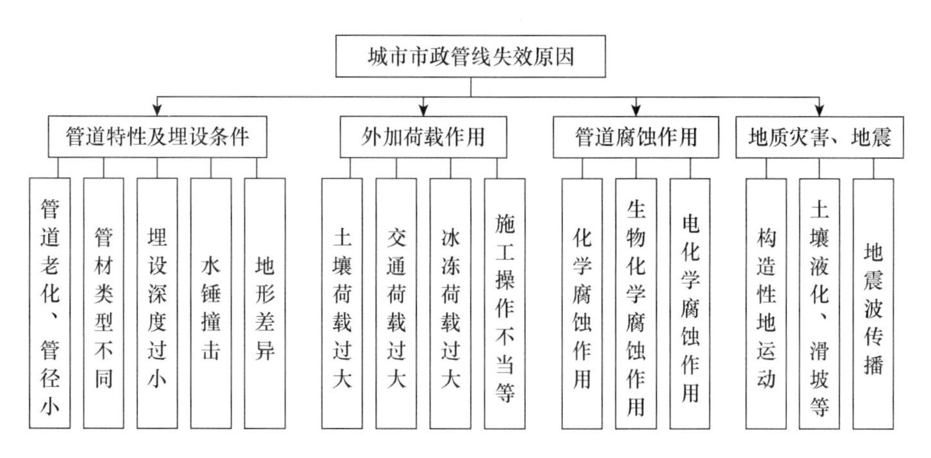

图 2-40 市政管线失效的原因

2.6.1 城市市政管线综合安全评价指标体系

城市市政管线由于所处的环境，面临大量的风险，并有可能产生更加严重的次生灾害，对人员和财产造成重大损失，对城市市政管线的综合安全评价至关重要。本部分讨论了一种失效情况(评价指标)或多种失效情况组合(多个评价指标组合)条件下城市市政管线的安全评价。结合市政管线失效因素，进行总结筛选，构建了五大类评价指标，并对这五大类评价指标分别展开，形成各类子指标。

城市市政管线包括城市供水、排水管线、城市燃气管线等，而城市燃气管线破坏后的后果要远比其他类型管线严重，但是各类管线又存在大量的共性因素，因此对应于不同类型管线的评价指标体系既有共性指标，又有各自的特殊性指标。

在结合管线失效因素的基础上，适用于供水管线和燃气管线的共性指标主要包括了五大类，每个指标分别扩展为不同的子指标，以此类推，因此最终共形成了 6 个一级指标，25 个二级指标和 46 个三级指标，这些指标可共同适用于供水或燃气管线评价的指标。但是，若是燃气管线，则需要增加 1 个特殊的一级指标和相对应的 2 个二级指标，即泄漏影响系数的产品危害和扩散系数指标。

1. 一级指标：第三方破坏指标

二级指标：

(1) 覆盖层深度；

(2) 活动情况；

(3) 地面设施；

(4) 报警系统；

(5) 公共教育;

(6) 管道用地标志;

(7) 巡线频率。

2. 一级指标:腐蚀指标

二级指标:

(1) 内腐蚀:① 介质腐蚀;② 内防腐措施;

(2) 外腐蚀:① 土壤腐蚀性;② 阴极保护;③ 外层保护;④ 杂散电流干扰;⑤ 其他金属埋设物;⑥ 使用年限;

(3) 应力腐蚀:① 环境腐蚀;② 管道压力变化;③ 管材缺陷;

(4) 其他因素:① 腐蚀检测;② 维修情况。

3. 一级指标:管线设计指标

二级指标:

(1) 管道安全系数;

(2) 疲劳;

(3) 水击势能;

(4) 土壤移动;

(5) 设计人员技术水平。

4. 一级指标:误操作指标

二级指标:

(1) 误设计:① 安全措施;② 材料选择;③ 设计软件可靠性;④ 设计人员素质;⑤ 设计验收;

(2) 施工误操作:① 施工管理措施;② 施工人员素质;③ 施工人员培训;④ 施工监督;⑤ 施工验收;

(3) 运营失误:① 运营规程;② 电力电信系统;③ 安全措施;④ 检测制度;⑤ 运营监督;⑥ 预防机械错误;⑦ 培训;

(4) 维护误操作:① 维护规程;② 维护频率;③ 维护人员技术水平。

5. 一级指标:地震、地质灾害指标

二级指标:

(1) 地震危险性指标:① 永久地表变形指标;② 地震波指标;

(2) 土壤类型指标:① 剪切波速率指标;② 未修正标准贯入阻力指标;③ 不排水剪切强度指标;

(3) 管道类型指标:① 管材材质指标;② 许用应变指标;③ 管道重要度指标;

(4) 地质灾害指标:① 滑坡指标;② 穿越断层指标。

(5) 管道地震易损率指标：① 管径指标；② 地震 PGV；③ 管道长度；④ 管段上损坏点数。

针对城市燃气管线，增加的 1 个特殊一级指标和相对应的 2 个二级指标如下：

6. 一级指标：泄漏影响指标

二级指标：

(1) 产品危害；

(2) 扩散系数。

上述的评价指标逻辑结构如图 2-41 所示。

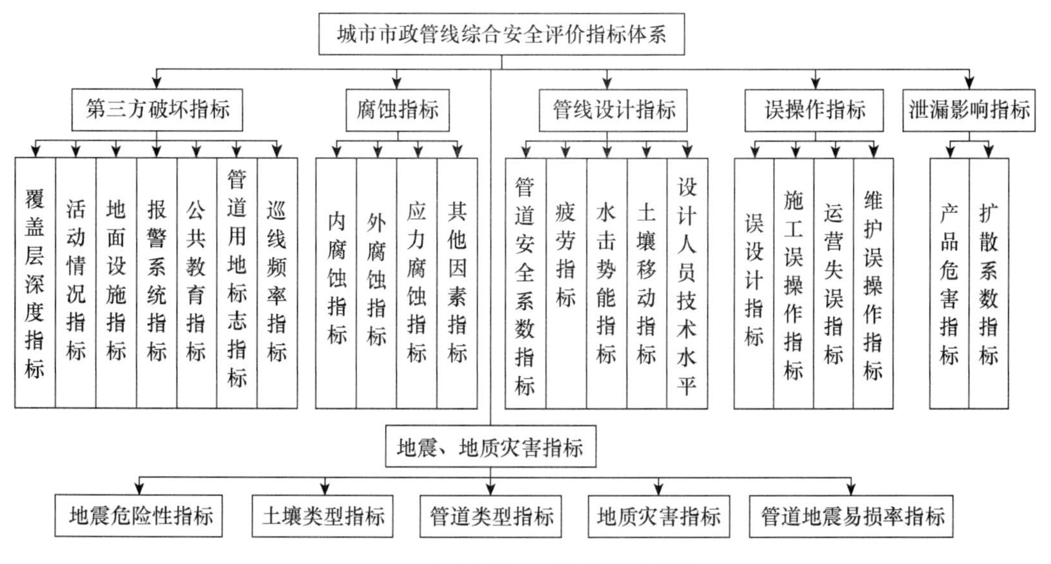

图 2-41　市政管线评价指标逻辑结构图

2.6.2　城市燃气管网的定量风险分析与研究

国内外城市发生的一些燃气管道系统、燃气燃具或工业可燃气系统重大火灾爆炸事故都是由管网泄漏所引发，由此造成的人员伤亡和财产损失巨大。引起燃气大量意外流失的原因只有管道泄漏和管道破裂两种情况。导致管道泄漏和破裂的主要因素有内腐蚀、外腐蚀、施工损伤、焊接缺陷、超压、接头缺陷和第三方破坏等。管网一旦发生泄漏，所产生的后果通常有喷射火、闪火、蒸气云爆炸，会给附近区域的人和财产带来伤害。

由于城市燃气管线的特殊性，其作为城市市政管线的典型，需要对燃气管线失效后产生次生灾害对人员和财产展开定量评价，城市燃气管线的定量风险评价指标体系如图 2-42 所示。

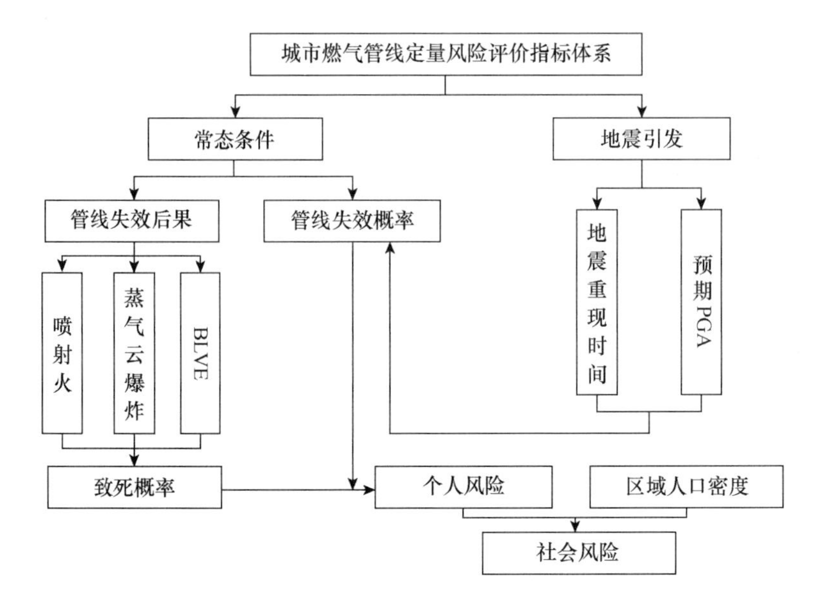

图 2-42　城市燃气管线的定量风险评价指标体系

风险能从多种途径来描述：个人风险、社会风险、致死率。

1. 个人风险

在特定地点来评价个人风险很复杂，因为管线失效地点是未知的，不同失效地点的失效率也有所不同，它可以通过求管线失效概率乘以所有失效模式下死亡概率的积分得到，如下式所示，计算积分示意图如图 2-43 所示：

$$IR = \sum_i \int_{l-}^{l+} \Phi_i P_i \mathrm{d}L, \tag{2-10}$$

式中，i 为事故模式（如小、中、大的孔洞），Φ_i 为单位长度管线的失效率，L 为管道长度，P_i 为致死率，$l\pm$ 为给特定地点带来风险的管线区域。

2. 社会风险

对于能引起更多死亡人数的危险管线，社会风险比个人风险更为重要，社会风险是从社会的角度来考虑。它表达为累计频率和预计死亡人数，事故的死亡人数通过致死率及危险地区的人群密度得到，如下式所示：

$$N_i = \int_{Ai} \rho p P_i \mathrm{d}A_i \tag{2-11}$$

式中，A_i 为与事故模式 i 有关的危险区域，ρ 为人群密度。

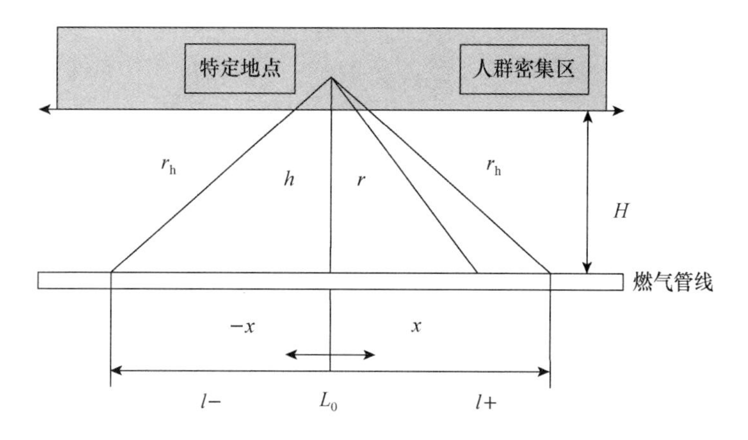

图 2-43 天然气管段几何参数之间的关系

3. 致死率

燃气管道的事故后果通常为爆炸和喷射火，由延迟点火引发的闪火发生的可能性很低，这是因为燃气快速上浮，所以排除了在地面形成持续可燃气体的可能性，甲烷在非受限空间的蒸气云爆炸随着火焰在燃气与空气混合物中移动而产生的超压可忽略。如果管道的泄漏点距离建筑物很近，泄漏的燃气能进入建筑物产生受限空间的爆炸。因此，燃气管道的危害主要是受限空间的爆炸及持续喷射火的热辐射，而非受限空间的蒸气云爆炸以及闪火可忽略。由燃气管线引起的固定地点的致死率只考虑喷射火的热辐射。喷射火的危险通过分析喷射扩散、喷射火及热辐射来估计。

事故致死率可以通过下式估算：

$$P=\frac{1}{\sqrt{2\pi}}\int_{-\infty}^{P_r-5}\mathrm{e}^{-s^2/2}\,\mathrm{d}s \tag{2-12}$$

P_r 为剂量(如压力、热、毒性)—效应(死亡或伤害)关系：

$$P_r=a+b\ln(D) \tag{2-13}$$

式中，a,b 是经验常数，反映了一种危害的详细特点和这种危害承受者的敏感性，D 是一定暴露时间下的压力、热、毒性。

2.7 城市燃气管道风险分析案例

2.7.1 城市燃气输气站和高压管网

本案例以青岛市城阳区燃气管道风险为例，城阳区内设有为保证青岛市及城阳区供气而建立的青岛输气站及城阳区境内管道，该管道南起城阳区古庙工业园青岛站，北至城阳区古庙工业园北墨水河。

青岛输气站位于青岛市城阳区古庙工业园内，是济青天然气管道末站，担负着向青岛市输供气任务。目前主要负责向青岛市泰能天然气有限公司和新奥新城燃气公司分输天然气。

该站场与其西侧的青岛重三星金属有限公司等企业防护间距不符合要求（厂房距输气站工艺区只有 15.6 m，GB50183 要求 30 m；天然气放空立管与西侧相邻 3 家厂房的距离为 6～15 m，要求 60 m），如图 2-44 所示。

图 2-44　天然气公司青岛输气站与周边设施的防护间距

2.7.2　安全风险分析

利用计算机模拟分析青岛输气站和高压燃气管道的事故后果（按最严重考虑），如图 2-45 和 2-46 所示。青岛输气站收球筒（DN500）发生大孔泄漏引发蒸气云爆炸事故的影响范围为死亡半径 38 m，重伤半径 68 m，轻伤半径 112 m；高压燃气管道（Φ508）发生大孔泄漏引发蒸气云爆炸事故的影响范围为死亡半径 38 m，重伤半径 68 m，轻伤半径 112 m。

(1) 天然气为易燃易爆气体，具有易燃性、易爆性、窒息性、静电荷聚集性、易扩散性等危险特性，发生泄漏，遇点火源即可发生火灾爆炸事故；

(2) 管道以埋地敷设方式进行输送，具有隐蔽性和安全性的特点。但管道可能因应力腐蚀、土壤腐蚀、化学腐蚀等腐蚀原因，误操作、自然灾害、第三方破坏等因素引起埋地天然气管道泄漏或断裂，遇到点火源发生火灾爆炸事故；

(3) 泄漏的燃气进入市政排水、排污、电缆沟等系统，形成爆炸性混合气体环境，遇点火源可能引发区域灾难性爆炸事故；

图 2-45 模拟青岛输气站收球筒大孔泄漏蒸气云爆炸事故后果影响范围示意图

图 2-46 模拟高压天然气管道大孔泄漏发生蒸气云爆炸事故后果图

(4) 地面沉降、管道压覆、重型车辆碾压等使管道遭到外力破坏也是发生燃气泄漏的重要因素;

(5) 输气站、高压管道与周边设施的防护间距不符合国家规范的要求也是发生事故的重要原因。

3 城市灾害风险分析

由于城市化加快、经济发展、人口聚集及全球气候变化等原因，城市防灾形势日益严峻。因其生态环境脆弱的特殊性，灾害对城市环境破坏严重，遭受灾害后生态环境恢复较慢。城市灾害不仅造成生命财产的损失，还可能导致人群恐慌，甚至社会的不安。灾害特征表明，城市防灾是一项复杂的工程，不仅包括工程性的，也包括非工程性的。

灾害给城市带来的危害和造成的损失，是灾害与城市共同作用的结果。除了灾害本身的危险性外，灾害后果还与抗灾能力、社会和公众对灾害的防御能力，经济发展水平及暴露人群等因素有关。

城市灾害危险性分析主要针对城市遭受灾害的可能性及其带来的后果，是灾害损失预测与评估的基础。只有了解城市可能遭受的灾害类型及其带来的风险大小，才能有目的、有计划地采取防灾措施，从而达到防灾目的，并完成防灾规划。

风险分析是防灾规划的核心，主要确定灾害发生的可能性及导致的后果，通过人员、建筑物及基础设施的易损性评估得到人员伤亡、经济损失和财产破坏的情况分析。风险分析主要关心哪些人群和财产易受灾害的影响以及人员和财产所受影响的程度。通过风险分析可得到，规划区域易受哪些灾害的影响；灾害给规划区域内的基础设施、环境及经济带来哪些影响；哪些区域易受灾害的影响；灾害造成的损失和通过防灾措施而避免的损失。

通过识别可能发生的灾害并分析其带来的损失，利用蒙特卡罗模拟、贝叶斯理论、神经网络、灰色预测、层次分析法进行分析，为应急管理提供信息，以提高防灾资源的利用率。近年来，随着地理信息系统和遥感技术的广泛应用，使得分析方法及手段更加多样化。

我国地缘辽阔，自然环境差异较大，各种自然灾害均有发生，鉴于篇幅有限，本书仅对地震风险、洪水风险及台风自然灾害风险进行分析，以上灾害在我国时有发生且影响较大。

3.1 地震风险分析

地震风险的大小取决于所研究地区发生某种程度地震灾害的可能性和发生地震后所造成的社会影响，它与本地区的地震危险性、承灾体暴露和承灾体易损性有关，是由这三个因素共同决定的。地震给社会带来的危害、造成的损失，是地震灾害与人类社会共同作用的结果。除了地震本身的危害之外，地震造成的破坏还与建筑物的抗震能力，社会和公众对地震的防御强度、经济发达程度以及人口密度等因素有关，也就是说地震危害性还与城市的综合易损性有关。地震危害性的研究不仅仅是工程领域的问题，涉及地震、工程、社会、经济等学科领域的系统工程，它也是城市制定科学合理的防震防灾规划、确定防灾投入资金和方向的主要依据。

地震危险性分析是地震区划和地震灾害损失预测与评估的基础，目前所采用的地震危险性分析方法有确定性方法和概率性方法两种。

(1) 确定性方法，主要根据历史地震重演和地质构造类比的原则，估计研究地区未来可能发生最大地震的地点和水平，也就是在选定震中的条件下估计烈度。根据假定的震中位置和震中烈度，利用地震烈度的衰减可得所选地点的烈度。这种方法不考虑地震的重发周期，给出的设定地震是地质意义上的最大潜在地震，并没有考虑具体工程的安全与风险程度。

(2) 概率性方法，以一定的超越概率表示对地震及其所造成的震害影响的估计，是根据历史地震的最大烈度和重复周期以及衰减和其他影响烈度的因素等资料，通过计算给定时间间隔内具有指定发生概率的地震的烈度分布，来估计地震危害性。

尽管城市地震危害性分析取得了一定的进展，但也存在一些问题。由于对城市易损性的分析十分复杂，而且城市本身复杂多变，所以除了建筑结构易损性分析方法比较成熟外，其他还处在探索阶段。这就使得城市地震危害性分析的准确性受到质疑。其次，基础资料的缺乏，由于地震本身就是小概率事件，破坏性地震较少发生，而且震前、震后的基础统计资料也不齐全，这就给地震灾害分析带来很大困难。

3.1.1 基于 HAZUS 软件的地震风险分析方法

HAZUS 软件由美国联邦应急管理署(Federa Emergency Management Agency, FEMA)开发，主要用于地震、洪水及飓风的风险分析。

地震风险分析中所涉及的指数为物理破坏和影响因子，通过建筑物破坏和基础设施损失等确定地震的物理破坏；通过研究社会的脆弱性和恢复能力的缺乏来获得加剧物理破坏的影响因子，最终由这些信息可以获得地震风险指数。该方法的理论框架如图 3-1所示。

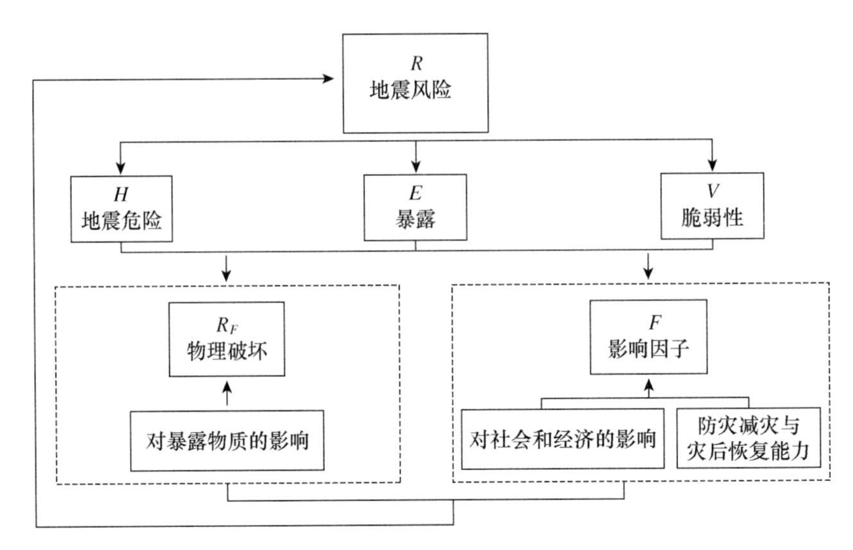

图 3-1　地震风险评价理论框架

地震风险可表示为直接影响(R_F 物理破坏)和非直接影响(F 影响因子)的结果。

$$R=R_F(1+F) \tag{3-1}$$

式中,R 为总的灾害风险,R_F 为物理破坏,F 为影响因子。系数 F 取决于一系列与社会脆弱性 F_{FSi} 以及防灾能力与灾后恢复能力 F_{FRj},赋予相应权重之后的加和值。

$$F=\sum_{i=1}^{m} W_{FSi}\times F_{FSi}+\sum_{i=1}^{n} W_{FRj}\times F_{FRj} \tag{3-2}$$

式中,W_{FSi} 和 W_{FRj} 为权重或对每个 i 和 j 因素的影响。m 和 n 分别为描述社会脆弱性和灾后恢复能力的指标的数量。

表 3-1 和表 3-2 为各项评价指标的描述及单位。

表 3-1　影响因子指标的描述及单位

指标描述及取值范围	单位
*XFS*1　老旧建筑(包括违章建筑)[0.05～0.75]	老旧建筑的面积(包括违章建筑)/总的面积
*XFS*2　死亡率　[10～1400]	每 10 000 个居民的死亡人数
*XFS*3　犯罪率　[50～4000]	每 10 000 个居民的犯罪事件数
*XFS*4　社会差异性指数　[0～1]	在 0 到 1 之间
*XFS*5　人口密度　[4000～25 000]	居民数/每平方千米建筑面积
*XFR*1　病床数量　[0～30]	每 1000 个居民拥有的病床数量
*XFR*2　医护人员　[0～15]	每 1000 个居民拥有的医护人员数量
*XFR*3　公共空间　[0.01～0.15]	公共空间/总的区域面积
*XFR*4　专业救援人员和消防员　[0～7]	每 10 000 个居民所拥有的救援人员(消防员)数量
*XFR*5　社会发展水平　[1～4]	定量为 1 到 4 之间
*XFR*6　地震防灾减灾计划完善程度[0～1]	定量为 0 到 1 之间

表 3-2 物理破坏的指标描述及单位

指标		单位
*XRF*1 破坏区域	[0～20]	百分比(破坏面积/建筑物面积)
*XRF*2 死亡人数	[0～50]	每 1000 居民中的死亡人数
*XRF*3 受伤人数	[0～75]	每 1000 居民中的受伤人数
*XRF*4 供水管道的破坏	[0～10]	每平方千米内的破裂数量
*XRF*5 燃气管网的破坏	[0～50]	每平方千米内的破裂数量
*XRF*6 供电管线的失效长度	[0～200]	失效供电线路长度占总长度的比例
*XRF*7 电话受到的影响	[0～1]	易损性指数
*XRF*8 发电厂受到的影响	[0～1]	易损性指数
*XRF*9 道路系统的破坏	[0～1]	破坏指数

影响因子社会脆弱性 F_{FSi} 和灾后恢复能力 F_{FRj} 通过使用图 3-2 和 3-3 所示的转换函数进行计算，这些函数将各对应的参数值进行标准化，然后转换为能比较的因素。权重 W_{FSi} 和 W_{FRj} 反映了每个影响因子的相对重要性，其具体的数值通过层次分析法进行计算，专家的意见通过德尔菲法确定。其中，灾后恢复能力的转换函数与社会脆弱性转换函数相反，如图 3-3 所示。

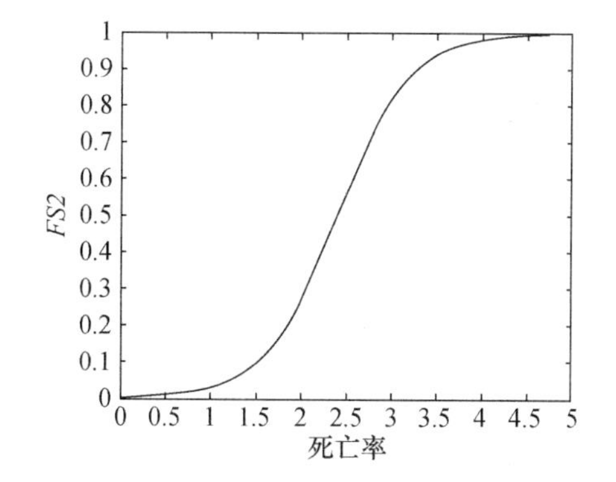

图 3-2 社会脆弱性转换函数

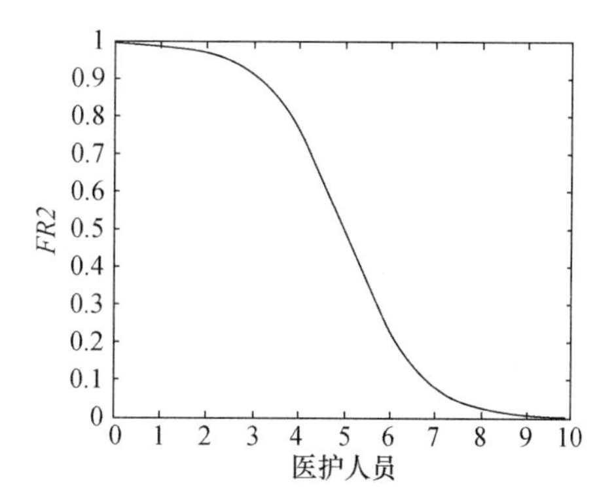

图 3-3 灾后恢复能力转换函数

社会发展水平与应急预案的水平用直线表示，如图 3-4 所示。

如图 3-5 所示，物理破坏风险 R_F，可以通过相同的方法计算，利用社会脆弱性转换函数进行转换。

$$R_F = \sum_{i=1}^{p} w_{RFi} \times F_{RFi}, \tag{3-3}$$

式中，p 为物理灾害风险指数指标的总数量。F_{RFi} 的数值通过物理灾害风险指标，例如死亡人数，受伤人数或破坏区域的值来计算。

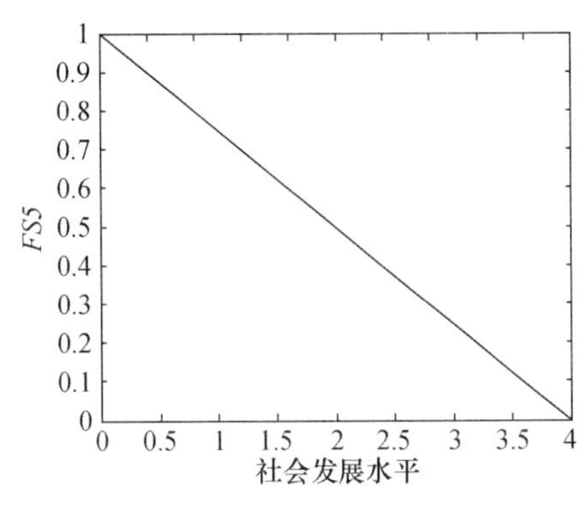

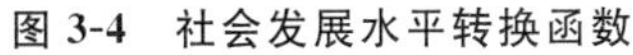
图 3-4　社会发展水平转换函数

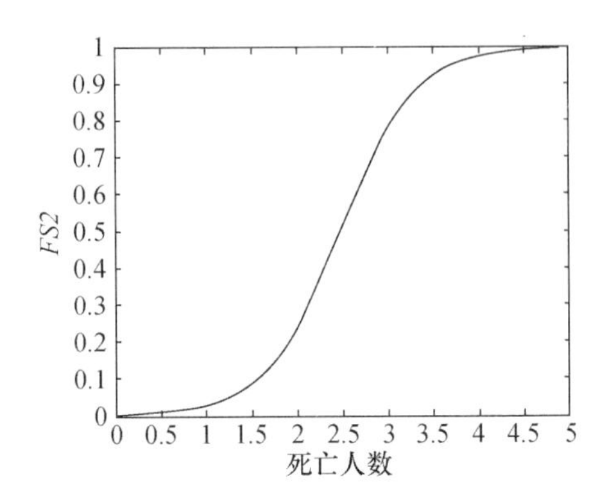

图 3-5　物理破坏转换函数

为了构建转换函数，大部分情况下使用的都是 Sigmoid 函数，当缺乏对系统的复杂描述时，常常使用 Sigmoid 函数。该函数反映了在自然过程和复杂系统的学习曲线，显示出一种基于时间发展的，在初始阶段速度缓慢，随着时间的推移发展速度增加的一种曲线。在恢复能力缺乏时，描述发展水平和地震防灾计划的准备是通过线性关系来反映的。一旦确定了函数的形状，其最大值和最小值可通过已知的历史数据和专家的意见进行确定。

1. 能力谱方法

能力谱方法用于计算地震对城市建筑物的破坏状态及其导致的人员伤亡，利用能力曲线和需求谱得到受地震影响时建筑物的破坏情况，是一种简单而有效的计算方法。建筑物抗震能力及地震烈度是影响建筑物破坏的主要因素，建筑物抗震能力与其结构、场地类型、高度、施工质量、建造年代等因素有关。

将研究城市划分为若干小区域作为震害评估的基本单元，并将每个基本单元的建筑物按结构进行分类；确定地震烈度和土壤类型等参数，根据美国联邦应急管理署(FEMA)中 HAZUS 软件的规定构造出不同结构类型建筑物的能力曲线；结合地震区划图或建筑物抗震设计规范，构造出地震反应谱并将其转换为地震需求谱；将需求谱和能力曲线绘在同一坐标系中，求出目标位移；根据目标位移和脆弱性曲线可计算建筑物不同损坏状态的概率，由此得到震害指数；由 HAZUS 软件中人员伤亡和建筑物破坏之间的关系，计算地震发生时不同伤亡等级的伤亡人数；进而，根据建筑物震害评估结果制定灾害减缓措施，为城市抗震规划提供依据。能力谱分析的流程如图 3-6 所示。

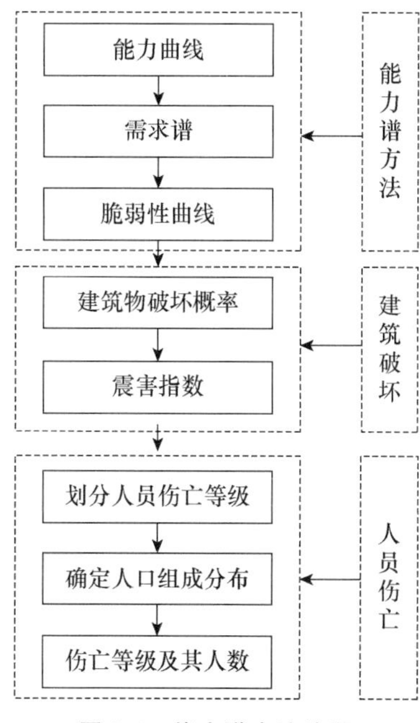

图 3-6　能力谱方法流程

2. 能力曲线

能力曲线主要由设计点、屈服点和极限点 3 个控制点确定。由美国联邦应急计划署的 HAZUS 可得各类建筑物屈服点和极限点的值,由此构建各类建筑物的能力曲线。设计点指建筑物抗震设计规范所要求的强度,是理论上的建筑强度。屈服点指建筑物从线弹性状态到弹塑性状态的转折点,考虑设计中的冗余度、规范条文的保守程度及材料的真实强度之后,所确定的建筑物的真实抗侧力强度。极限点指建筑物达到完全塑性状态时的最大强度。建筑物的能力曲线如图 3-7 所示。

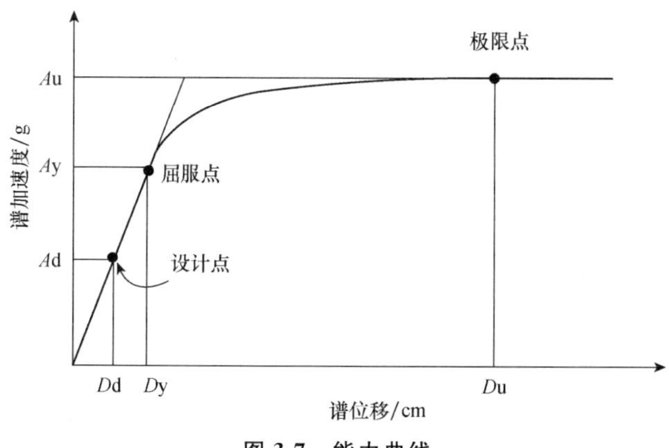

图 3-7　能力曲线

3. 需求谱

需求谱由反应谱通过坐标转换得来。反应谱可以由地震区划确定，也可以直接根据区划图和建筑物抗震设计规范确定的地震影响系数转换。弹性反应谱的表达式如下：

$$S_a = S_s \cdot (0.4 + 0.6T/T_A) \quad 0 < T < T_A \tag{3-4}$$

$$S_a = S_s \quad T_A < T < T_V \tag{3-5}$$

$$S_a = S_L/T \quad T_V < T < T_D \tag{3-6}$$

$$S_a = S_L T_{VD}/T^2 \quad T > T_D \tag{3-7}$$

$$T_{AV} = S_L/S_s \tag{3-8}$$

$$T_A = 0.2T_V \tag{3-9}$$

$$T_D = 10^{[(M-5)/2]} \tag{3-10}$$

其中，S_a 为谱加速度；S_L 为长周期的谱加速度；S_s 为短周期的谱加速度；M 为震级大小；T 为周期。

构建的 S_a-T 坐标系表示的反应谱，如图 3-8 所示。

利用以 S_a-T 坐标系表示的反应谱转成以 S_a-S_d 坐标系表示的需求谱，转化关系式为 $S_a = \frac{S_a}{4\pi^2}T^2$，转换后的 S_a-S_d 坐标系表示的需求谱，如图 3-9 所示。

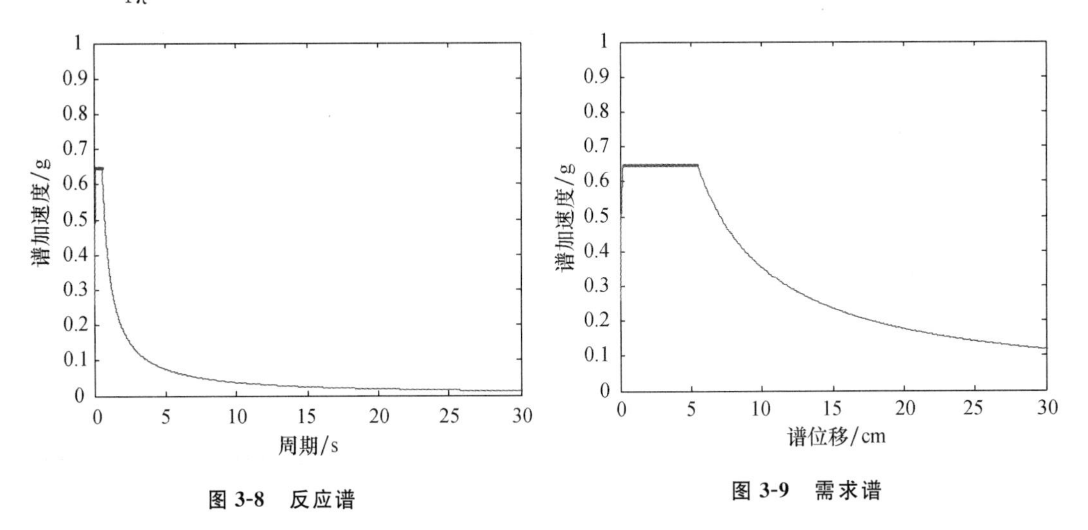

图 3-8 反应谱

图 3-9 需求谱

考虑到结构的非弹性效应影响，利用等效阻尼折减弹性需求谱，对弹性需求谱进行修正。

等效阻尼计算公式如下：

$$B = B_e + 63.7\kappa\left(\frac{A_y}{A_u} - \frac{D_y}{D_u}\right), \tag{3-11}$$

式中，B 为等效阻尼，无量纲；B_e 为建筑物的弹性阻尼，无量纲；D_y 为屈服点横坐标，cm；A_y 为屈服点纵坐标，cm；κ 为降低因子，无量纲；D_u 为极限点横坐标，cm；A_u 为极限点纵坐标，cm，以上参数值可从美国联邦应急管理署的 HAZUS 查表得到。

利用等效阻尼修正需求谱，修正后的需求谱加速度 S_a 表达式如下：

$$S_a=S_s(0.4+0.6T/T_A)/R_A \quad 0<T<T_A \tag{3-12}$$

$$S_a=S_s/R_A \quad T_A<T<T_B \tag{3-13}$$

$$S_a=(S_s/T)/R_v \quad T_B<T<T_D \tag{3-14}$$

$$S_a=(S_L T VD/T^2)/R_V \quad T>T_D \tag{3-15}$$

$$R_A=\frac{2.12}{3.21-0.68\ln(B)} \tag{3-16}$$

$$R_v=\frac{1.65}{2.31-0.41\ln(B)} \tag{3-17}$$

将需求谱和能力曲线绘在同一坐标系中。若需求谱和能力曲线的交点在弹性范围内，那么交点为目标位移；若交点超过弹性范围，那么修正后的需求谱与能力曲线的交点为目标谱位移。需求谱与能力曲线如图 3-10 所示。

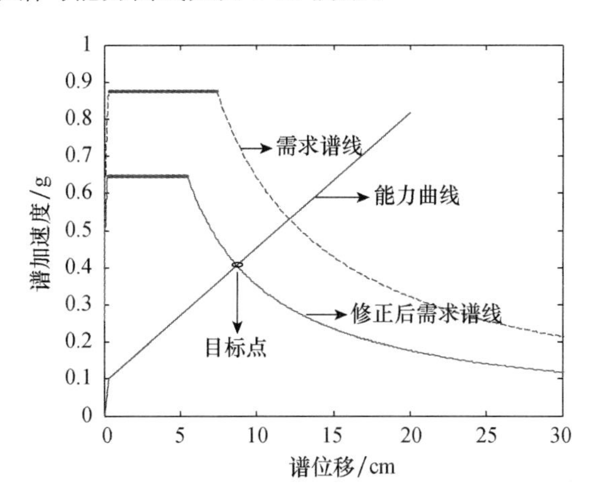

图 3-10 需求谱与能力曲线

4. 建筑物破坏

(1) 建筑物结构划分。

① 木质，轻型结构 W_1。这种结构常出现在单住户或小型多住户住宅中，其面积一般不超过 5000 平方英尺。这种建筑最本质的结构特征是用木椽或木质墙壁的托梁来构成。负载很轻、跨度很小，这种建筑可能会被相对较重的砖石烟囱或砖石装饰所覆盖，特别是单一家庭住宅，因为是按照传统的结构标准进行建造的。因此，它们通常有部分抗

载荷剪切力并不直接作用在木质结构上。水平负载通过横隔板传递到剪力墙上。横隔板可能是由锯木板、夹板或纤维板覆盖的顶板或楼板。剪力墙被木板、石膏、灰泥、石膏板、刨花板或纤维板所覆盖,内部分割墙被石膏或石膏板所覆盖。

② 木质,面积超过 5000 平方英尺 W_2。这类建筑一般是商业或工业建筑,或是面积超过 5000 平方英尺的家庭住宅。这些建筑结构系统包括由横梁或主要的多排水平跨越结构。这些水平结构可能是胶层压木、固体锯木横梁或木质构架或钢梁。水平载荷通常由木质横隔板和被夹板、灰泥、石膏或其他镶嵌板材所覆盖的外墙所承受。外墙可能由斜杆支撑。大型的开发式仓库和车库通常需要桩梁结构来支撑。

③ 钢矩框架 S_1。这类建筑是由钢柱和钢梁构成的结构。在某些情况下,梁柱连接有很小的矩形抗力,有些时候,梁柱被充分的发展用来抵抗水平力。该结构通常被隐藏在外部的非结构墙体中,这种墙体的材料可以是任意的材料(玻璃幕墙、砖墙或预制混凝土板)。

④ 钢支撑框架 S_2。该类结构与钢矩结构十分类似,它的抗水平载荷系统的垂直组件是支撑结构,而不是钢矩结构。

⑤ 轻型钢框架 S_3。这类建筑经过工程预处理,由预制的水平钢架组成。屋顶和墙由轻质面板组成,面板通常为波纹金属。为了实现最大的效率,通常使用轻型钢板构成楔形梁柱部件。这种结构是分段建设的,并通过螺栓接头连接在一起。

⑥ 现浇混凝土墙与钢支撑结构 S_4。这类结构的剪力墙为现浇混凝土,且有可能为承重墙。钢结构被设计为只承受垂直载荷。几乎所有材料将水平载荷传递到剪力墙上。钢框架可能会提供次要的水平载荷抵抗系统,该能力取决于钢结构的硬度和梁柱连接的力矩能力。

⑦ 非增强型砖石填充墙和钢支撑结构 S_5。这是一种较老的结构类型,填充墙通常偏离外部框架结构,环绕它们,呈现出一种平滑的不显示出结构的砖石表面。

⑧ 钢筋混凝土结构 C_1。这类建筑与钢矩结构十分相似,除了框架结构为钢筋混凝土。这种结构系统很多,在多地震地区,现代结构的韧性是匀称和精细的,在地震中,如果没有结构脆性失效倒塌,能够忍受巨大的变形。

⑨ 混凝土剪力墙 C_2。这类建筑的水平载荷抵抗系统的垂直组件为混凝土剪力墙并且是承重墙。在较老的建筑中,墙的分布面积十分广,墙的压力很小但加固很少。在较新的建筑中,剪力墙通常被限制在一定的程度内,只存在于边界和防止倾覆的区域。

⑩ 有非增强型砖石填充墙的混凝土结构建筑 C_3。这类建筑与有非增强型砖石填充墙的钢结构建筑十分相似,除了它的框架结构为混凝土。在这类建筑中,柱子的剪切强度,在填充墙倒塌后,会限制系统的半韧性行为。

⑪使用木板或金属隔板的加固砖石承重墙(砖石结构)RM_1。这类建筑有由加固砖或混凝土砌块构成的周边承重墙。这些墙为水平载荷抵抗系统的垂直组件。楼层和屋顶由木质连接和梁或夹板或护套构成结构框架。

⑫使用预制混凝土隔板的加固砖石承重墙(砖石结构)RM_2。这类房屋的承重墙与上面类型房屋的承重墙类似,不同的是,屋顶或楼层使用的是预先由混凝土浇筑的,其中起支撑作用的是混凝土隔板。

⑬非加固砖石承重墙 URM。这类建筑的结构元素随结构年代的不同变化很大。

⑭移动房屋 MH。这类房屋通常是预制的房屋单元,在不同的地点间转移,房屋一般放在码头,砖石地基上。它的楼层和屋顶通常由盖有一层金属的木夹板构成。

在确定建筑物结构类型的同时,还要确定其高度及抗震设防标准供下一步计算使用。

根据建筑物的抗震设防等级,可以将建筑物划分为四类,如表 3-3 所示。

表 3-3 抗震设防等级划分标准

地震设防标准	设防烈度
高标准	7
中等标准	5
低标准	3
未按标准	1

按照建筑物高度可以将建筑物划分为三类:1～3 层为低层,4～7 层为中层,8 层以上为高层。

(2) 建筑物震害等级划分。

一幢建筑物由若干构件组成,如梁、柱、墙、板等,建筑物的破坏首先是这些构件的破坏,其破坏程度直接影响到建筑物的破坏程度。一幢建筑物的震害情况首先按照表 3-4 判断构件破坏程度,然后再根据表 3-5 判断建筑物破坏等级。

表 3-4 构件破坏等级

构件破坏的等级	钢筋混凝土构件	砖墙	砖柱	层面系统和楼板
Ⅰ	破坏处混凝土酥碎,钢筋严重弯曲,产生较大变位或已折断	产生了多道裂缝,近于酥散状态或已倒塌	已断裂受压区砖块酥散脱落或已倒塌	屋面板坠落或滑动,支持系统弯曲失稳,屋架坠落或倾斜
Ⅱ	破坏处表层脱落,内层有明显裂缝,钢筋处露有弯曲	墙体有多道显著的裂缝或严重倾斜	断裂,受压区砖块酥碎	屋面板错动,屋架倾斜,支撑系统明显变形
Ⅲ	破坏处表层有明显裂缝,钢筋外露	墙体有明显裂缝	柱有水平裂缝	屋面板有松动,支撑系统有可见变形
Ⅳ	构件表面有可见裂缝,对承载能力和使用无明显影响	墙体可见裂缝,对承载能力和使用有明显影响	柱有裂缝,对承载能力和使用功能有明显影响	有可见裂缝或松动

表 3-5 建筑物震害等级

震害等级	宏观现象
基本完好	各类构件均无损坏，个别构件有Ⅳ极损伤现象，一般不需要修理即可正常使用
轻微破坏	部分构件是Ⅳ级破坏，个别构件有Ⅲ级破坏现象，经修复仍可恢复正常使用
中等破坏	部分构件是Ⅲ级破坏，个别构件有Ⅱ级破坏，经修复仍可恢复复原设计功能
严重破坏	大部分构件为Ⅱ级破坏，个别构件有Ⅰ级破坏，难以修复
倒塌	大部分构件是Ⅰ级和Ⅱ级破坏，建筑物已濒于倒毁或已经倒塌，无修复可能，失去了建筑物设计时的预定功能

为了便于建筑物破坏比例的计算，引入中心破坏因数的概念，取代破坏状态用于计算建筑物的破坏，如表 3-6 所示。

表 3-6 建筑物中心破坏因数

破坏状态	破坏因数的范围/(%)	中心破坏因数/(%)	描述
状态 4：完全破坏	70～100	85	建筑物已基本完全破坏或是处在完全破坏的边缘，处于不可修复的状态
状态 3：严重破坏	40～70	55	建筑物很难修复。建筑物的大部分构件都严重破坏
状态 2：中等破坏	10～40	25	建筑物经过修复可以恢复到原来的状态。部分构件受到中等破坏
状态 1：轻微破坏	5～10	8	建筑物只需要简单的修复就能恢复到原来的状态。大部分构件受到的破坏小于中等破坏
状态 0：没有破坏	0	0	没有修复受到的必要，大部分构件基本没有破坏，小部分构件受到轻微的破坏

(3) 易损性函数。

由需求谱和能力曲线的交点得到目标谱位移，由易损性函数得到建筑物不同破坏状态的累积概率，并得到脆弱性曲线：

$$P_{\mathrm{r}} = \Phi \cdot \left[\frac{1}{\beta_{\mathrm{r}}} \cdot \ln\left(\frac{S_{\mathrm{d}}}{S_{\mathrm{r}}}\right)\right] \tag{3-18}$$

式中，P_{r} 为建筑物不同破坏状态的累积概率，无量纲；Φ 为标准正态分布累积函数；S_{d} 为目标位移，cm；r 为建筑物破坏的等级，分为基本完好、轻微破坏、中等破坏、严重破坏及完全破坏；S_r 为建筑物在极限破坏状态 r 时谱位移的平均值，cm；β_r 为建筑物在破坏状态 r 时谱位移自然对数的标准差。

谱位移的均值 S_{r} 及其标准差 β_{r} 取决于建筑物类型和设防水平，由美国联邦应急管理署的 HAZUS 可得到其取值。

建筑物易损性函数如图 3-11 所示。

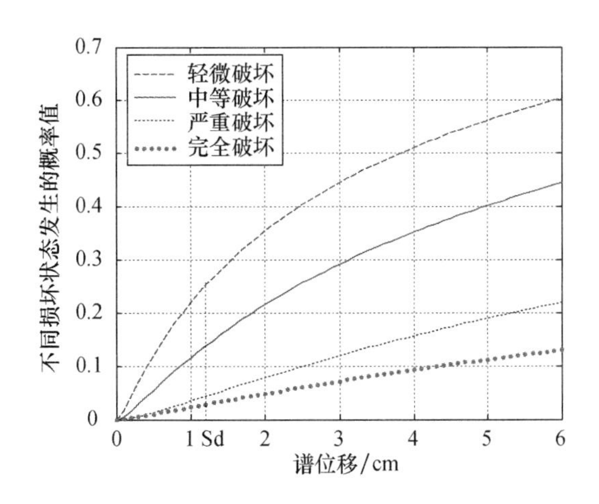

图 3-11 建筑物易损性函数

由脆弱性计算公式计算得到的各种破坏状态的累计超越概率，因此需要将他们转换为不同破坏状态的概率。计算公式如下：

建筑物倒塌的概率为

$$P_C = P(C|S_d) \tag{3-19}$$

建筑物严重破坏的概率为

$$P_E = P(E|S_d) - P(C|S_d) \tag{3-20}$$

建筑物中等破坏的概率为

$$P_M = P(M|S_d) - P(E|S_d) \tag{3-21}$$

建筑物轻微破坏的概率为

$$P_S = P(S|S_d) - P(M|S_d) \tag{3-22}$$

建筑物基本完好的概率为

$$P_N = 1 - P(S|S_d) \tag{3-23}$$

(4) 震害指数。

震害指数表示建筑物在地震下最可能的破坏状态。建筑物震害指数 D 由下式计算：

$$D = \sum_{k=0}^{4} kP_k \tag{3-24}$$

式中，D 为建筑物震害指数，无量纲；k 为破坏状态，取值为 0—基本完好，1—轻微破坏，2—中等破坏，3—严重破坏，4—完全破坏；P_k 表示破坏状态 k 发生的概率值。建筑物震害严重程度分级如表 3-7 所示。

表 3-7　建筑物震害严重程度分级

震害指数区间	破坏状态
0～0.5	基本完好
0.5～1.5	轻微破坏
1.5～2.5	中等破坏
2.5～3.5	严重破坏
3.5～4.0	完全破坏

5. 人员伤亡。

(1) 划分人员伤亡等级。

将人员伤亡分为 4 个等级：轻微伤害、中等伤害、重度伤害、死亡。轻微伤害，伤者需基本药物救助但不需住院治疗；中等伤害，伤者需进一步药物救助但不威胁生命；重度伤害，伤者有生命危险需迅速治疗；死亡，伤者因致命伤瞬时死亡。地震造成的人员伤害风险等级如表 3-8 所示。

表 3-8　人员伤害风险等级

人员伤亡等级	伤害描述
轻微伤害	伤者需要基本的医疗救助，该救助可以由半专业人士进行。这种类型的伤害一般需要绷带或观察。例如：严重的需要缝针的割伤，轻微的烧伤，头部有肿块但没有失去意识
中等伤害	伤害需要更进一步的医疗救助，需要用到例如 X 光或手术，但并没有威胁到生命。例如身体的三度或二度烧伤，引发失去意识的头部肿块、骨折、脱水等
重度伤害	如果不及时处理可能会引发生命危险。例如，流血不止、气管被刺破，其他的内伤，脊柱受伤或挤压综合症
死　亡	瞬间死亡或致命的伤害

(2) 确定人员组成分布。

HAZUS 将人口分为五大类：居住人口、商业人口、教育人口、工业人口、酒店人口，分别计算凌晨 2 点、下午 2 点以及 5 点三个典型时间地震发生时造成的人员伤亡，不同时间的人口分布如表 3-9 和表 3-10 所示。每个表格中有两个乘数，第一个乘数将人口分为室内和室外的比例，第二个乘数为特定时间内五类人口在相应居住类型所占比例。

表 3-9 不同时间的室内人员分布

占据	凌晨 2 点	下午 2 点	下午 5 点
居住	$0.999\times0.99\times N$	$0.70\times0.75\times D$	$0.70\times0.50\times N$
商业	$0.999\times0.02\times C$	$0.99\times0.98\times C+0.80\times0.20\times D+0.80\times H+0.80\times V$	$0.98\times[0.50\times C+0.10\times N+0.70\times H]$
教育	——	$0.90\times0.80\times G+0.80\times U$	$0.80\times0.50\times U$
工业	$0.999\times0.10\times I$	$0.90\times0.80\times I$	$0.90\times0.50\times I$
酒店	$0.999\times H$	$0.19\times H$	$0.299\times H$

表 3-10 不同时间的室外人员分布

占据	凌晨 2 点	下午 2 点	下午 5 点
居住	$0.001\times0.99\times N$	$0.30\times0.75\times D$	$0.30\times0.50\times N$
商业	$0.001\times0.02\times C$	$0.01\times0.98\times C+0.20\times0.20\times D+0.2\times V+0.5\times(1-P)\times0.05\times S$	$0.02\times[0.5\times C+0.1\times N+0.7\times H]+0.50\times(1-P)\times[0.05\times P+1.0\times C]$
教育	——	$0.10\times0.80\times G+0.20\times U$	$0.20\times0.50\times U$
工业	$0.001\times0.10\times I$	$0.10\times0.80\times I$	$0.10\times0.50\times I$
酒店	$0.001\times H$	$0.01\times H$	$0.001\times H$

表 3-9 和表 3-10 中，S 为从统计数据中获得的总人口数，万人；N 为由统计数据得到晚上的居住人口，万人；D 为由统计数据得到白天的居住人口，万人；C 为商业部门雇佣人数，万人；I 为工业部门雇佣人数，万人；G 为 17 岁以下在校学生人数，万人；U 为大学生人数，万人；H 为酒店人数，万人；P 为反映通勤者使用交通工具的因子(密集市区取 0.6，较不密集市区取 0.8，郊区取 0.85)，无量纲；V 为购物及娱乐的人数，万人。

(3) 计算伤亡人数。

将人员伤亡分为室内和室外人员伤亡。其中，室内人员伤亡包括：建筑物轻微、中等及严重破坏造成的伤亡；建筑物毁坏但不倒塌造成的人员伤亡；建筑物毁坏且倒塌造成的人员伤亡。室外人员伤亡包括建筑物轻微、中等及严重破坏所造成的人员伤亡。以钢筋混凝土结构中等破坏造成的人员伤亡为例，轻微伤害发生的概率为

$$P=P_M\times R_1$$

其中 P_M 为钢筋混凝土结构中等破坏的概率，R_1 为钢筋混凝土结构中等破坏条件下造成人员轻微伤害的概率；同理可得中等、重度伤害及死亡的概率。由建筑物内人数与伤亡概率值的积可得相应破坏造成的伤亡人数。

以地震建筑物破坏造成的死亡人数为例，如图 3-12 所示。

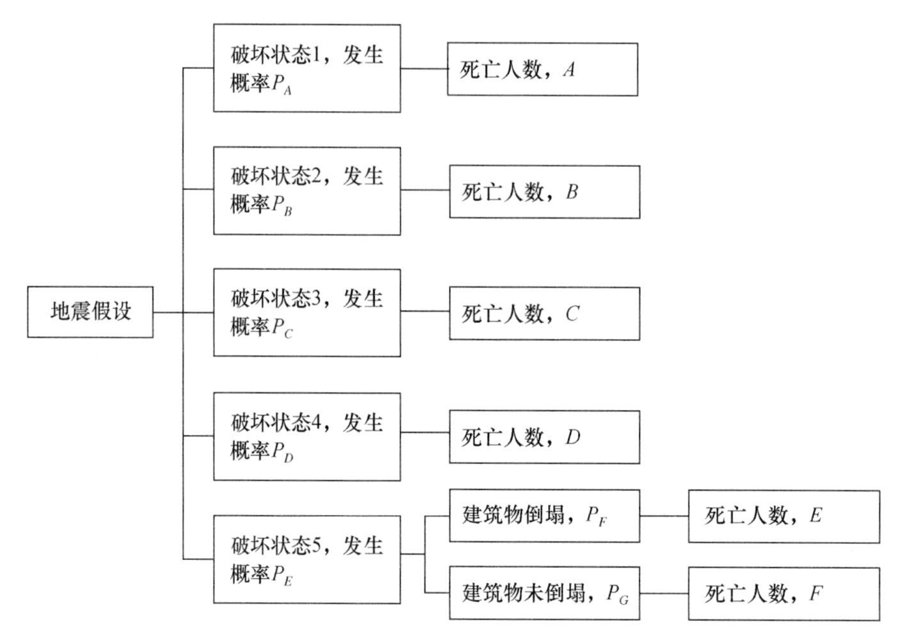

图 3-12　死亡人数计算方法

死亡人数的计算如下式：

$$P_{\mathrm{kill}}=P_AA+P_BB+P_CC+P_DD+P_E(P_FE+P_GF) \tag{3-25}$$

表 3-11～表 3-19 为建筑物破坏状态与不同等级人员伤亡率的统计值。表中 L 表示建筑物为低层，即 1～3 层；M 表示建筑物为中层，即 4～7 层；H 表示建筑物为高层，即 8 层及以上。

表 3-11　建筑物轻微破坏造成的室内人员伤亡

建筑物类型	伤亡风险等级			
	轻微伤害	中等伤害	重度伤害	死亡
C1L	0.05	0	0	0
C1M	0.05	0	0	0
C1H	0.05	0	0	0
RM2L	0.05	0	0	0
RM2M	0.05	0	0	0
RM2H	0.05	0	0	0

表 3-12 建筑物中等破坏造成的室内人员伤亡

建筑物类型	伤亡风险等级			
	轻微伤害	中等伤害	重度伤害	死亡
C1L	0.25	0.03	0	0
C1M	0.25	0.03	0	0
C1H	0.25	0.03	0	0
RM2L	0.2	0.025	0	0
RM2M	0.2	0.025	0	0
RM2H	0.2	0.025	0	0

表 3-13 建筑物严重破坏造成的室内人员伤亡

建筑物类型	伤亡风险等级			
	轻微伤害	中等伤害	重度伤害	死亡
C1L	1	0.1	0.001	0.001
C1M	1	0.1	0.001	0.001
C1H	1	0.1	0.001	0.001
RM2L	1	0.1	0.001	0.001
RM2M	1	0.1	0.001	0.001
RM2H	1	0.1	0.001	0.001

表 3-14 建筑物毁坏但未倒塌造成的室内人员伤亡

建筑物类型	伤亡风险等级			
	轻微伤害	中等伤害	重度伤害	死亡
C1L	5	1	0.01	0.01
C1M	5	1	0.01	0.01
C1H	5	1	0.01	0.01
RM2L	5	1	0.01	0.01
RM2M	5	1	0.01	0.01
RM2H	5	1	0.01	0.01

表 3-15 建筑物毁坏且倒塌造成的室内人员伤亡

建筑物类型	伤亡风险等级			
	轻微伤害	中等伤害	重度伤害	死亡
C1L	40	20	5	10
C1M	40	20	5	10
C1H	40	20	5	10
RM2L	40	20	5	10
RM2M	40	20	5	10
RM2H	40	20	5	10

表 3-16　建筑物毁坏的倒塌率

建筑物类型	毁坏的倒塌概率/(%)	建筑物类型	毁坏的倒塌概率/(%)
C1L	13	RM2L	13
C1M	10	RM2M	10
C1H	5	RM2H	5

表 3-17　建筑物中等破坏造成的室外人员伤亡

建筑物类型	伤亡风险等级			
	轻微伤害	中等伤害	重度伤害	死亡
C1L	0.05	0.005	0	0
C1M	0.05	0.005	0	0
C1H	0.05	0.005	0	0
RM2L	0.05	0.005	0	0
RM2M	0.05	0.005	0	0
RM2H	0.05	0.005	0	0

表 3-18　建筑物严重破坏造成的室外人员伤亡

建筑物类型	伤亡风险等级			
	轻微伤害	中等伤害	重度伤害	死亡
C1L	0.1	0.01	0.0001	0.0001
C1M	0.2	0.02	0.0002	0.0002
C1H	0.3	0.03	0.0003	0.0003
RM2L	0.2	0.02	0.0002	0.0002
RM2M	0.3	0.03	0.0003	0.0003
RM2H	0.4	0.04	0.0004	0.0004

表 3-19　建筑物毁坏造成的室外人员伤亡

建筑物类型	伤亡风险等级			
	轻微伤害	中等伤害	重度伤害	死亡
C1L	2	0.5	0.1	0.1
C1M	2.2	0.7	0.2	0.2
C1H	2.5	1	0.3	0.3
RM2L	2	0.5	0.1	0.1
RM2M	2.2	0.7	0.2	0.2
RM2H	2.5	1	0.3	0.3

6．经济损失

本书只讨论因建筑物破坏而造成的经济损失，建筑物修复或替换所造成的经济损失可以由下式计算：

$$C = \sum_{j=2}^{5} \sum_{k=1}^{N} A_{(k)} P_i(j,k) R(j,k) V(k) \tag{3-26}$$

式中，C 为建筑物修复费用，万元；$A_{(k)}$ 为建筑类型 k 的面积，m^2；$P(j,k)$ 为建筑物类型 k 发生 j 种破坏的概率，无量纲；$R(j,k)$ 为建筑物 k 发生 j 种破坏所导致的修复费用，万元；$V(k)$ 为建筑物类型 k 的单位面积修复费用，万元。

地震导致的建筑物破坏不仅包括修复费用，也包括建筑物内财产的损失，一般假设财产损失为建筑物修复花费的 50%。

7. 给水管道与燃气管道破坏

(1)给水管道破坏计算。

根据 HAZUS 软件中关于地震作用下管道破坏的相关计算可以得知，给水管道的破坏数量计算如表 3-20 所示。

表 3-20 供水管道破坏计算方法

	基于 PGV 算法	
	$RR=c\times0.0001\times(\mathrm{PGV})(2.25)$	
管道类型	乘数 c	管道材质
脆性管道	1	石棉水泥管，水泥管，铸铁管
可延展管道	0.3	钢管，球墨铸铁管，PVC

(2) 燃气管道破坏计算。

燃气管道计算中 PGV 的确定与供水管道确定方法相同，供气管道破坏计算方法如表 3-21 所示。

表 3-21 燃气管道失效率计算方法

	PGV 算法	
	$RR=c\times0.0001\times(\mathrm{PGV})(2.25)$	
管道类型	乘数 c	管道实例
脆性管道	1	气焊钢管
可延展管道	0.3	电弧焊钢管

(3) 峰值地表速度 PGV 的确定。

通过参考台湾地震抗震设计规范中相关规定，可以确定 PGA 与 PGV 的关系，即 $\mathrm{PGV}=a\times\mathrm{PGA}$，如表 3-22 所示。

表 3-22 PGA－PGV 转换关系

土壤类型	a 值
第一类(特征周期 $T_g\leqslant0.2$ 秒)	0.9
第二类(特征周期 0.2 秒$<T_g\leqslant0.6$ 秒)	1.2
第三类(特征周期 $T_g>0.6$ 秒)	1.5

3.1.2 地震灾害风险案例分析

本案例以淮南市为例，对该地区地震灾害风险进行分析。在地质构造上，分析区域位于华北地块南缘，为一边缘褶皱断裂发育，内部宽缓起伏的北西西向复向斜构造，其东北为蚌埠隆起，南与合肥凹陷，西与阜阳、颖上一带复向斜相连，东部经定远与著名的郯庐深大断裂带斜接。复向斜南北两冀的褶皱断裂，是本地区主要的孕震构造，历史上寿县5.5级、凤台6.25级破坏性地震皆发生于此。区内地质构造复杂，活断层发育，地震活动处于华北与华南过渡地带，属于中强地震活动区，全市所有国土面积地震裂度Ⅵ度以上。

1. 确定研究区域相关参数

将淮南市建筑物分为钢筋混凝土、砌体及钢结构3类。将该市建筑物按其结构类型与建造年代划分成31个区域，建筑物的分布如图3-13所示。其中编号1～7为钢筋混凝土结构，8～9为砌体结构，10～12为钢结构，13～19为砌体结构，20～27为钢筋混凝土结构，28～29为砌体结构，30～31为钢筋混凝土结构。

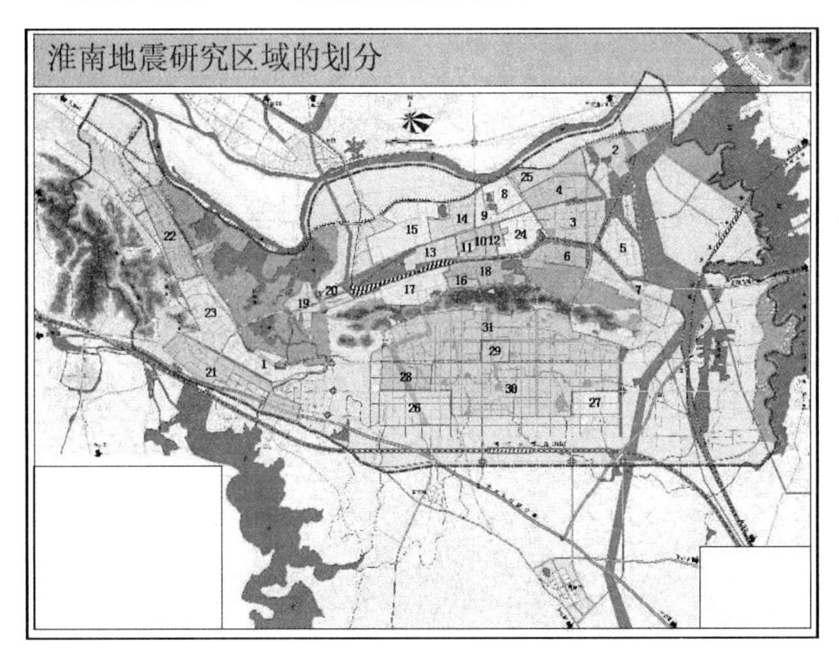

图3-13 淮南地震研究区域划分图

根据《建筑物抗震设计规范》查得该市设计基本加速度为0.10 g。场地类别属Ⅱ类建筑物场地，场地土类型为中软场地土。1～3层为低层，4～7层为中层，8层以上为高层。

2. 确定能力曲线及需求谱

由美国联邦应急管理署开发的 HAZUS 软件中给出的参数,确定不同结构建筑物的三个控制点的坐标,从而得到各类建筑物的能力曲线。根据《建筑物抗震设计规范》构建需求谱。将需求谱和能力曲线绘制在同一坐标系中,得到地震能力谱图。以砌体结构建筑为例,8 度地震时中等设防的地震能力谱,如图 3-14 所示。

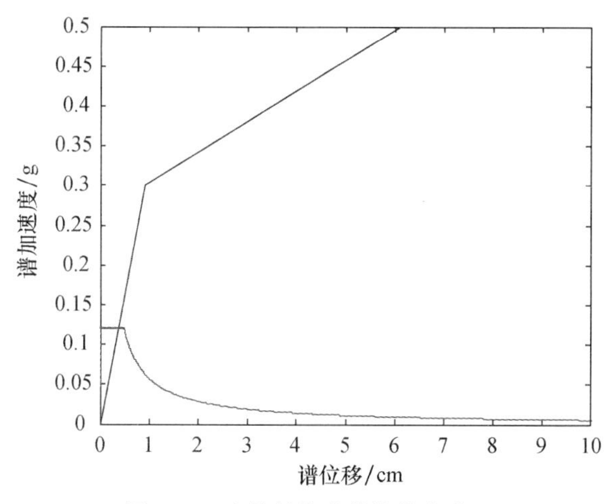

图 3-14 砌体结构建筑物能力谱图

3. 脆弱性曲线

由易损性公式可得脆弱性曲线,8 度地震时,以钢筋混凝土结构建筑物为例,低层中等设防建筑物的脆弱性曲线如图 3-15 所示。利用图 3-15 所得目标位移可求建筑物不同破坏状态发生的概率。

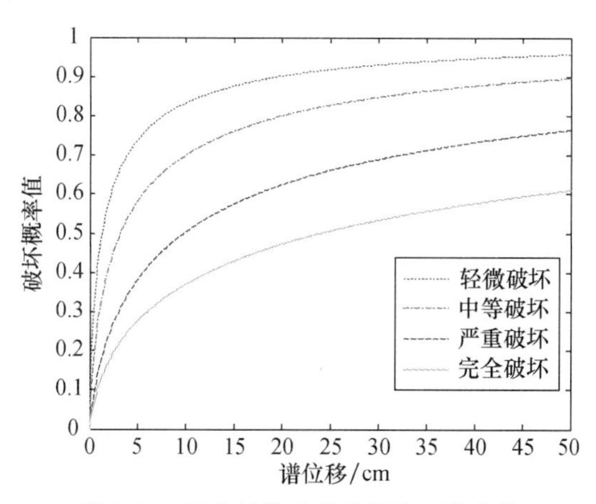

图 3-15 砌体结构建筑物的脆弱性曲线

4. 建筑物目标位移及震害指数

根据脆弱性曲线和目标位移可计算建筑物不同破坏状态发生的概率值，从而得到建筑物的震害指数。砌体结构和钢筋混凝土建筑物的目标位移及其震害指数如表 3-23 所示。

表 3-23　砌体结构和钢筋混凝土建筑物的目标位移及震害指数

设防等级	建筑物高度	钢筋混凝土		砌体结构	
		目标位移/cm	震害指数	目标位移/cm	震害指数
未设防	低层	1.487	1.2527	0.9914	1.2134
	中层	2.097	1.0961	1.247	0.9660
	高层	3.946	1.3047	2.071	0.9865
低设防	低层	1.430	1.0905	0.9723	1.0772
	中层	2.021	0.9357	1.2388	0.7966
	高层	3.870	1.1320	2.116	0.8630
中等设防	低层	1.049	0.8796	0.7282	0.8584
	中层	1.449	0.6328	1.358	0.7727
	高层	2.898	0.8090	2.621	0.8541
高设防	低层	0.9532	0.7158	0.7339	0.7279
	中层	1.787	0.6408	1.335	0.6420
	高层	3.479	0.7778	2.645	0.7325

由表 3-23 可得，8 度地震时，对于砌体和钢筋混凝土建筑物来说，中层比低层和高层的震害指数低。因此，砌体和钢筋混凝土建筑物在不同设防条件下，中层建筑物破坏最轻。对于高设防的砌体和钢筋混凝土建筑物，8 度地震时震害指数均大于 0.5，建筑物轻微破坏。钢结构建筑物的目标位移及震害指数如表 3-24 所示。

表 3-24　钢结构建筑物的目标位移和震害指数

设防等级	建筑物高度	目标位移/cm	震害指数
未设防	低层	1.126	1.2596
	中层	1.546	1.0845
	高层	2.537	1.0715
低设防	低层	1.126	1.1223
	中层	1.546	0.9220
	高层	2.537	0.9270

由表 3-24 可知，对于钢结构建筑物，8 度地震时，震害指数在 0.5～1.5 之间，建筑物轻微破坏。8 度地震时，低层震害指数最大，即低层破坏最严重。

由表 3-23 和表 3-24 可知，若受到 8 度地震影响，对于未设防建筑物震害指数：砌体结构<钢筋混凝土<钢结构；对于低设防建筑物震害指数：砌体结构<钢结构<钢筋混

凝土;对于中等设防和高设防建筑物来说,砌体大于钢筋混凝土建筑物的震害指数。

5. 能力曲线和需求谱

根据地震区划参数及 HAZUS 软件给出的建筑物控制点参数,由 MATLAB 软件编程可以得到各类建筑物的能力曲线和需求谱。钢筋混凝土建筑物的能力谱如图 3-16 所示,图中从左到右分别为修正后低、中、高建筑物的能力谱图。

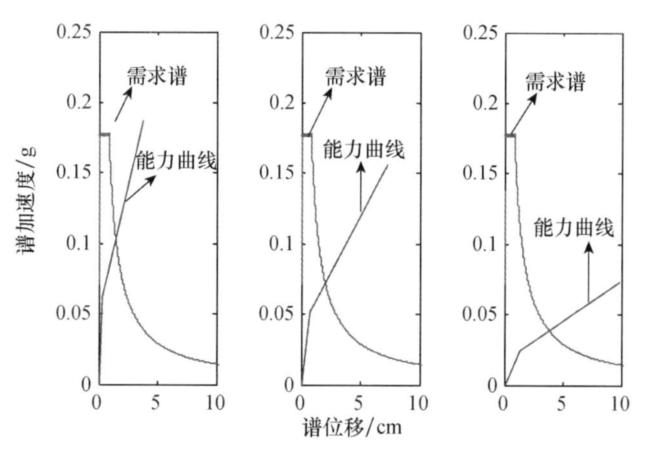

图 3-16 钢筋混凝土低、中、高建筑物的能力谱

6. 建筑物破坏概率

由易损性函数式可得各类建筑物的脆弱性曲线。钢筋混凝土建筑物的脆弱性曲线如图 3-17 所示,从左到右分别为低、中、高建筑物的脆弱性曲线。

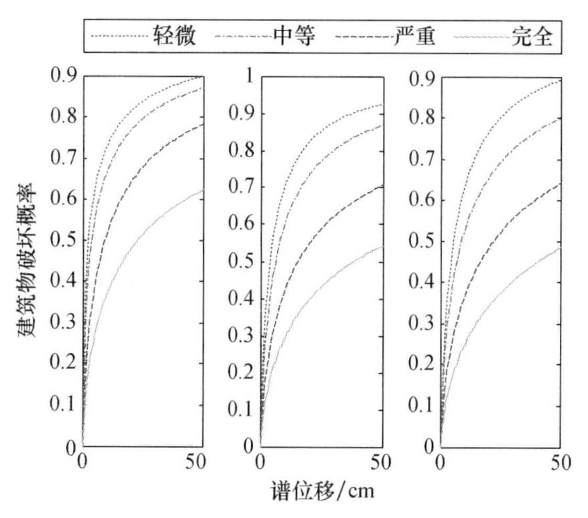

图 3-17 钢筋混凝土低、中、高建筑物脆弱性曲线

由图 3-16 可得钢筋混凝土建筑物在 8 度地震条件下的目标位移，将其带入图 3-17 脆弱性曲线中可得相应的破坏概率。8 度地震时各类建筑物的破坏概率，如表 3-25所示。

表 3-25 8 度地震时建筑物破坏概率

破坏状态	钢筋混凝土结构			砌体结构			钢结构		
	低层	中层	高层	低层	中层	高层	低层	中层	高层
轻微破坏	0.0807	0.0822	0.0771	0.0635	0.0838	0.0828	0.1041	0.1207	0.1290
中等破坏	0.1472	0.1010	0.1237	0.1102	0.1315	0.0867	0.1274	0.1023	0.0831
严重破坏	0.0648	0.0585	0.0780	0.1373	0.0323	0.0686	0.0946	0.0499	0.0596
完全破坏	0.1303	0.1191	0.1434	0.0953	0.0882	0.1002	0.1199	0.1117	0.1133

7. 人员伤亡

受到 8 度地震影响，计算淮南市建筑物破坏造成的人员伤亡情况，参考淮南市统计年鉴，该市人员分布情况及其数量如表 3-26 所示。

表 3-26 人员分布及其数量

人员类型	人数/万人
从统计数据中得到总人数	243.3
由统计数据得到白天的居住人数	169.8
由统计数据得到晚上的居住人数	242.3
商业部门雇佣人数	10.2
工业部门雇佣人数	20.4
17 岁以下在校学生人数	35.8
大学生人数	6.1
酒店里人数	1
购物及娱乐人数	0.5

由表 3-26 可计算地震发生在凌晨 2：00、14：00 及 17：00 时的室内、外人员数量。以凌晨 2 点发生地震为例，室内人数$=0.999\times0.99\times N+0.999\times0.02\times C+0.999\times0.10\times I+0.999\times H$，室外人数$=0.001\times0.99\times N+0.001\times0.02\times C+0.001\times0.10\times I+0.001\times H$。

由 HAZUS 软件给定建筑物损伤程度与人员伤亡间的关系，利用 MATLAB 软件计算可得不同时刻地震发生时建筑物破坏造成人员伤亡的概率及人数。8 度地震发生时，各建筑结构破坏造成室内、外人员不同伤亡等级的概率如表 3-27、表 3-28 所示。

表 3-27 室内人员不同伤亡等级概率

伤亡等级	钢筋混凝土结构			砌体结构			钢结构		
	低层	中层	高层	低层	中层	高层	低层	中层	高层
轻微伤害/(%)	1.3500	1.1002	1.0807	1.0726	0.8125	0.7664	1.0605	0.8304	0.7681
中等伤害/(%)	0.4630	0.3543	0.2911	0.3472	0.2623	0.2044	0.3148	0.2254	0.1859
重度伤害/(%)	0.0865	0.0612	0.0380	0.0641	0.0452	0.0267	0.0500	0.0295	0.0187
死亡/(%)	0.1712	0.1208	0.0738	0.1261	0.0893	0.0517	0.0980	0.0574	0.0357

表 3-28 室外人员不同伤亡等级概率

伤亡等级	钢筋混凝土结构			砌体结构			钢结构		
	低层	中层	高层	低层	中层	高层	低层	中层	高层
轻微伤害/(%)	0.2236	0.2103	0.2823	0.3490	0.3602	0.4138	0.2744	0.2788	0.3881
中等伤害/(%)	0.0509	0.0634	0.1034	0.1224	0.1365	0.1626	0.0665	0.0850	0.1464
重度伤害/(%)	0.0096	0.0176	0.0301	0.0240	0.0335	0.0454	0.0130	0.0238	0.0430
死亡/(%)	0.0096	0.0176	0.0301	0.0360	0.0447	0.0680	0.0130	0.0238	0.0430

假设各类别、层数建筑物内的人数相等。根据表 3-27 和表 3-28 中建筑结构破坏与室内、外人员不同伤亡等级概率的关系，结合人员类型及数量可得建筑物破坏造成人员伤亡的数量，如图 3-18 所示，其中，从上到下分别为室内、外人员不同伤亡等级数量。根据西班牙阿利坎特大学开发的 SELENA 进行计算，风险等级 1 为轻微伤害，风险等级 2 为中等伤害，风险等级 3 为重度伤害，风险等级 4 为死亡。

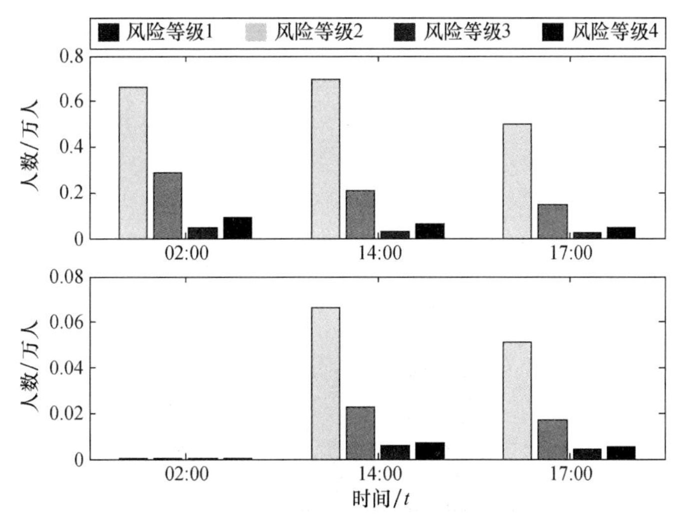

图 3-18 室内、外人员不同伤亡等级数量

如图 3-18 所示，室内人员伤亡数量远远高于室外。若地震发生在凌晨 2 点，人员伤亡几乎都发生在室内，室外人员伤亡人数可忽略不计。对于室内、外人员伤亡，风险等级 1 人数 ＞风险等级 2 人数＞风险等级 4 人数＞风险等级 3 人数。

根据建筑物破坏与室内、外人员不同伤亡等级概率的关系，可得三大类建筑物破坏造成的人员伤亡数量，如图 3-19 所示。其中，从上到下分别为建筑物破坏造成室内、外人员伤亡数量。

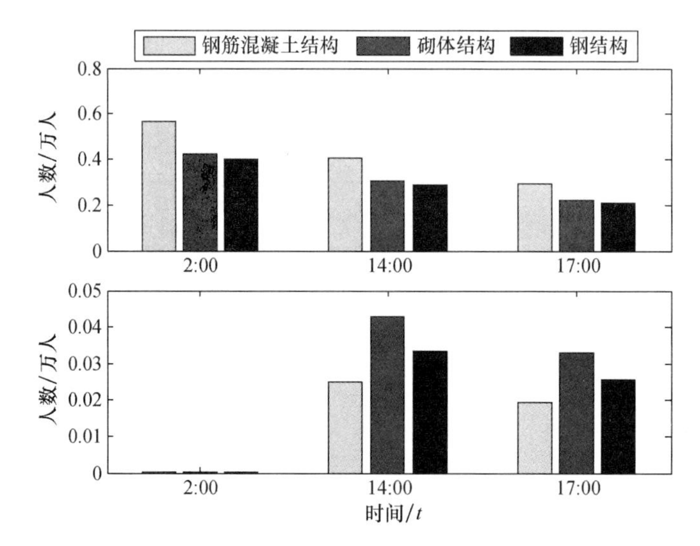

图 3-19　不同结构建筑物造成人员伤亡

由图 3-19 可知，对室内人员伤亡数量：钢筋混凝土＞砌体结构＞钢结构建筑物；地震发生在凌晨 2：00 时人员伤亡最多，发生在 17：00 时人员伤亡最少。对室外人员伤亡数量：砌体结构＞钢结构＞钢筋混凝土建筑物；地震发生在 17：00 造成的人员伤亡数量最多，发生在凌晨 2：00 时人员伤亡数量最少。

不同时间地震发生时室内、外人员伤亡总数量统计，如图 3-20 所示。

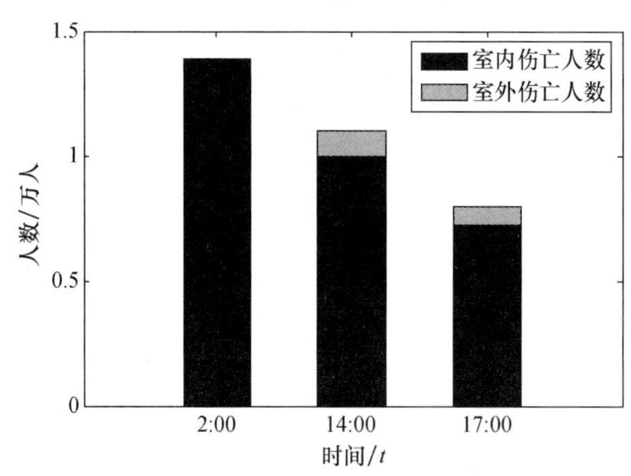

图 3-20　不同时间地震发生时室内、外人员伤亡

由图 3-20 可知，人员伤亡以室内伤亡为主，地震发生在 14：00 时室外伤亡所占比例最大，为 9.20%。对于地震建筑物导致伤亡总人数：地震发生在 2：00 时伤亡总人数最多，为 1.3899 万人；发生在 17：00 时最少，为 0.8004 万人；发生在 14：00 时伤亡总数为 1.1018 万人。

8. 经济损失预测

建筑物修复或替换是造成经济损失的主要因素，因地震造成建筑物修复或替换的经济损失如表 3-29 所示。

表 3-29 假设淮南市建筑物修复花费

破坏状态	每平方米修复费用的比例/(%)	固定的修复花费/元
1-没有破坏	0	0
2-轻微破坏	2	60
3-中的破坏	10	300
4-严重破坏	50	1500
5-毁坏	100	3000

设各类型结构的建筑物面积均为 10 km^2，可求得淮南地震经济损失，如表 3-30 所示。

表 3-30 各种破坏状态经济损失统计表

破坏状态	轻度破坏	中等破坏	严重破坏	完全破坏	总损失
经济损失/亿元	0.86976	2.9646	1.479	0.318	5.6314

建筑物内财产破坏造成损失按建筑结构损失的 50%，为 2.8157 亿元，地震导致的建筑物修复及物品破坏造成的损失为 8.4471 亿元。

9. 计算物理破坏

以统计年鉴和相关部门提供的数据为基础，计算淮南市发生 8 度地震时的破坏情况，得到地震物理破坏值，如表 3-31 所示。

表 3-31 物理破坏分析指标值

序号	破坏区域	死亡人数	受伤人数	供水管道破坏	燃气管网破坏	供电管线失效长度	电话受到影响	供电设备影响	道路系统破坏
1	0.0412	1	50	6	2	0.02	0.17	0.32	0.025
2	0.0612	1	50	8	3	0.02	0.17	0.32	0.05
3	0.0383	1	50	6	2	0.02	0.17	0.32	0.02
4	0.0412	1	50	6	2	0.02	0.17	0.32	0.025
5	0.028	0	20	6	2	0.02	0.17	0.32	0.02
…	…	…	…	…	…	…	…	…	…

指标加权计算可得淮南各区域地震物理破坏值，如图 3-21 所示。

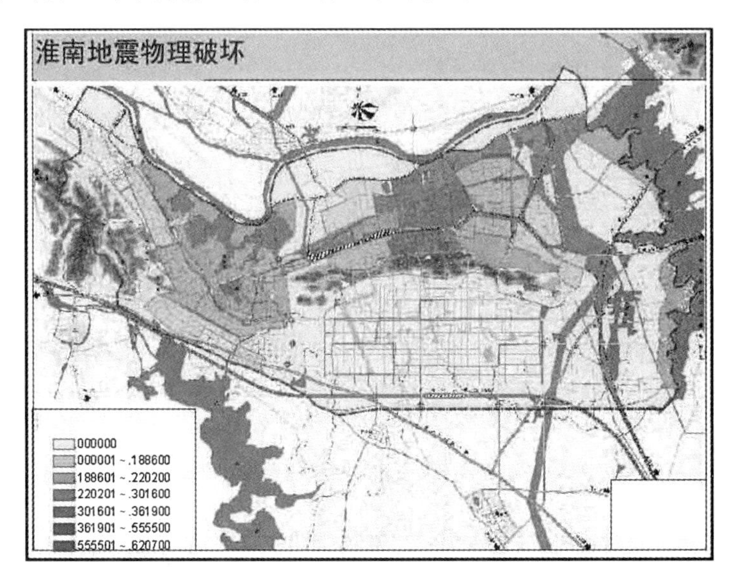

图 3-21　淮南地震物理破坏值分级

10. 计算影响因子

以淮南市统计年鉴和相关部门提供的数据为基础，得到淮南市影响因子的取值。影响因子取值如表 3-32 所示。

表 3-32　影响因子值

序号	违章建筑和老旧建筑	死亡率	犯罪率	社会差异指数	人口密度	病床数量	医护人员	公共空间	救援人员	发展水平	应急计划完善程度
1	0.2	4.22	36	0.5	1218.1	5	6	0.1	11	2	0.6
2	0.1	4.71	36	0.7	517.65	2	3	0.1	8	1	0.6
3	0.1	4.71	36	0.3	517.65	2	3	0.05	8	1	0.6
4	0.1	4.71	36	0.3	517.65	2	3	0.05	8	1	0.6
5	0.1	4.71	36	0.7	517.65	2	3	0.1	8	1	0.6
…	…	…	…	…	…	…	…	…	…	…	…

指标加权可得淮南各区域地震影响因子值，如图 3-22 所示。

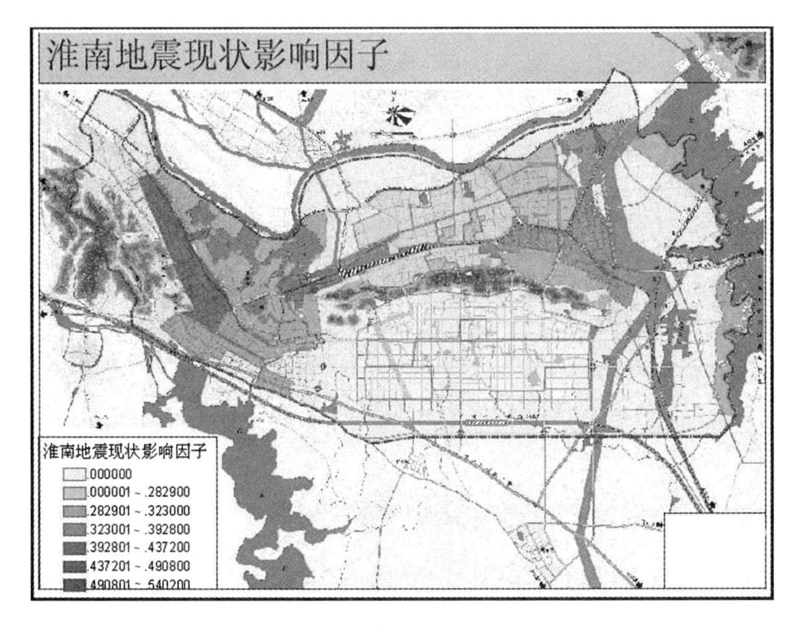

图 3-22 淮南影响因子值

由地震物理风险和影响因子值,计算可得地震风险,如图 3-23 所示。

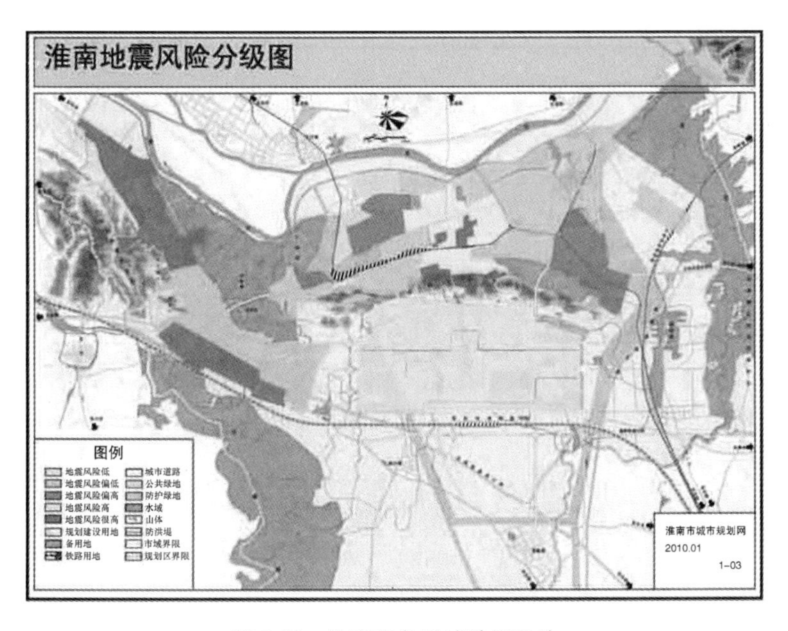

图 3-23 淮南市各区域地震风险

3.2 洪水风险分析

在我国，洪水风险主要是由于强降水造成的江河堤防失稳，或者水位过高造成的漫顶，所以洪水风险分析主要是两方面：一方面是分析河道堤防失稳和洪水漫顶的概率，该部分可运用蒙特卡罗方法模拟；另一方面是当决堤漫顶后，洪水淹没的范围和深度的软件模拟。

3.2.1 蒙特卡罗方法模拟分析河道堤防失效和洪水漫顶的概率

本部分讨论一种分析洪水风险的研究方法，在可持续发展的基本原则下，瞄准国内外发展趋势和前沿性科学问题，借助计算机技术、地理信息系统技术、风险分析技术和多种定量分析方法，以国外先进的研究成果为基础，工程学、自然地理学、灾害科学、环境科学及风险管理学等学科观点出发，对堤防失效的各种风险因子进行研究，在已有研究成果的基础上开发建立堤防失效概率计算模型，利用模型计算该河流某段堤防失效的概率；并运用GIS空间分析技术模拟预测洪水淹没的范围；在此基础上绘制出该河流域内的洪水风险图。

堤防失效概率的计算包括堤防失稳概率的计算和堤防漫顶失效概率的计算；而洪水风险图是在洪水淹没范围模拟的基础上结合堤防失效概率计算得到的，总的洪水风险分析流程图如图3-24所示，主要内容包括所选河流的基本情况介绍和数据采集，所选取河段堤防的基本调查分析以及河流水位分布的拟合分析。对于堤防失效概率的计算，包括堤防失稳概率的计算和堤防漫顶失效概率的计算，失稳概率的计算和漫顶失效概率的计算都是在蒙特卡罗方法模拟方法的基础上进行的，分析路线设计如图3-24所示。

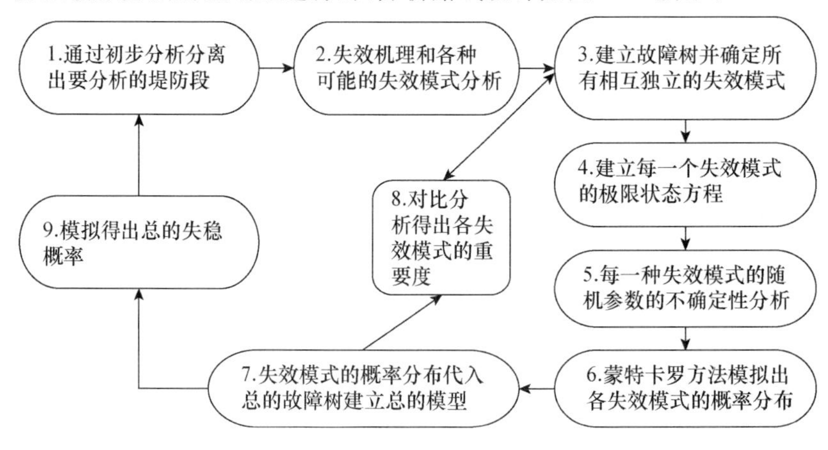

图3-24 堤防失效概率计算分析流程图

虽然可以通过直接分析不同失稳模式的差异和参数的不确定性可以计算堤防的失稳的概率，但是，这样的方法常常只能局限在简单的只有一个或两个失稳模式的算例中，但是堤防失稳的影响因素众多，如堤身断面形状、堤身填土性质、地质因素、水位因素和施工条件等，失稳模式也有很多，如：散浸、裂缝、管涌、渗漏、滑坡等，简单的套用失稳模式进行分析和计算很难顾及所有的影响因素，在一定程度上也背离了真实的情况。

结合故障树和蒙特卡罗方法模拟来分析和说明如何计算失稳概率，并最终计算得出典型的斜墙式堤防总的失稳概率。整个分析计算过程分为五个步骤，在这五个步骤中，首先要建立堤防失稳故障树，分析得出所有的失效模式和相关的失效模式的极限状态方程，并用蒙特卡罗方法模拟计算出每种失效模式的失效概率，最后计算出总的失稳概率。具体的分析计算过程如下：

第一步，通过初步分析，分离出要分析的堤防段，并分析得出堤防段的所有失效机理和各种可能的失效模式；

第二步，建立故障树并确定所有相互独立的失效模式，并计算得出每种失效模式的相对重要度；

第三步，建立每一个失效模式对应的极限状态方程，并对极限状态方程中的随机参数的分布形态及其参数设置进行分析；

第四步，通过蒙特卡罗方法模拟，得出各失效模式的概率分布；

第五步，失效模式的概率分布代入故障树建立总的模型，模拟得出总的失稳概率，并对结果进行分析。

其中对失效机理和各种可能的失效模式系统的分析是建立故障树的基础，只有在对各种失效机理和失效模式深入分析的基础上才能建立合理的、能全面反映堤防的各种失稳模式失稳的故障树。第三步是进行第四步蒙特卡罗方法模拟分析的基础，把第四步得出的各失效模式概率分布的结果代入总的故障树进行模拟取样分析得出总的失稳概率，并同时进行各失效模式的对比分析得出各失效模式的重要度。

3.2.2 堤防失稳机理分析和故障树的建立

1. 堤防失稳机理分析

由于堤防工程历史上的原因和自身特点，其在运行期间可能遇到各种各样的险情，如散浸、裂缝、管涌、渗漏、滑坡等，由于堤防工程沿线较长，所以危及其安全的影响因素众多，如堤身断面形状、堤身填土性质、地质因素、水位因素和施工条件等等，它们既有内因也有外因，既有自然因素也有人为因素。针对堤防工程的破坏类型和破坏机理，深入分析各主要风险因子对堤防安全的影响，是进行堤防工程风险分析和风险计算的基础。

堤防失稳的原因是多种多样的，经过研究发现，堤防失稳的原因有三种类型，即堤防侵蚀破坏、堤防土体失稳(堤防滑坡)和管涌;堤防侵蚀破坏的原因又可以分为防洪斜坡失稳、砂土液化和边坡破坏三种模式。

根据已有的研究,总结出堤防失稳的内部机理的分析过程如图 3-25 所示。

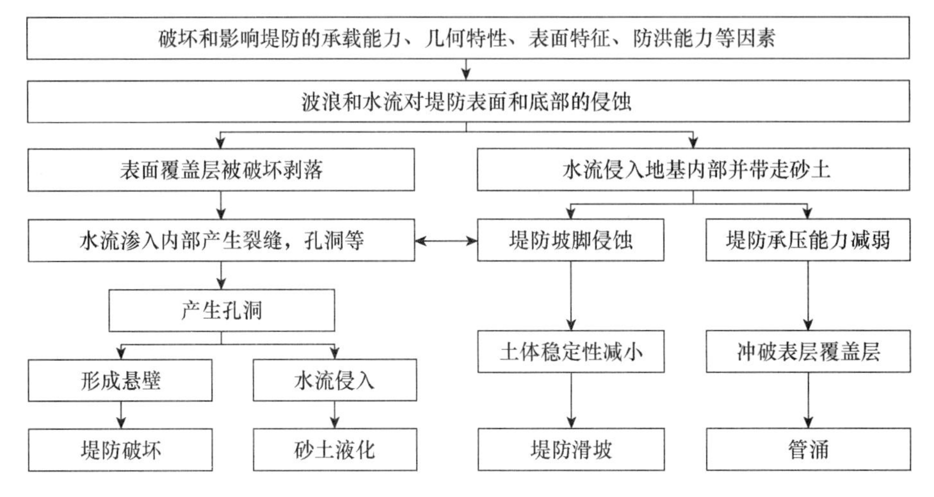

图 3-25　堤防失稳内部的机理分析

2. 堤防失稳的故障树分析

故障树对系统故障不但可以做定性的而且还可以做定量的分析;不仅可以分析由单一构件所引起的系统故障,而且也可以分析多个构件不同模式故障而产生的系统故障情况。而对于堤防失稳这种原因很复杂的失效事件而言,故障树能保证解决问题过程的完整性,合理确定各部分的优先顺序。正是利用故障树这种分析方法的优点把各种失效模式进行分类和整理,并分析出各种原因事件的优先等级,进行定量计算。

在前面分析的基础上建立的故障树如图 3-26 所示,堤防失稳是顶上事件,堤防侵蚀破坏又是由护岸破坏和堤防体侵蚀破坏共同作用的结果,堤防体侵蚀破坏又分为黏土层侵蚀、砂土液化和形成悬臂三种类型,而护岸失效又是由护岸侵蚀破裂和护岸剥落共同作用的结果。最后分析得出堤防失稳的故障树共有 7 个底事件,分别为 No. 6: 护岸侵蚀破裂、No. 7: 护岸剥落、No. 8: 黏土层侵蚀、No. 9: 砂土液化、No. 10: 形成悬壁、No. 2: 管涌和 No. 3: 边坡失稳滑坡。

对此堤防失稳故障树求最小割集,得到堤防失稳的模式有: ①{No. 3},②{No. 2},③{No. 6,No. 7,No. 8,No. 9,No. 10}。

对故障树的底事件做重要度分析得出的结果如表 3-33 所示,其中的管涌和边坡失稳滑坡比其余的 5 个底事件的重要度要大得多(至少都在 20 倍以上),本节根据已有的研究成果并结合计算实例分别对前两种失效模式进行了细致的蒙特卡罗方法模拟计算，而对于第三种失效模式，由于他们在故障树中的重要度相对来说要小很多，为了简化计算，参考已有的文献和研究成果对他们发生概率的分布规律作了简化近似，如图 3-26 所示。

在模拟分析出失效模式 1 和 2 的概率分布之后就可以进行总概率分布的计算。

表 3-33 故障树重要度分析结果

底事件	No. 6：护岸侵蚀破裂	No. 7：护岸剥落	No. 8：黏土层侵蚀	No. 9：砂土液化	No. 10：形成悬壁	No. 2：管涌	No. 3：边坡失稳滑坡
模式重要度	0.0211	0.0504	0.0231	0.0289	0.0252	1.0000	1.0000

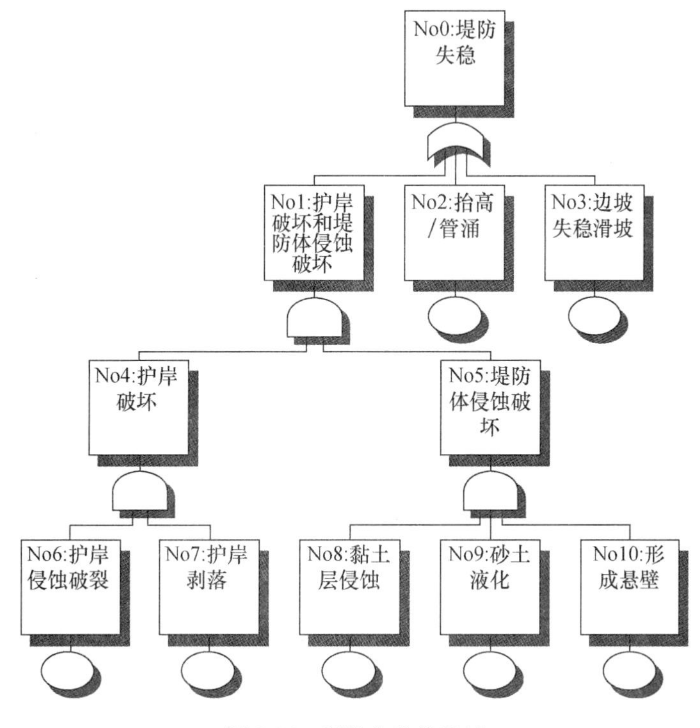

图 3-26 堤防失稳故障树

3.2.3 堤防失稳概率的蒙特卡罗方法模拟计算

管涌是在覆盖土体承受的垂直向上的压力水头大于土体的抗渗强度并在局部薄弱处发生流土变形造成集中渗流而引起的，当外部水压的不断增加导致水的跨距增长超过了覆盖黏土层的临界水头时就引发管涌。极限状态方程如下：

$$Z_1 = m_p h_p - [(h - h_b) - 0.3L], \tag{3-27}$$

式中，h_p 是临界水头，m_p 是 h_p 不确定性参数（类似于系数），h_b 为内部水位，L 为渗流长度。临界水头表示管涌发生时的水头，这个水头是由黏土层的特性决定的。

基于多孔介质的渗流方程和 Bernoulli 方程耦合以及临界牵引力条件，同时考虑了土体的空隙率在产生临界水头时的作用，建立了确定临界水头的公式：

$$h_p = a\frac{(1-n)^2}{n^3} + b$$

其中，

$$a = \frac{150vL}{gd^2}\sqrt{\frac{cd}{r_w}}; b = \frac{cd}{2r_w}, \tag{3-28}$$

式中，h_p 为临界水头；c 为反映材料类型的系数，砂土取 $c=10\ kg/m^3$；L 为渗流长度；n 为空隙率；r_w 为水的容重；g 为重力加速度；d 为黏土的平均粒径；v 为水的黏滞系数在 $10^\circ C$ 时取 0.001 305 3 Pa·s。

把式(3-28)代入方程(3-27)就得到管涌的完整的极限状态方程：

$$Z_1 = \left(\frac{150vL}{gd^2}\sqrt{\frac{cd}{r_w}}\frac{(1-n)^2}{n^3} + \frac{cd}{2r_w}\right)m_p - [(h-h_b) - 0.3L] \tag{3-29}$$

L_1 与 L_2 为设计变量，在这里分别取 60m，40m。$L=L_1+L_2=100$m

把各个确定的值代入方程(3-29)，其中的随机参数的分布规律按照表 3-34 进行取值，各取样 1000 次、5000 次、25 000 次和 100 000 次分别进行 10 次蒙特卡罗方法模拟计算：其结果如表 3-35，对模拟结果进行数据分析如图 3-27 所示，当取样次数增大时失效概率值无限趋近于 0.9904%，所以认为 0.9904% 为堤防管涌失效概率。

表 3-34 参数的分布规律

变量	变量描述	分布类型	μ	单位	σ/μ
$h-h_b$	河流水位与内部水位差值	N	2.9667	m	0.30
ρ_k	湿黏土层的密度	D	1900	kg/m^3	—
d_k	黏土层的厚度	N	3.5	m	0.20
r_w	水的密度	D	1000	kg/m^3	—
n	砂土的平均空隙率	D	0.4	—	—
d	砂土的平均粒径	N	0.0008	m	0.02
m_p	模型不确定参数	N	1.67	—	0.20
L_1	前滩宽度	D/V	变量	m	—
L_2	堤基宽度	D	变量	m	—
D=确定值，N=正态分布，V=设计变量					

表 3-35　Monte-Carlo 模拟结果

次数	1000/(%)	5000/(%)	25 000/(%)	100 000/(%)
1	0.9901	0.9903	0.9905	0.9903
2	0.9888	0.9917	0.9902	0.9906
3	0.9912	0.9906	0.9905	0.9902
4	0.9932	0.9880	0.9901	0.9904
5	0.9934	0.9889	0.9902	0.9905
6	0.9855	0.9906	0.9907	0.9904
7	0.9879	0.9903	0.9905	0.9904
8	0.9888	0.9908	0.9904	0.9903
9	0.9879	0.9900	0.9908	0.9904
10	0.9921	0.9888	0.9908	0.9902
平均值	0.9898	0.9900	0.9905	0.9904

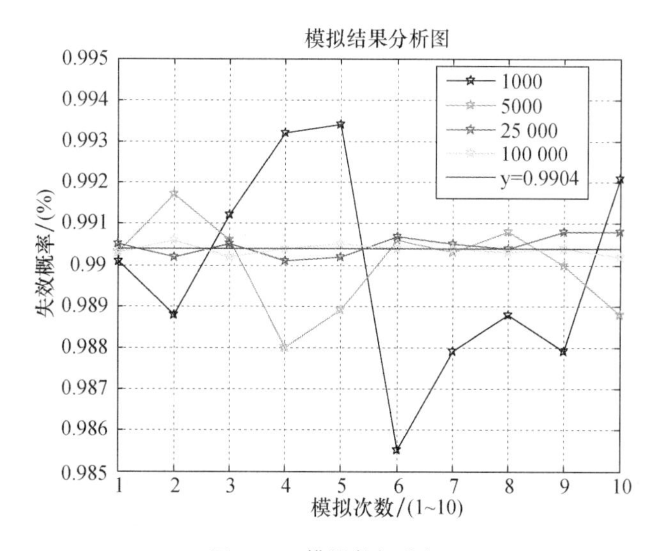

图 3-27　模拟数据分析

1. 堤防滑坡失效的概率

根据土力学和水工建筑物的有关理论，当作用于坝体的滑动力矩大于其抗滑力矩时土坝滑坡失稳。

$$F_s = M_r / M_s \tag{3-30}$$

式中，M_r、M_s 分别为土体的抗滑力矩和滑动力矩。当 F_s（滑坡安全系数）小于 1 时堤防滑坡失稳。

按照简化 Bishop 方法计算堤坡抗滑稳定的最小安全系数，并确定最危险圆弧滑裂面

(切入地基 0.6 m),计算可得到安全系数:

$$F_s = \frac{\sum \frac{1}{m_{ai}}[c'_i l_i \cos\theta_i + (W_i - u_i l_i \cos\theta_i)\tan\varphi'_i]}{\sum W_i \sin\theta_i}, \tag{3-31}$$

其中

$$m_{ai} = \cos\theta_i + (1/F_s)\sin\theta_i \tan\varphi'_i, \tag{3-32}$$

式中,φ'_i 为土体的有效内摩擦角;c'_i 为土体的有效内聚力;u_i 为作用于土体底边上的空隙水压力;l_i 为土体的宽度;W_i 为土体重量;就等于 $l_i\gamma_i h_i$,其中 γ_i 为土的湿容重,h_i 为土体的高度。

根据上述简化 Bishop 法基本原理,并按定值法计算得到的安全系数等于 1,建立堤防岸坡滑动失稳的极限状态方程为

$$Z = \sum_{i=1}^{n} \frac{Ai}{\cos a_i + \tan\varphi_i \sin a_i} - \sum_{i=1}^{n} r_i V_i \sin a_i,$$

$$A_i = c_i l_i \cos a_i + (r_i V_i - u_i l_i \cos a_i)\tan\varphi_i, \tag{3-33}$$

式中,V_i 为计算分块的体积;a_i 为计算分块的条块地面与水平面的夹角。

由于影响滑坡体稳定的所有参数都是随机变量,但不是所有随机变量都具有相同程度的影响,因此,可以把那些影响不大的量作为确定值,以简化计算。在影响滑坡体稳定的不确定因素中,以 c,φ,r 的影响最大,因而选取的 3 个参数为随机变量如表 3-36 所示(实际调查并参考文献中的数据),其他参数则作为确定性数值来处理。

表 3-36　滑坡体随机变量及其统计量

变量	变量描述	分布类型	μ	单位	σ/μ
c_i	黏土内聚力	N	10	kN/m^2	0.20
φ_i	黏土角度	N	20	度	0.20
γ	黏土的容重	N	22	kg/m^3	0.04
l_i	土条的宽度	V	0.5	m	—
a_i	条块与地面夹角	N	30	度	0.20
V_i	分块的体积	N	20	m^3	0.50
n	土条的块数	V	50	—	—
D=确定值,N=正态分布,V=设计变量					

把各个确定的值代入方程(3-33),其中的随机参数的分布规律按照表 3-36 进行取值,各取样 1000 次、5000 次、25 000 次和 100 000 次分别进行 10 次蒙特卡罗方法模拟计算。所得的堤防滑坡失效概率为 1.39×10^{-2}。

2. 堤防失稳的总概率

现在已经知道No.2管涌和No.3边坡失稳滑坡发生的概率分别为：0.9904×10^{-2}和1.3904×10^{-2}，由于其他5个底事件（No.6护岸侵蚀破裂、No.7护岸剥落、No.8黏土层侵蚀、No.9砂土液化、No.10形成悬壁）的重要度要小很多（相差20倍以上），为了简化计算过程，参考已有的文献和资料，对他们的分布规律作了如表3-37的近似。

表3-37 近似分枝概率分布

底事件节点	概率的量级估计	有限认识
砂土液化	1×10^{-2}	主观估计
形成悬壁	1×10^{-2}	参照文献主观推测
黏土层侵蚀	1×10^{-1}	参照文献主观推测
护岸剥落	1×10^{-1}	主观估计
护岸侵蚀破裂	1×10^{-1}	参照文献主观推测

由表3-37可知，相对于前两种失效模式而言，第三种失效模式发生的概率要小（约为$1\times10^{-4}\sim1\times10^{-6}$之间）得多，所以在精度可接受的范围内认为堤防失稳主要是由前两种模式引起的，所以堤防的总的失稳概率$P_{\text{faifure}}=P_1+P_2+P_3\approx P_1+P_2=2.3808\times10^{-2}$，需要说明的是这一结果是针对该河段汛期持续高水位而言的（由河内水位h的分布规律所决定）。

3.2.4 基于蒙特卡罗模拟的堤防漫顶失效概率分析

河流堤防漫顶失效是堤防失效的一种主要模式，因此研究堤防漫顶失效概率、评价现有堤防的防洪水平对指导现有堤防的建设和提高堤防的可靠性设计水平具有非常重要的意义，是计算洪水风险的基础。

河流堤防漫顶的极限状态方程的机理是——当河流的水位超过了堤防的高度时河水流出，河道发生漫顶：

$$Z=h_c-h_a \tag{3-34}$$

式中，Z是极限状态变量；h_c是临界水位；h_a是计算输入的水位。

确定临界水位h_c的模型的基础是方程式3-35（临界流量模型），但是需要把临界流量转换成临界水位。这种转换是利用宽顶堰淹没理论及方程进行的：

$$h_c=\sqrt{3\left(\frac{2.78q_c^2}{g}\right)}, \tag{3-35}$$

式中，q_c是临界流量。

表 3-38 是采样次数分别为 1000、2000 和 5000 次时分布模拟 10 次的模拟结果，对结果的分析如图 3-28 所示。图 3-28 中用三次样条插值法对数据进行完整性拟合分析，其中的虚线表示数据的均值，由图 3-28 可以看出，取样次数越大曲线的波动幅度越小，并且越接近均值(0.1229)，所以就取均值为失效概率值。

表 3-38 模拟结果数据

次数	1	2	3	4	5	6	7	8	9	10	均值
1000/(%)	0.1180	0.1310	0.1260	0.1230	0.1210	0.1140	0.1210	0.1310	0.1320	0.1130	0.1230
2000/(%)	0.1235	0.1120	0.1205	0.1305	0.1305	0.1125	0.1275	0.1245	0.1320	0.1155	0.1229
5000/(%)	0.1256	0.1240	0.1224	0.1186	0.1230	0.1236	0.1202	0.1248	0.1252	0.1244	0.1229

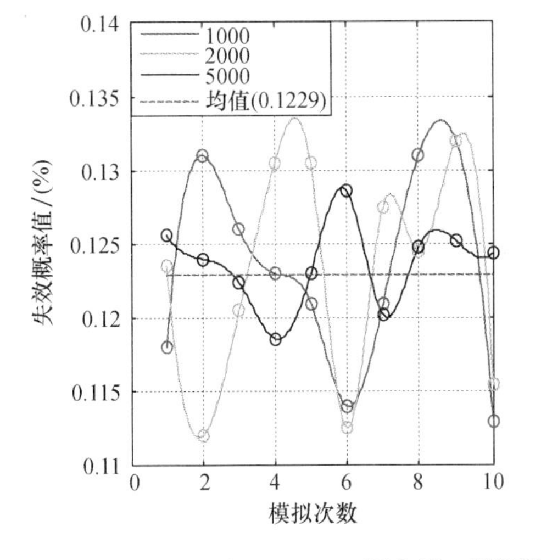

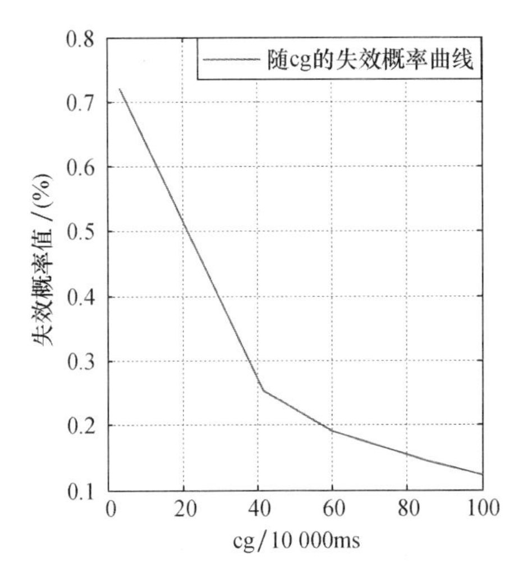

图 3-28 模拟数据拟合分析图

3.2.5 基于计算机模拟软件的洪水淹没范围和深度的模拟

模拟洪水淹没的技术方法主要运用模拟软件，HEC-GeoRAS 在 ArcGIS 中模拟洪水淹没的方法不但被证明是可行的，而且近几年国外的一些权威组织也通过这种方式模拟洪水淹没的场景。

本书用 HEC-RAS 软件进行水力分析，通过 HEC-GeoRAS 软件进行数据的前期和后期处理，最终在 GIS 中实现漫顶和溃堤的洪水灾害模拟，得到洪水淹没范围和水深等数据。具体的流程如图 3-29 所示。

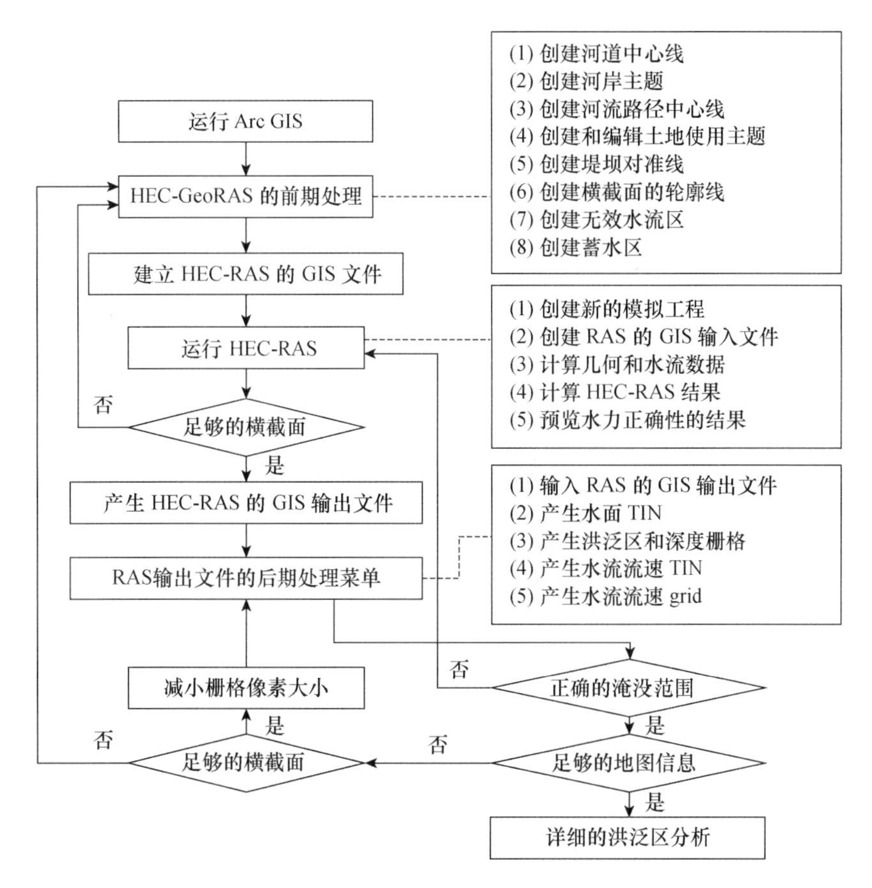

图 3-29 二维洪水淹没场景模拟的流程

首先，在 GIS 中导入数字高程模型（Digital Elevation Model，DEM），用 HEC-GeoRAS 做前期处理，在 DEM 中创建河道中心线、河岸、河流路径中心线、土地使用类型等图层。然后，将它们从 GIS 中导出，再将这些数据导入 HEC-RAS 软件，这样就构架起河网的基本几何属性，包括：河流走向、河网形状、河道断面、不同土地使用类型的曼宁系数。根据需要，还可以添加水工建筑物，例如堤防、水坝、桥梁、堰、孔口等。接着，设定恒定流或非恒定流的边界条件，运行 HEC-RAS 模拟程序，得到不同断面的水深、水流速度等数据。最后，将HEC-RAS软件模拟出的文件导入 HEC-GeoRAS 中，做后期处理，最终在 GIS 环境中模拟出洪水的淹没范围和深度。

1. HEC-GeoRAS 软件

该软件是由美国陆军工程师团（U. S. Army Corps of Engineers，USACE）的水文工程中心（Hydrologic Engineering Center，HEC）开发出的河道分析系统（River Analysis

System,RAS)。该软件能够演算一维恒定流和非恒定流,可以用于河道水力的计算、泥沙沉积物的迁移模拟和水温分析。HEC-RAS模型系统是水文工程中心研发的“Next Generation”(NexGen)水文工程软件中的一个部分。Nex-Gen工程囊括了水文工程的诸多方面,包括:降雨-径流分析(HEC-HMS)、河道分析(HEC-RAS)、贮水池系统模拟(HEC-ResSim)、洪水破坏分析(HEC-FDA和HEC-FIA)、贮水池运作时的实时河水预测。

HEC-RAS模型系统软件能够为使用者提供多项服务功能,此系统包含了图形用户界面(Graphical User Interface, GUI)、单独的水力分析单元、数据存储与管理功能以及图标制作的工具。HEC-RAS 4.0涵盖了四个部分的一维河道分析:水面线的恒定流计算,非恒定流模拟,泥沙输移/可动边界计算,水质分析。这四个部分都使用同一个几何数据,并且几何数据和水力计算路径也一致。除此之外,HEC-RAS系统还具有一些水力设计功能,在计算基本水面线时可以调用这些功能。

HEC-RAS 4.0软件所需的基础资料主要为:几何资料、恒定流资料、非恒定流资料、泥沙资料。其中,必不可少的资料是几何资料,其他资料根据研究的情况而定。

几何资料主要包括:河道的连接网络、横断面情况、河段长度和名称、河流名称和方向、能量损失系数(摩擦损失、收缩/扩张系数)、汇流点数据以及桥梁、涵、堰等水工建筑物数据。恒定流的数据包括:流态、边界条件、峰值流量信息;非恒定流的数据包括:边界条件(外部和内部)和初始条件。

2. HEC-GeoRAS模块

一般来讲,过去使用HEC-RAS模拟时,主要是针对河道内的水位变化情况,一旦水位超过堤防,HEC-RAS就无法模拟堤防之外的二维洪水淹没情况。如今,搭载了GIS的功能,在GIS中加入HEC-GeoRAS的扩展模块可以解决这个难题。

HEC-GeoRAS是由HEC和美国环境系统研究所(Environmental Systems Research Institute,ESRI)联合开发,为水文工程中心河道分析系统(HEC-RAS)提供处理空间数据功能的ArcGIS特定的应用程序,它可以嵌套在ArcGIS里运行,是HEC-RAS与GIS数据交换的媒介。它的前期处理可以获取河道的几何图形、河道的横截面资料、堤坝的数据等,为HEC-RAS的模拟提供前期的准备工作;在HEC-RAS水力分析之后,在ArcGIS中调入HEC-RAS的输出文件,通过GeoRAS有助于模拟河道发生流溢后的洪水淹没范围和深度,这就是GeoRAS的后期处理功能。

3. GIS平台上的模拟分析

地理信息系统是为了获取、存储、检索、分析和显示空间定位数据而建立的计算机化的数据库管理系统。数字地形模型是GIS中非常重要的地形数据概念,它是模拟二维洪水淹没的前提。

在数字地形模型中，当地面信息表达的仅是高程信息的时候，这种描述高程空间分布的数字地面模型即所谓的数字高程模型。DEM 是一定范围内规则格网点的平面坐标（X,Y）及其高程（Z）的数据集，它主要是描述区域地貌形态的空间分布，是通过等高线或相似立体模型进行数据采集（包括采样和量测），然后进行数据内插而形成的。DEM 是对地貌形态的虚拟表示，可派生出等高线、坡度图等信息，也可与文档对象模型（Docament Object Model，DOM）或其他专题数据叠加，用于与地形相关的分析应用，同时它本身还是制作 DOM 的基础数据。

DEM 是用一组有序数值阵列形式表示地面高程的一种实体地面模型，是数字地形模型（Digital Terrain Model, DTM）的一个分支。由于 DEM 描述的是地面高程信息，在防洪防灾方面，DEM 是进行水文分析（如汇水区分析、水系网络分析、降雨分析、蓄洪计算、淹没分析等）的基础。

根据 GIS 中如下几个功能，将其运用到洪水灾害的风险分析中：

（1）空间数据管理。

洪水系统中包含着大量空间数据，如地形地貌、水系、土壤、植被、水利分布等以及属性数据，如水文观测数据。GIS 能统一管理这些空间数据和属性数据，并提供数据的查询、检索、更新及维护。

（2）由基础数据层生成新的数据层。

利用 GIS 的空间分析能力，可以由 GIS 管理的基础数据层，主要是背景数据库，生成新的数据层。如从地形数据计算坡度、坡向、汇流路径，利用水系计算河网密度等工作。

（3）为模型参数的自动获取提供可能。

洪水预报模型大多是空间分布式模型，其求解往往需要大量的空间参数，常规方法获取这些参数是非常繁琐的。利用 GIS 的数据采集及空间分析能力，可以方便地生成这些参数。

（4）为水文模型建模提供方便。

水文模型的求解往往采用有限差分、有限元等数值解法，即把研究区分成规则格网或不规则格网，这与 GIS 栅格数据结构及不规则三角网管理空间数据方式非常相似。另外，GIS 中有不少格网自动生成算法可用于生成水文模型中的计算网格。

（5）GIS 有利于分析计算的过程及结果可视化表达。

GIS 的空间显示功能提供了优越的建模及模型运行环境，为模型可视化计算带来可能，有助于分析者交互地调整模型参数。

（6）GIS 环境下给予 DEM 水文信息的提取。

在洪水数值模拟中，水文特征信息的提取是水文模型计算的第一步。它的正确与否,精度的高低将直接影响水文模型的精度。以前的水文模型受制于技术的限制,许多流域水文信息不能准确地获取,植被、土壤以及水力学因素的空间分布考虑不清楚,随着测量技术、计算机技术以及地理信息系统的发展,尤其是 DEM 及其利用 DEM 提取流域水文信息方法的出现,水文模型建模也有了更准确和高效的方法。

3.2.6 城市洪水风险案例分析

本案例以淮河为分析对象,淮河干流在安徽省境内洪河口至洪山头长 430 km,其中淮南市区范围内长 40 km,淮河设计洪水水位正阳关站为 26.5 m,蚌埠 22.6 m;相应设计流量,正阳关 10 000 m/s,涡河口以下为 13 000 m^3/s。淮南市境内设计流量 10 000 m^3/s。市区各节点相应的淮河干流设计洪水水位及流量如表 3-39 所示:

表 3-39 淮南市境内各节点设计洪水水位及流量表

节点名称	黑龙潭	李咀孜	李龙头	应台孜	耿皇寺	石头埠	临王家	田家庵	扬郢孜
设计洪水/m	25.3	25.1	25.0	24.9	24.9	24.9	24.7	24.65	24.6
设计流量/(m^3/s)	10 000								

1. 不同洪水周期下的漫顶模拟

(1) 河网的数字化。

首先,应用 Geo-RAS 模块从淮南的 DEM 地形图中提取河道、滩地、横断面等数据,导入 HEC-RAS 软件中,得到淮河河网结构图如图 3-30 所示。

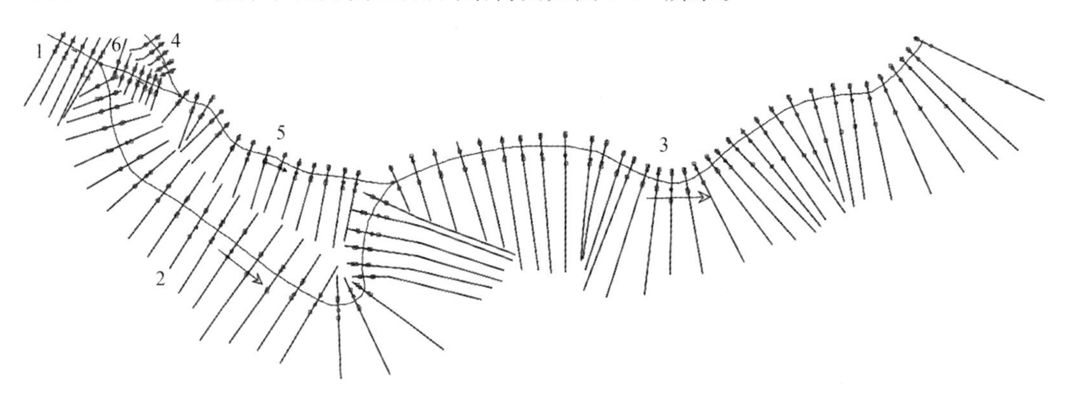

图 3-30 淮南市淮河河网结构图

图 3-30 中,各个数字代表不同的河段,其中,1 为流经淮南市的淮河主干流上游段,2 为淮河主干流中游段,3 为淮河主干流下游段,4 为淮南市淮河支流上游段,5 为淮河支流下游段,6 为淮河分流段。箭头方向代表了淮南段淮河的水流走向,弯曲线条代表各个河段,平行竖线代表不同河段上的河道横断面,黑点代表河道两侧的左、右高滩地。

如图 3-31 所示，带下划线的阿拉伯数字代表不同河段的河道横断面的标记，为了模拟的准备，在前期处理时，选取的横断面较多，受篇幅所限，这里仅选取部分横断面作为模拟结果的一部分展示出来。

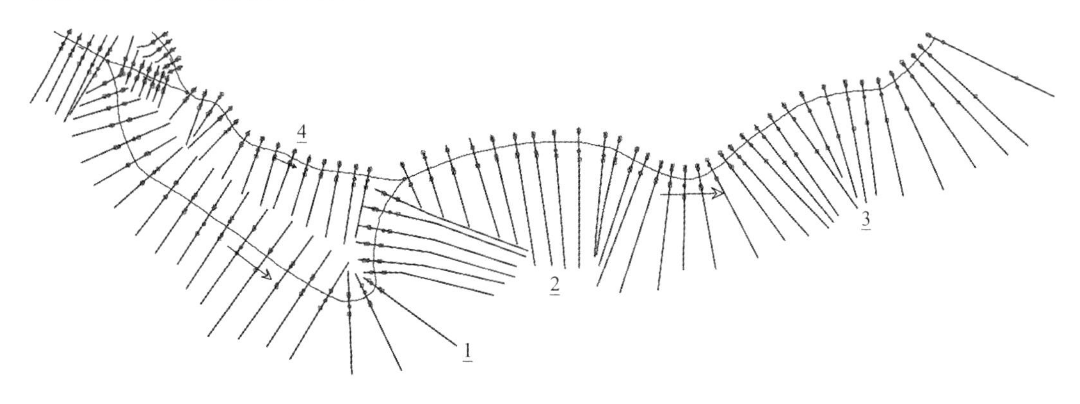

图 3-31 河网横断面的标记图

（2）输入参数的选取。

① 不同洪水周期的设计流量。淮河干流在安徽省境内的洪河口至洪山头长 430 km，其中淮南市区范围内长 40 km。淮河设计洪水位正阳关站为 26.5 m（废黄基面，下同）、蚌埠 22.6 m；相应的设计流量，正阳关以下为 10 000 m^3/s，涡河口以下为 130 000 m^3/s。据统计，淮南市的多年平均年径流量为 5.86 亿立方米。根据正阳关站 42 年洪水流量统计资料分析计算，并结合《淮南市城市防洪规划 1995》，正阳关站千年一遇 30 天洪水流量为 622 亿立方米，100 年一遇 30 天洪水流量为 410 亿立方米，50 年一遇 30 天流量为 346 亿立方米，1954 年 30 天洪量为 327 亿立方米，约合 40 年一遇。

依照 40 年一遇的洪水流量，根据水文频率曲线（一般用水文皮尔逊Ⅲ型曲线）估算出 60 年和 100 年一遇的洪水设计流量，再分别做具体的洪水模拟分析。

不同洪水周期下，各个河段的洪水设计流量的假定值如表 3-40 所示。

表 3-40 各个河段在不同洪水周期下的假定洪水设计流量（单位：m^3/s）

洪水周期河段	40	60	100
1	7000	8500	10 500
2	6000	7000	8000
3	10 000	12 000	15 000
4	3000	3500	4500
5	4000	5000	7000
6	1000	1500	2500

② 堤坝的高度。根据《淮南市城市防洪规划》中的规定，选取堤坝的高度：黑李段取27.6～28.0 m，老应段取29.0 m，耿石段取26.5～27.0 m，田家庵圈堤坝取26.5～27.5 m，窑河封闭堤坝取27.0 m；上六坊行洪区的堤坝取23.7 m，下六坊行洪区的堤坝取23.7～23.9 m，石姚段行洪区的堤坝取23.5 m。（注：本次规划的范围为淮南主城区，所以本书的研究范围为淮河的南岸，因此河段3，4，5的左岸（从水流方向的角度）堤坝高度拟为地形的一部分，这里仅研究洪水对南岸造成的影响。）

③ 左岸高滩地、主河道和右岸高滩地的Manning系数n取值分别为0.03、0.035、0.04。

④ 收缩系数和扩张系数分别为0.1和0.3。

⑤ 边界条件，在计算上游河段1正常水深时的上游坡降为0.0005，河段3淮南市淮河下游和河段4的边界条件为临界水深。

⑥ 河流的流态为混合流态。

（3）模拟成果。

① 河道横断面的最高水位线。（淮河河网中4个河道横断面在40、60和100年一遇的洪水周期下的模拟洪水水位线如图3-32～图3-35所示。）

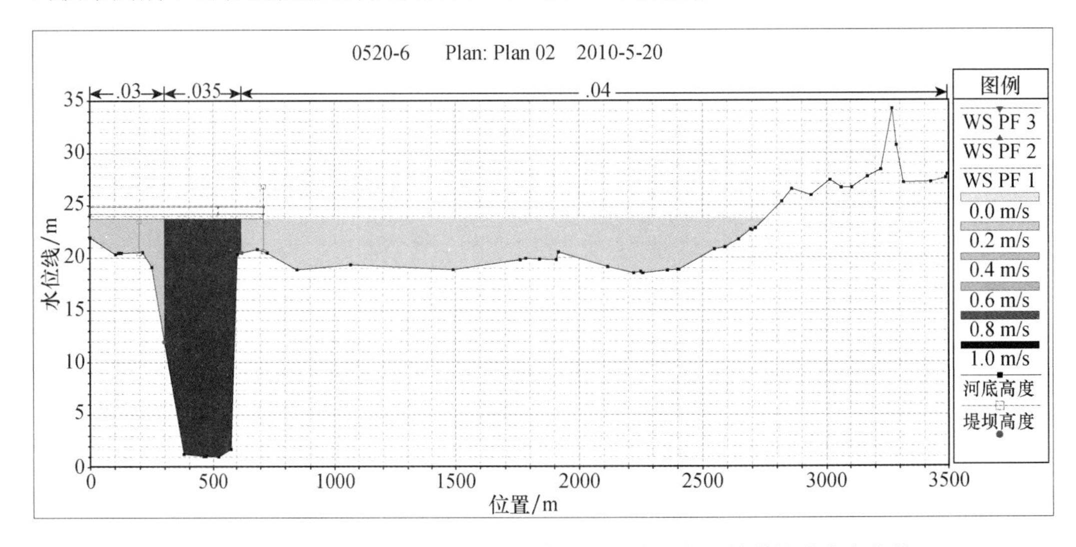

图3-32 1号横断面在40、60和100年一遇洪水周期下的模拟洪水水位线

从图3-33中可以看出，堤坝能够抵挡40年一遇的洪水周期，而在60和100年一遇的洪水周期下则发生漫顶现象。

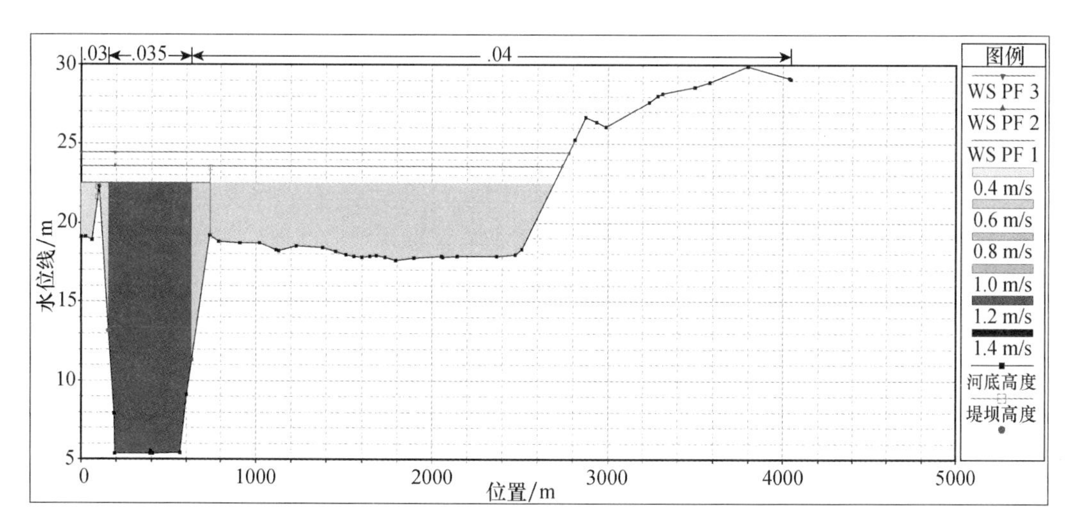

图 3-33 2 号横断面在 40、60 和 100 年一遇洪水周期下的模拟洪水水位线

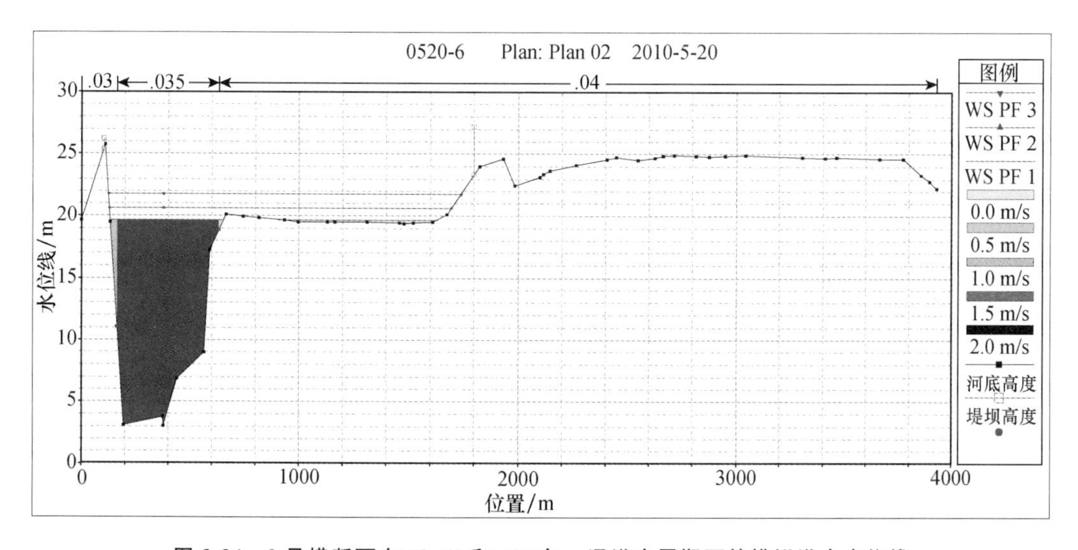

图 3-34 3 号横断面在 40、60 和 100 年一遇洪水周期下的模拟洪水水位线

② 各个河段的全程纵剖面图。(全程纵剖面图记载了堤坝高度、河底高程,滩地高度以及水位线之间在水平方向的位置情况,它能有效地说明是否有溢流的现象发生,当水位线低于堤坝高度时,没有溢流的现象发生,当水位线高于堤坝的高度时,则发生溢流的现象。)

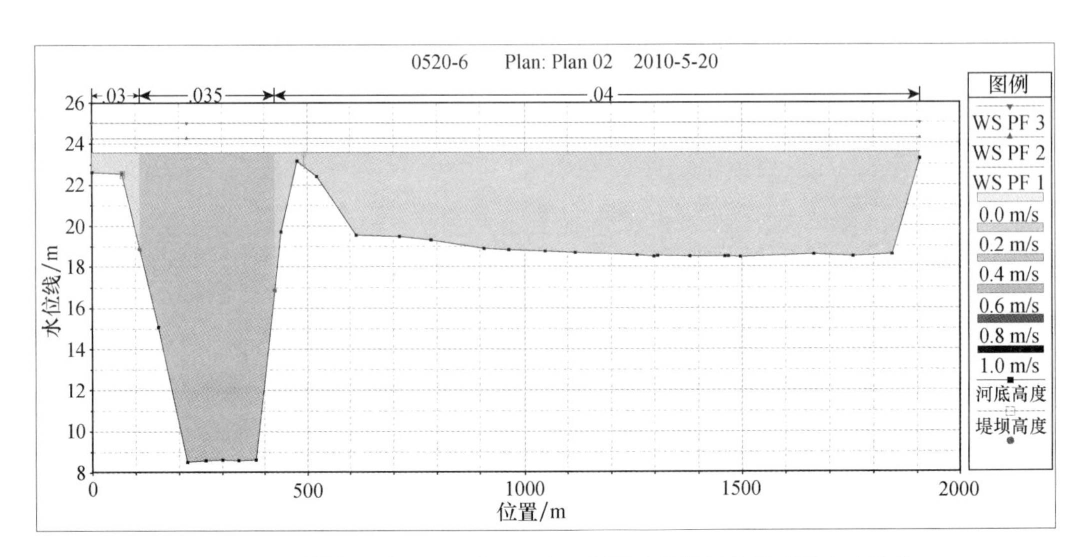

图 3-35 4 号横断面在 40、60 和 100 年一遇洪水周期下的模拟洪水水位线

如图 3-36 所示，从上往下各实线分别代表：右堤坝的高程纵剖面，100 年一遇的模拟水位线，60 年一遇的模拟水位线，40 年一遇的模拟水位线，左堤坝的高程纵剖面，两条虚线代表左滩地和右滩地的纵剖面，最下面的一条线代表河底高程的纵剖面。

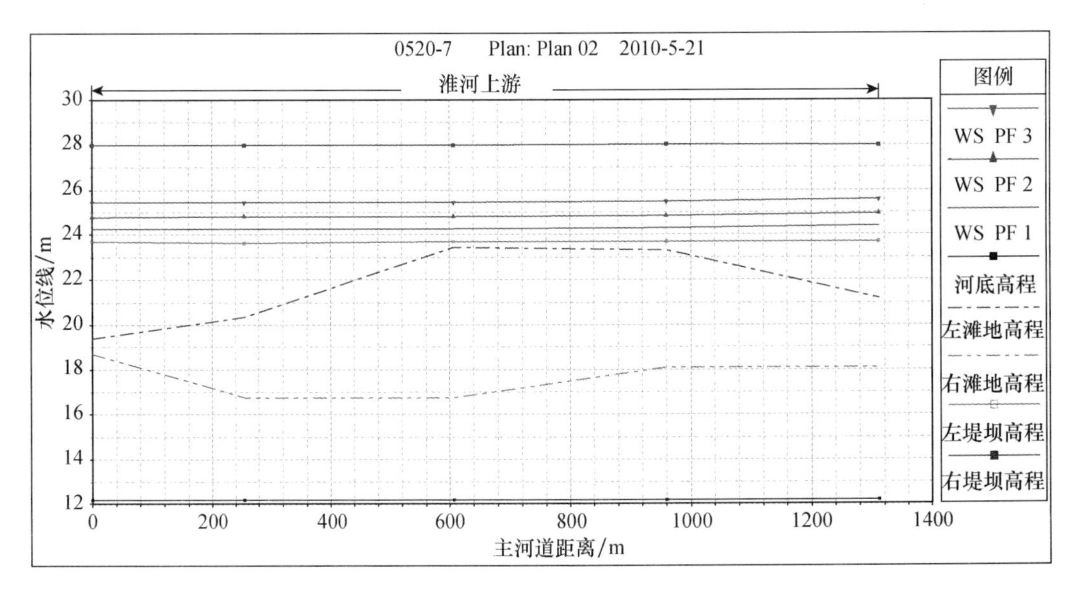

图 3-36 淮河河网河段 1 的全程纵剖面图

如图 3-37 所示各个线的顺序与河段 1 中的顺序一致，稍微要注意的是河段 2 左岸堤坝的高度与 40 年一遇的模拟水位线比较接近。

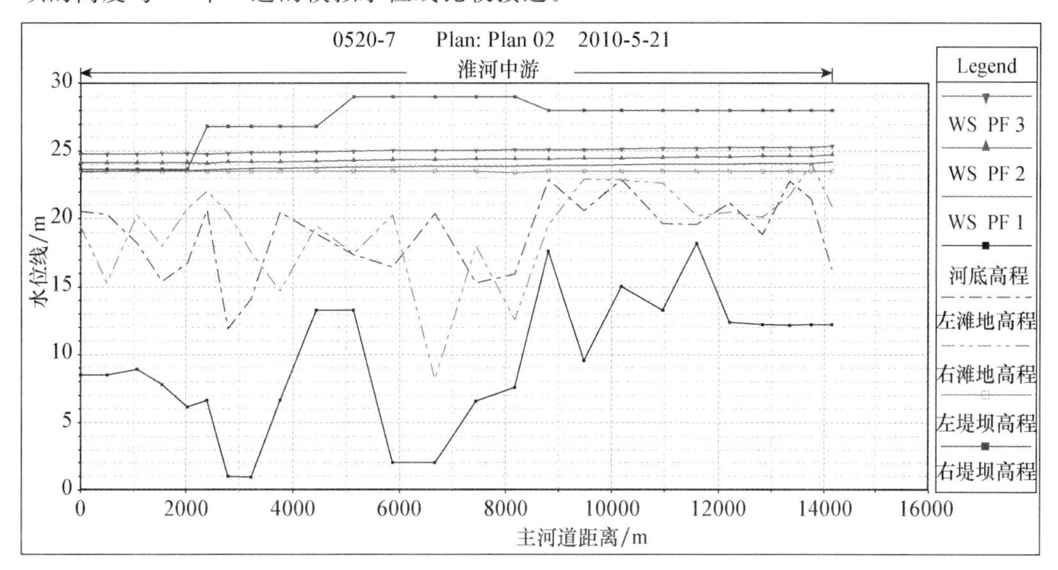

图 3-37 淮河河网河段 2 的全程纵剖面图

注：淮河河网河段 3～6 的全程纵剖面图省略。

③ 二维漫顶洪水淹没图。（在 ArcGIS 环境中，通过 GeoRAS 模块将由 HEC-RAS 软件模拟出的数据导入到淮南市的 DEM 地形图中，生成不同洪水周期下的二维漫顶洪水淹没图如图 3-38 所示。）

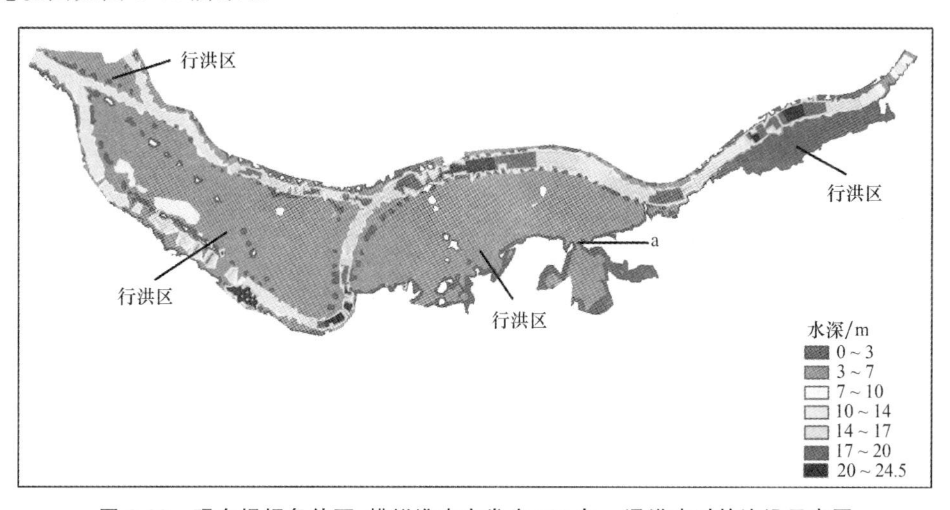

图 3-38 现有堤坝条件下，模拟淮南市发生 100 年一遇洪水时的淹没示意图

利用软件模拟出各节点不同洪水周期下(40 年,60 年,100 年一遇)的水位值,与淮南市防洪规划中给出的各节点 40 年一遇洪水的设计水位对比如表 3-41 所示。

表 3-41 淮南市境内各节点设计洪水水位与模拟值的对照表

节点名称	黑龙潭	李咀孜	老龙头	应台孜	耿皇寺	石头埠	临王家	田家庵	扬郢孜	上窑
设计洪水/m	25.3	25.1	25.0	24.9	24.9	24.9	24.7	24.65	24.6	24.4
模拟水位/40a	24.38	24.1	23.87	23.76	23.71	22.54	22.14	21.75	19.68	18.84
模拟水位/60a	24.92	24.62	24.38	24.27	24.21	23.58	23.14	22.73	20.61	19.67
模拟水位/100a	25.58	25.27	25.04	24.94	24.88	24.41	24.27	23.93	21.8	20.08

如果以设计水位为基准,从表 3-41 可以看出:前 5 个节点的 40 年一遇的模拟水位与设计水位吻合度较高,而后 5 个节点这两个值之间越往下差异越大。对于出现这一现象的原因,经分析可能有三点:一是缺乏详细的河道地形数据,河道的地形数据是在已知河道中心线河底高程的基础上合理假设出的,其中部分区域或个别横断面的数据与真实值之间可能存在较大的误差;二是《淮南市城市防洪规划——1995》中规定了境内各个站点的 40 年一遇的设计流量,而没有规定各个河段分配的设计流量,即在已知总的设计流量的情况下,没有给定干流和支流所分配的流量;三是边界条件、各种系数(例如:Manning系数、扩张系数等)对模拟结果也有一定影响。

淮南市的防洪堤坝完全能够抵抗 60 年一遇的洪水,基本能抵抗 100 年一遇的洪水,只是要对图 3-38 中的 a 点加强堤坝修筑或填高,防止洪水从 a 点流出,倾入市区。

2. 100 年一遇洪水周期下的溃堤模拟

由于受到堤坝断面形状,堤身填土性质,堤基的地质、水文、地形和施工条件等诸多因素的影响,堤坝在汛期可能会出现漫顶、管涌等失效方式的溃堤险情。经上节的漫顶模拟可知,淮南市的现有工程可以抵御 60 年一遇的漫顶洪水,而 100 年一遇下出现明显的漫顶现象,这里就将溃堤拟定在 100 年一遇的洪水周期下,另外田家庵段堤坝处于淮河拐弯点,受河水冲刷作用最为强烈,发生溃堤的可能性也最大,再者田家庵属于淮南市中心城区,如果此处堤坝发生溃堤,洪水很可能直接倾入市区,后果不堪设想。综上所述,假定田家庵段堤坝在 100 年一遇的洪水周期下发生溃堤。

(1) 河网的数字化。这里,假定田家庵段的淮河拐弯段堤坝发生溃堤,溃堤后的洪水流入蓄水区内,如图 3-39 所示。各个数字代表不同的河段(同漫顶模拟的标注),Sa 代表蓄水区。

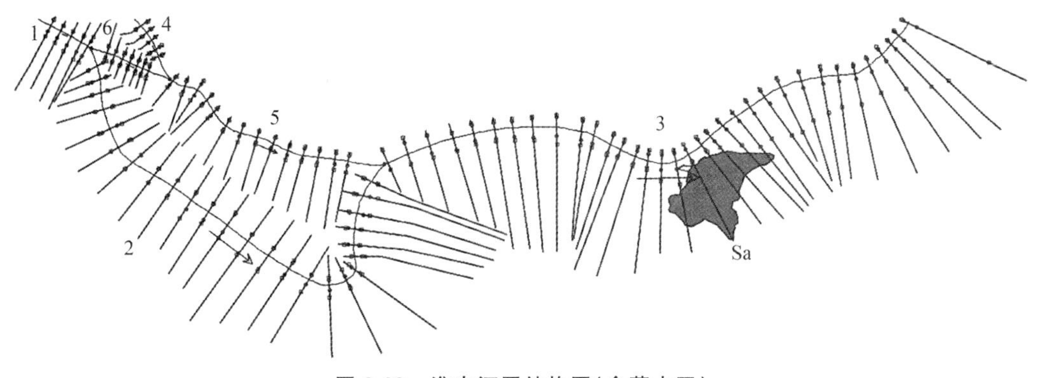

图 3-39 淮南河网结构图(含蓄水区)

此外,溃堤条件下的河网横断面标记如图 3-40 所示,这里与漫顶选取的横断面一致。

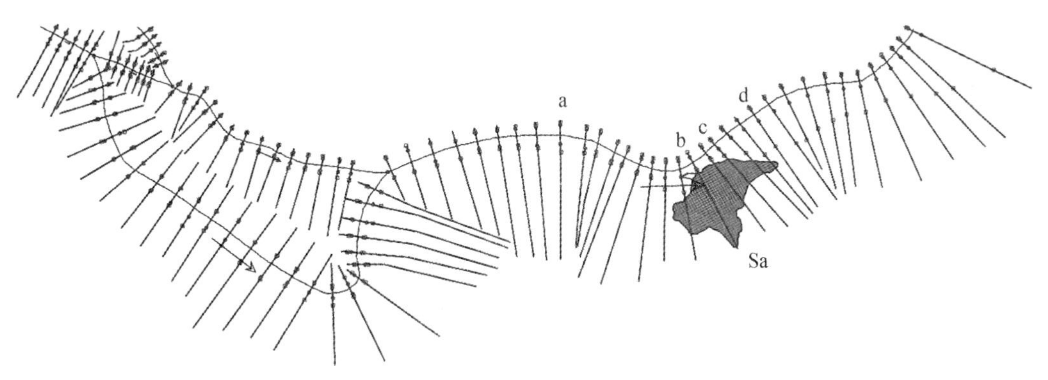

图 3-40 河网横断面标记图

(2) 蓄水区的属性。HEC-RAS 规定从溃口流出的水有三个走向:一是流入到指定的蓄水区内;二是流入到河段横断面上;三是流出整个系统。为了分析从溃口流出的水对堤坝以南地区带来的影响,本案例假定从溃口流出的水流入蓄水区。此外,蓄水区的划定根据淮南市地形图中溃口以南附近地面高程近似低的范围。蓄水量与蓄水区海拔高度的关系采用面积乘以深度的方法计算。表 3-42 为蓄水区属性表。

表 3-42 蓄水区的属性表

蓄水区的属性	最低海拔/m	面积/km^2
Sa	18.6	4.20

(3) 非恒定流的输入条件。

① 边界条件。河段 1 和河段 4 的流量过程线如图 3-41 和 3-42 所示。

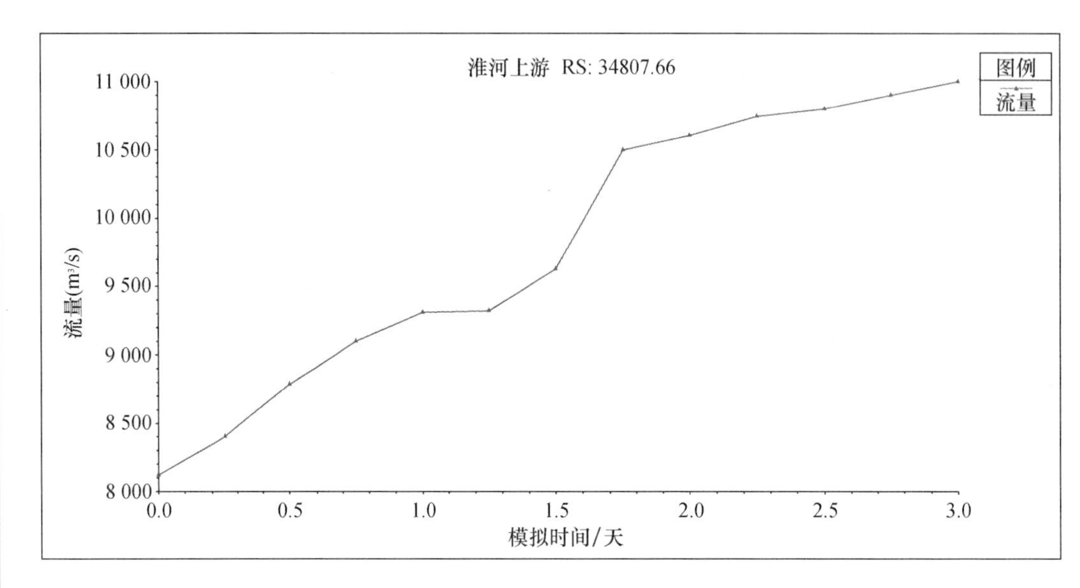

图 3-41 河段 1 的边界条件

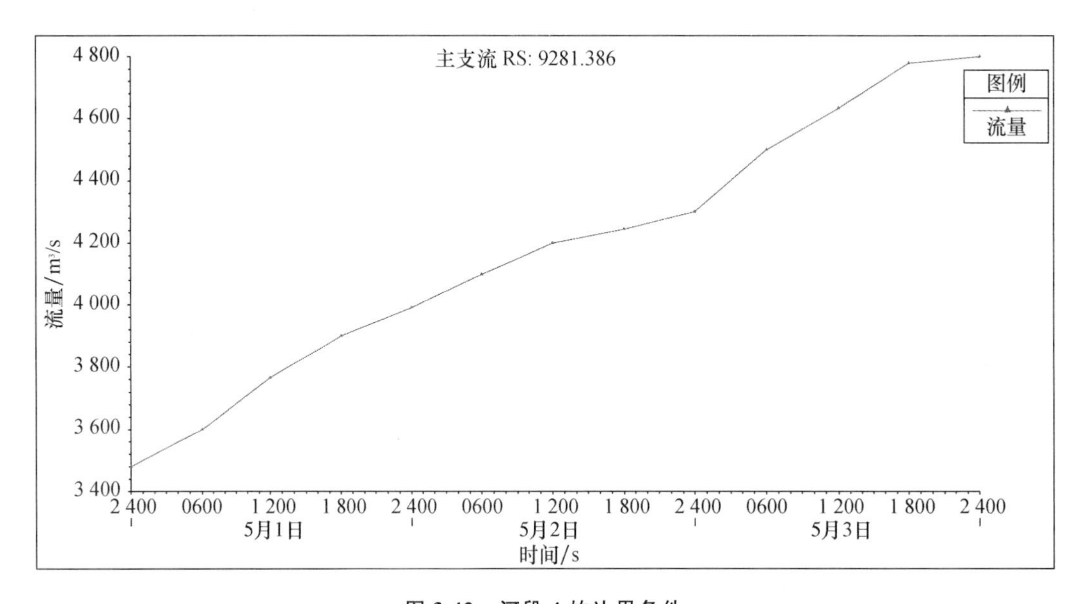

图 3-42 河段 4 的边界条件

② 初始条件。河段 1～6 流量的初始条件如表 3-43 所示。此外，蓄水区的初始海拔为 18.6 m。

表 3-43 非恒定流下各个河段流量的初始条件

河段	初始流量/(m^3/s)
1	8120
2	7720
3	11 600
4	3480
5	3880
6	400

③ 溃堤失效的设计参数。田家庵段淮河拐弯处堤坝发生溃堤失效的相关参数设计如表 3-44 所示。堤坝失效时几何剖面示意图如图 3-43 所示。

表 3-44 田家庵段堤坝溃堤失效的设计参数统计表

失效参数	输入值(或所选项)	备注
堤坝的设置		
堤坝的位置	右高滩地	
堤坝的尾水连接	Sa	溃堤后的水流走向
侧堰堤		
堰的宽度	7 m	
堰的计算方法	标准堰的计算方程	
堰的系数(C_d)	2	
堰的顶部形状	宽阔的顶部	
堰距离上游横断面的距离	10 m	
堤坝缺口数据		
堤坝失效的中心位置	100 m	如图 3-43 所示
堤坝失效后的最终底部宽度	10 m	同上
最终的底部高程	18 m	同上
左坡度	10	同上
右坡度	10	同上
缺口堰系数	2.6	同上
溃堤形成的时间	1 h	同上
失效模式	管涌	同上
管道系数	0.5	
最初管道高程	18.0 m	
触发失效的位置	水位线高程(水深)	同上
导致溃堤的最小水深	22.0 m	同上

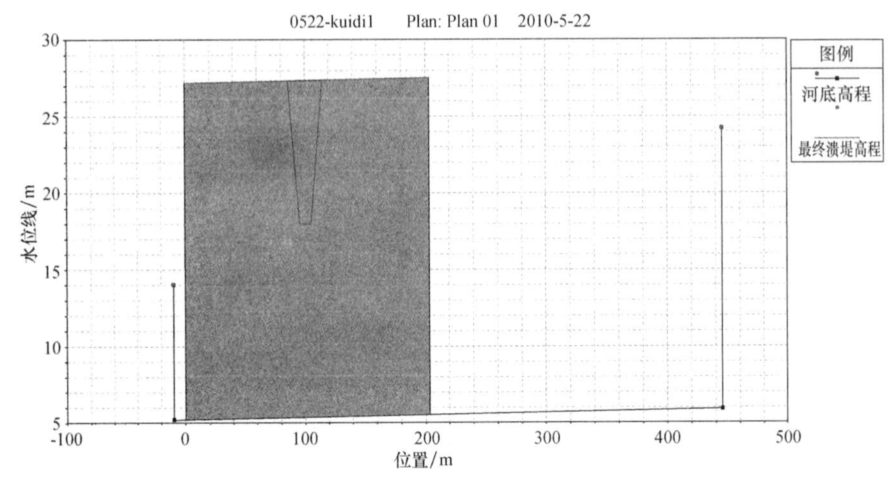

图 3-43 田家庵段堤坝溃堤失效时的几何剖面示意图

(4) 其他参数的输入。

① Manning 系数：左岸高滩地、主河道和右岸高滩地的 Manning 系数 n 取值分别为：0.03、0.035、0.04；

② 模拟时间段：1954 年 5 月 1 日 00：00 时刻—1954 年 5 月 3 日 24：00 时刻；

③ 计算间隔：1 h；

④ 收缩系数和扩张系数分别为：0.1 和 0.3；

⑤ 模拟类型：非恒定流模拟。

(5) 模拟成果。

① 河道横断面的最高水位线。淮河河网中 4 个河道横断面在 100 年一遇溃堤条件下于 1954 年 5 月 1 日 00：00、5 月 2 日 10：00、5 月 3 日 24：00 时刻模拟出的水位线如图3-44所示。

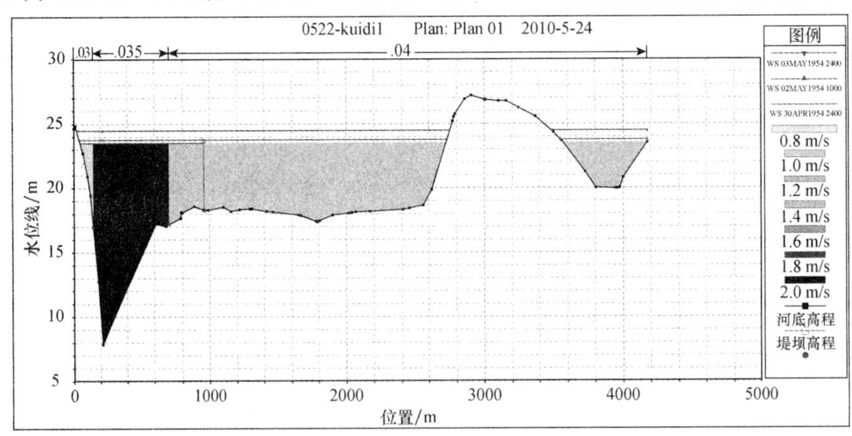

图 3-44 a 横断面在 100 年一遇洪水周期下的溃堤模拟水位图(b、c、d 横断面模拟图省略)

② 各个河段的全程纵剖面图。淮南市各个河段在100年一遇洪水周期下发生溃堤时，不同时刻对应的水面线、堤坝高程、左右滩地高程和河底线高程之间的相对位置关系如图3-45和3-46所示，这里选取的时刻与上述的三个时刻一致。

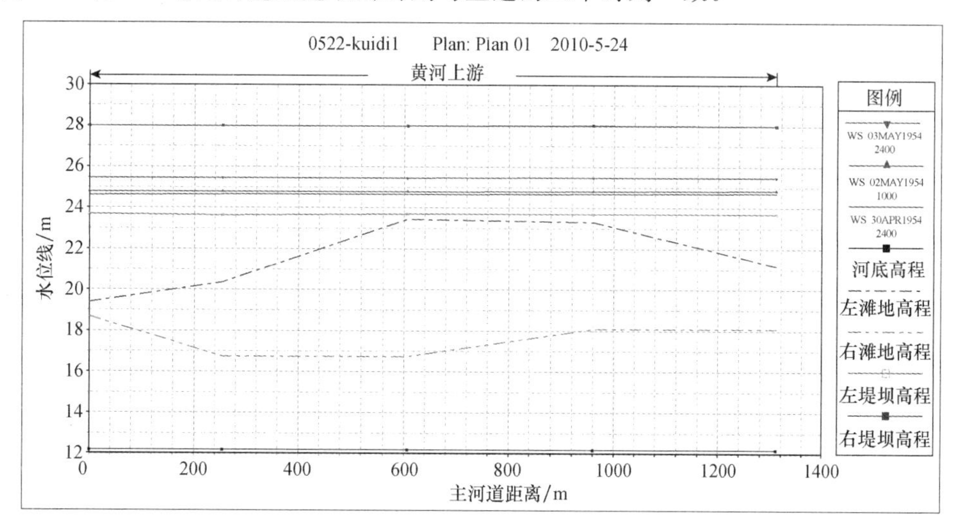

图 3-45 淮河河网河段1溃堤模拟下的全程纵剖面图

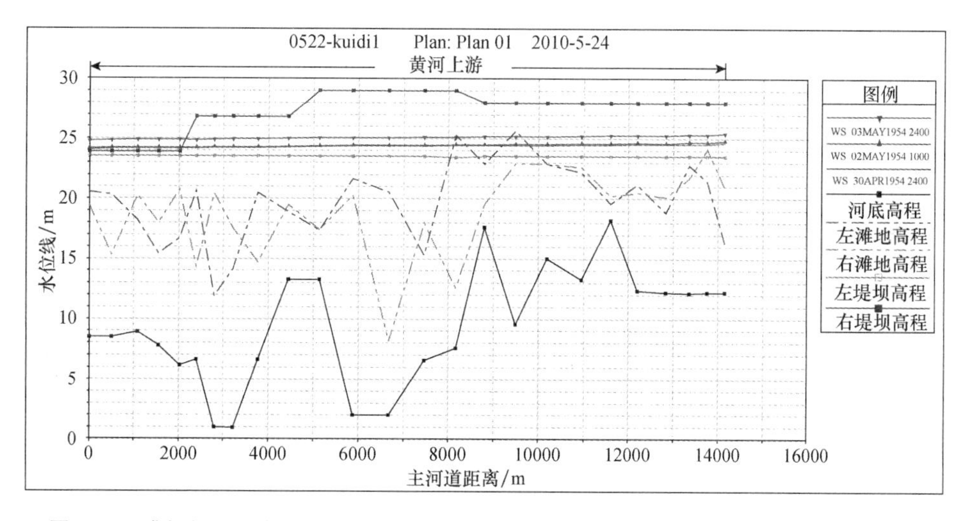

图 3-46 淮河河网河段2溃堤模拟下的全程纵剖面图河网(河段3～6溃堤模拟图省略)

③ 二维溃堤洪水淹没图。在ArcGIS环境中，通过GeoRAS模块将由HEC-RAS软件模拟出的非恒定流的溃堤数据导入到淮南市的DEM地形图中，生成不同100年一遇洪水周期下的二维溃堤洪水淹没示意图如图3-47所示。

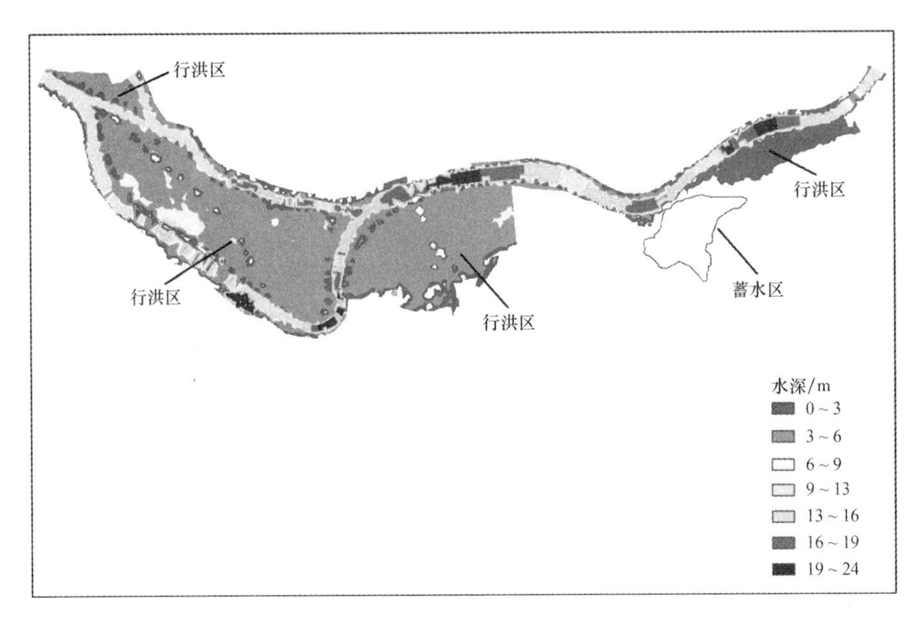

图 3-47　1954 年 5 月 1 号 00：00 时刻溃堤洪水模拟示意图

如图 3-48 和 3-49 所示，蓄水区内的阴影区域代表溃堤后的水流进入到蓄水区内，并随溃堤形成的过程在此区域内产生积水，从图中能清楚地看出溃堤发生后对溃堤以内的哪些区域产生重要影响，这为淮南市的防洪规划提出了新的要求。

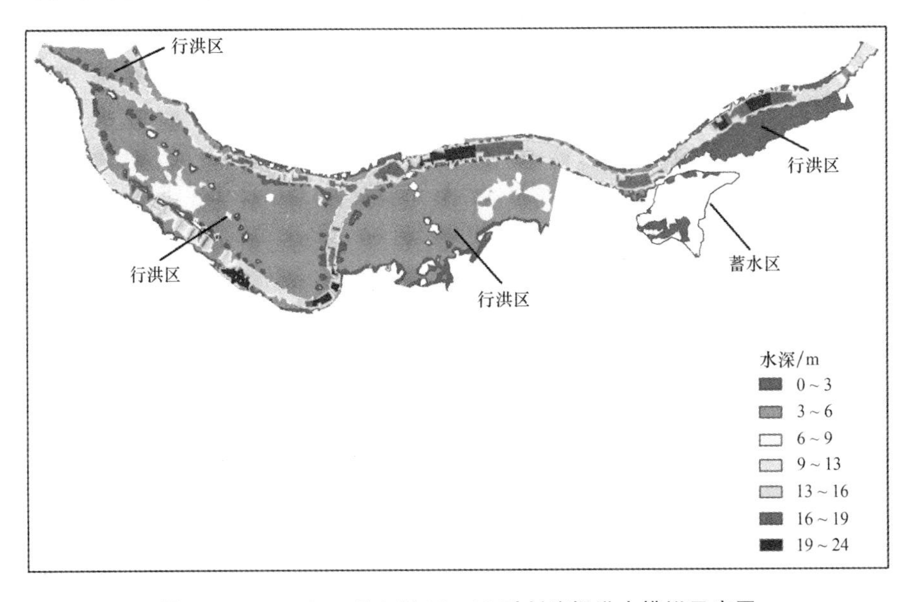

图 3-48　1954 年 5 月 2 号 10：00 时刻溃堤洪水模拟示意图

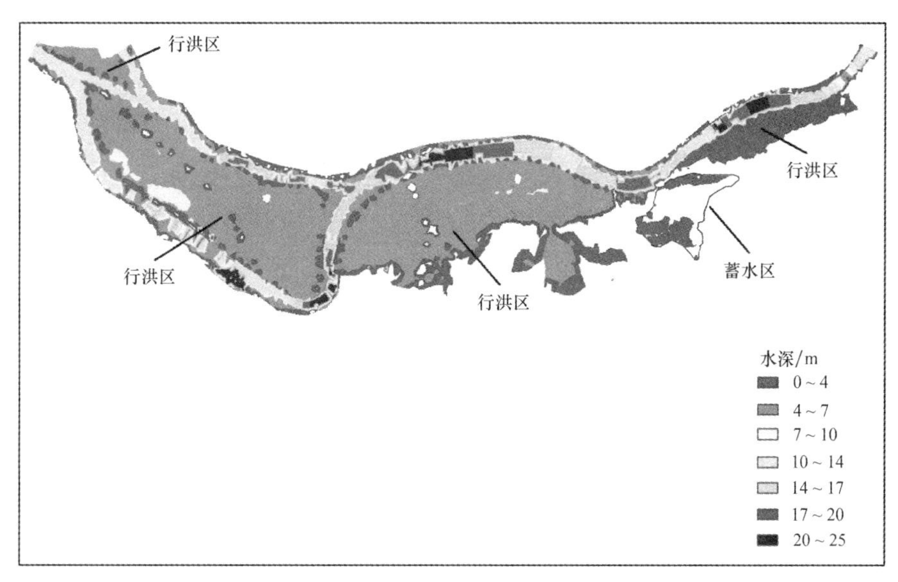

图 3-49 1954 年 5 月 3 号 24：00 时刻溃堤洪水模拟示意图

3.3 台风风暴潮灾害风险分析

台风风暴潮灾害是指严重扰乱一个社区或社会，造成超出其自身资源应对能力的广泛的人员、物资、经济或环境损失的台风风暴潮。利用台风风暴潮灾害风险指数(TS-DRI)对台风风暴潮灾害进行综合风险评价应考虑台风风暴潮灾害的危险性、脆弱性和暴露性 。台风风暴潮灾害的风险评价原理如图 3-50 所示。

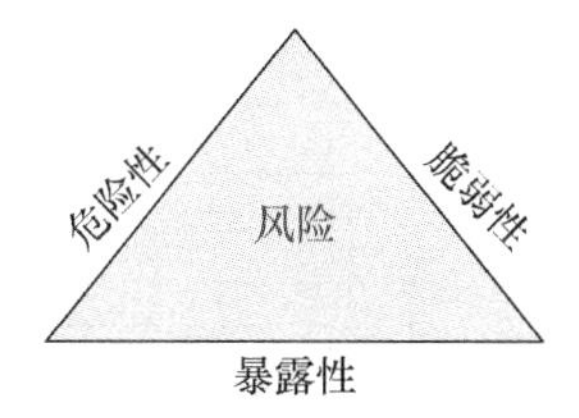

图 3-50 台风风暴潮灾害风险评价原理

台风风暴潮灾害风险是指台风风暴潮在特定时间内对处于危险的元素造成有害后果或预期损失的概率。台风风暴潮灾害风险可用下面公式表示：

台风风暴潮灾害风险＝危险性×脆弱性×暴露性

危险性是指可能导致生命损失或伤害、财产损失、社会和经济混乱、环境退化的潜在的破坏性的物理事件、现象或人类活动。

脆弱性代表暴露实体如何受台风风暴潮影响。人员的脆弱性是指使个人或群体受台风风暴潮影响而受伤、死亡、流离失所、日常生活受到破坏的特征，或者是可以恢复其受到影响的特征。

暴露性是指台风风暴潮时暴露于灾害中且受到不利影响的人员数量、建筑或活动的价值。

3.3.1 台风风暴潮灾害风险指数评价

为了对台风风暴潮灾害的风险进行综合评价，本书引入台风风暴潮灾害风险指数(Typhoon Storm Surge Disaster Risk Index，TSDRI)的概念。TSDRI 类似于生活质量指数，但不同于生活质量指数反映各地区的相对生活质量水平，TSDRI 反映的是各区域的台风风暴潮灾害风险相对水平。

TSDRI 可以帮助各级政府机构：① 进行资源配置；② 进行高层规划决策；③ 提高公众对台风风暴潮风险、产生原因、风险管理方式的了解。TSDRI 易于评估和理解，可以整体(即考虑所有相关因素)明确地提供有关台风风暴潮风险的具体原因。

综合考虑台风风暴潮灾害的危险性、脆弱性和暴露性，需构建台风风暴潮灾害的风险评价指标体系。其中危险性选取的参数为台风风暴潮灾害的发生频率和影响程度；脆弱性选取的参数为台风风暴潮的因灾死亡率、影响范围、经济损失和社会影响等级；暴露性选取的参数为经济密度、建筑密度和人口密度。台风风暴潮灾害的风险评价流程图如 3-51 所示。

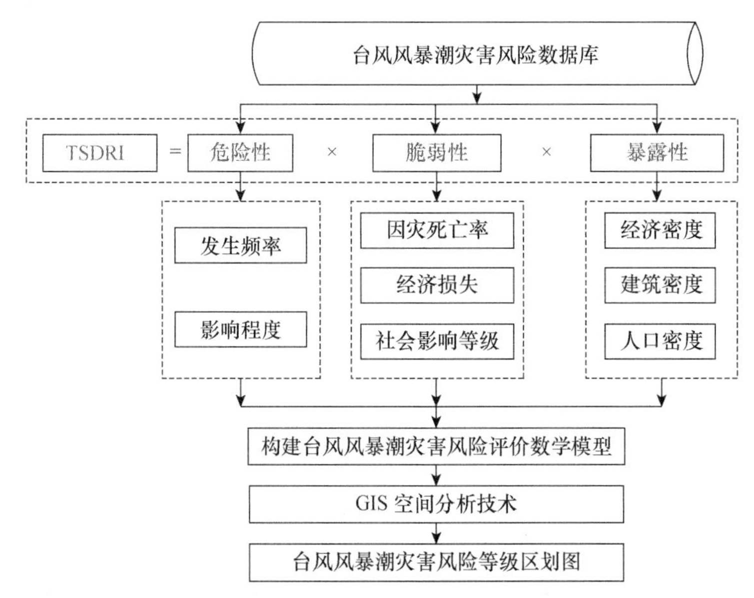

图 3-51 台风风暴潮灾害风险评价流程图

1. 台风风暴潮灾害风险评价数学模型

本研究采用的台风风暴潮灾害风险评价数学模型为

$$TSDRI = (H^{W_H})(V^{W_V})(E^{W_E}), \tag{3-36}$$

式中，$TSDRI$ 为台风风暴潮灾害风险指数；H 为台风风暴潮危险性指数；V 为台风风暴潮脆弱性指数；E 为台风风暴潮暴露性指数；W_H、W_V、W_E 分别为危险性、脆弱性和暴露性的权重。H、V、E 由下面公式计算得出：

$$(H,V,E) = \sum_{i=1}^{n} D_{ij} W_i, \tag{3-37}$$

式中，D_{ij} 为因子 j 对应指标 i 的归一化值；W_i 为指标 i 的权重，n 为指标数。

2. 评价指标的归一化处理

不同量纲的原始数据需要进行标准化处理，从而统一评价标准（每个指标值在 0～1 之间）。原始数据的标准化处理通过极值标准化法进行。将所有指标的原始值按照正向指标与逆向指标采用下列公式进行处理，其中正向指标表示指标值越高风险越大，逆向指标表示指标值越高风险越小。

对于正向指标：

$$y_{ij} = x_{ij} / \max(x_{ij}) ;$$

对于逆向指标：

$$y_{ij} = \min(x_{ij}) / x_{ij} ;$$

式中，x_{ij}，y_{ij} 分别为指标的原始值和标准值。$\max(x_{ij})$ 是该指标中的最大值，$\min(y_{ij})$ 是该指标中的最小值。

3. 评价指标的权重计算

权重是衡量各项指标和准则层对其目标层贡献度大小的物理量。本部分采用层次分析法（AHP）和德尔菲法相结合的方法来确定各评价指标的权重。

矩阵中不同元素间的比较，根据 T. L. Saty 的 1～9 标度方法进行打分，根据重要程度不同而赋予不同的分值，各标度的含义如表 3-45 所示。

表 3-45 判断矩阵各元素的 1～9 标度方法

标度	含 义
1	两个元素重要度相同
3	其中一个元素比另一个元素稍微重要/有优势
5	其中一个元素比另一个元素比较重要/有优势
7	其中一个元素比另一个元素十分重要/有优势
9	其中一个元素比另一个元素绝对重要/有优势
2,4,6,8	介于上面两个相邻判断值的中间
倒数	若 i 与 j 的判断值为 a_{ij}，则 j 与 i 的判断值为 $1/a_{ij}$

3.3.2 台风风暴潮灾害分析案例

1. 研究区域概况

本部分以浙江省沿海为例，对台风风暴潮灾害的风险进行综合评价。浙江省位于我国东南沿海，海岸线长，受太平洋西行台风影响频繁，易引发台风风暴潮。近年来，随着人口密度的不断增大和经济发展的不断加快，台风风暴潮灾害的影响越来越受到人们的关注和重视。研究区域主要包括嘉兴市、杭州市、绍兴市和台州市的部分地区以及宁波市、舟山市和温州市全部地区，将研究区域分为七个分区，以进行台风风暴潮灾害风险的空间分析。

2. 评价指标权重的计算

(1) 台风风暴潮风险 。

评价指标权重如表 3-46 所示，判断矩阵一致性比例：0.0000；对总目标的权重：1.0000；lambda_{max}：3.0000。

表 3-46　评价指标权重

台风风暴潮风险	危险性	脆弱性	暴露性	W_i
危险性	1.0000	0.6703	1.8221	0.3289
脆弱性	1.4918	1.0000	2.7183	0.4906
暴露性	0.5488	0.3679	1.0000	0.1805

(2) 危险性。

评价指标危险性权重如表 3-47 所示，判断矩阵一致性比例：0.0000；对总目标的权重：0.3289；lambda_{max}：2.0000。

表 3-47　危险性权重

危险性	发生频率	影响程度	W_i
发生频率	1.0000	0.3679	0.2689
影响程度	2.7183	1.0000	0.7311

(3) 脆弱性。

评价指标脆弱性权重如表 3-48 所示，判断矩阵一致性比例：0.0043；对总目标的权重：0.4906；lambda_{max}：3.0044。

表 3-48　脆弱性权重

脆弱性	因灾死亡率	经济损失	社会影响等级	W_i
因灾死亡率	1.0000	1.8221	1.4918	0.4484
经济损失	0.5488	1.0000	0.6703	0.2302
社会影响等级	0.6703	1.4918	1.0000	0.3213

(4) 暴露性。

评价指标暴露性权重如表 3-49 所示,判断矩阵一致性比例:0.0688;对总目标的权重:0.1805;lambda_{max}:3.0715。

表 3-49 暴露性权重

暴露性	经济密度	建筑密度	人口密度	W_i
经济密度	1.0000	1.4918	0.4493	0.2793
建筑密度	0.6703	1.0000	0.6703	0.2445
人口密度	2.2255	1.4918	1.0000	0.4762

从上面计算过程可以看出,判断矩阵的一致性比例均小于 0.1,说明计算过程中层次排序的结果具有较好的一致性。

浙江省台风风暴潮灾害风险评价的指标权重如表 3-50 所示。

表 3-50 浙江省台风风暴潮灾害风险评价指标权重

目标层	权重	准则层	权重	方案层	权重
台风风暴潮灾害风险	1.000	危险性	0.3289	发生频率	0.2689
				影响程度	0.7311
		脆弱性	0.4906	因灾死亡率	0.4484
				经济损失	0.2302
				社会影响等级	0.3213
		暴露性	0.1805	经济密度	0.2793
				建筑密度	0.2445
				人口密度	0.4762

3. 评价指标原始值及标准化

本研究根据《热带气旋年鉴》和《浙江统计年鉴》(2010)中的相关数据,对各评价指标赋值并进行归一化处理。在 ArcGIS 9.3 软件中对各评价指标进行可视化。

(1) 危险性指标。

表 3-51 和表 3-52 分别为研究区域危险性指标的原始值和标准值。由于某些指标没有确切的数据,因此将其分为 5 个等级,分别用分值 1~5 表示。分值越大,表明相应的指标等级越高。

表 3-51 研究区域危险性指标原始值

分区名称	发生频率	影响程度
嘉兴分区	1	2
杭州分区	3	3
绍兴分区	2	1
宁波分区	4	3

续表

分区名称	发生频率	影响程度
台州分区	5	4
温州分区	4	4
舟山分区	4	5

表 3-52 研究区域危险性指标标准值

分区名称	发生频率	影响程度
嘉兴分区	0.2	0.4
杭州分区	0.6	0.6
绍兴分区	0.4	0.2
宁波分区	0.8	0.6
台州分区	1	0.8
温州分区	0.8	0.8
舟山分区	0.8	1

指标值越大表示台风风暴潮灾害的危险性越大。台风风暴潮灾害发生频率较高，对当地的影响越大，则该区域的台风风暴潮危险性越大。

(2) 脆弱性指标。

指标值越大表示台风风暴潮灾害的脆弱性越大。由于人口、经济、社会等原因，脆弱性越大，则该地区在台风风暴潮灾害时造成的人员和财产损失也越大。

(3) 暴露性指标

指标值越大表示暴露性越大。可以看出，人口和经济密度大、经济比较发达的杭州和温州等地区的台风风暴潮灾害暴露性比较大。

4. 台风风暴潮灾害风险指数(TSDRI)计算

利用 GIS 中的空间分析功能，根据式(3-36)和式(3-37)分别计算出各区域的危险性、脆弱性和暴露性指数后，可计算台风风暴潮灾害风险指数(TSDRI)，计算结果如表 3-53 所示。

表 3-53 研究区域台风风暴潮灾害风险指数(TSDRI)值

分区名称	危险性	脆弱性	暴露性	TSDRI
嘉兴分区	0.34622	0.51026	0.55827361	0.456501
杭州分区	0.6	0.5491	1	0.629951
绍兴分区	0.25378	0.51026	0.499551 5	0.403982
宁波分区	0.65378	0.71024	0.4929744	0.647068
台州分区	0.85378	0.64598	0.48300523	0.671841
温州分区	0.8	0.93564	0.62257963	0.825666
舟山分区	0.94622	0.57932	0.41294765	0.640414

风险指标值越大表示台风风暴潮灾害风险越高。可以看出,浙江沿海地区台风风暴潮灾害风险相对最严重的是温州分区,其次为沿海的台州和宁波分区。

通过对研究区域的台风风暴潮灾害风险进行比较分析,可以为当地决策部门分配应对台风风暴潮灾害的资源、相关的高层规划提供参考和依据。

上述理论分析可知:台风风暴潮灾害的风险受各种各样因素的影响,包括气象、工程、应急管理、社会经济以及灾害成因和物理因素的影响等。台风风暴潮灾害的风险评价需要综合考虑这些因素,从而通过对不同区域台风风暴潮灾害风险的对比,为决策部门的资源配置和高层规划提供参考,并提高公众对台风风暴潮灾害的认识。

3.3.3 台风风暴潮灾害海水入侵影响预测

台风风暴潮灾害是我国海洋灾害之首,对台风风暴潮进行准确地预测,得出其影响范围和程度,确定疏散范围和人口,可以为台风风暴潮灾害的风险评价提供依据,为台风风暴潮的应急交通疏散构建疏散情景,对沿海城市的防灾和风暴潮预警具有重要的意义。

本部分采用地表水模拟系统(Surface Water Modeling System,SMS)中的 ADCIRC (ADvanced CIRCulation Multi-dimensional Hydrodynamic Model)模块对台风风暴潮的淹没范围和深度进行预测。

SMS 是美国陆军工程兵水利工程实验室(United States Army Corps of Engineers Hydraulics Laboratory)、美国联邦公路管理署(FHWA)和扬·伯明翰大学(Brigham Young University)等合作开发的商业软件,可以对一维、二维和三维的水动力学进行综合模拟。SMS 包括了地表水建模和设计的前处理和后处理程序以及二维有限元、二维有限差分法、三维有限元建模工具,支持的模块包括 RMA2、RMA4、ADCIRC、CGWAVE、STWAVE、BOUSS2D、CMS-Flow、CMS-Wave 和 GENESIS 等。SMS 中的数值模型适用于地表水模拟中的各种问题,主要的应用包括浅水流动问题中的水面海拔和流速计算,包括稳态或动态条件下。其他的应用包括污染物迁移、海水侵蚀、沉淀物迁移(冲刷和沉积)、波能量扩散、波浪性质(方向、大小和振幅)等。

ADCIRC 是一个深度集成的、随长波变化的水动力循环模型,它的计算域包括深海、大陆架、沿海、小型河口。ADCIRC 的有限元算法使用高度灵活的、非结构网格,可以解决二维和三维的随时间变化的表面自由流和迁移问题。典型的 ADCIRC 应用包括:① 模拟潮汐和风力驱动的循环;② 分析台风(飓风)风暴潮和洪水;③ 疏浚工程的可行性和材料处理研究;④ 幼虫迁移研究;⑤ 近岸海洋操作。

ADCIRC 的工作流程如图 3-52 所示:

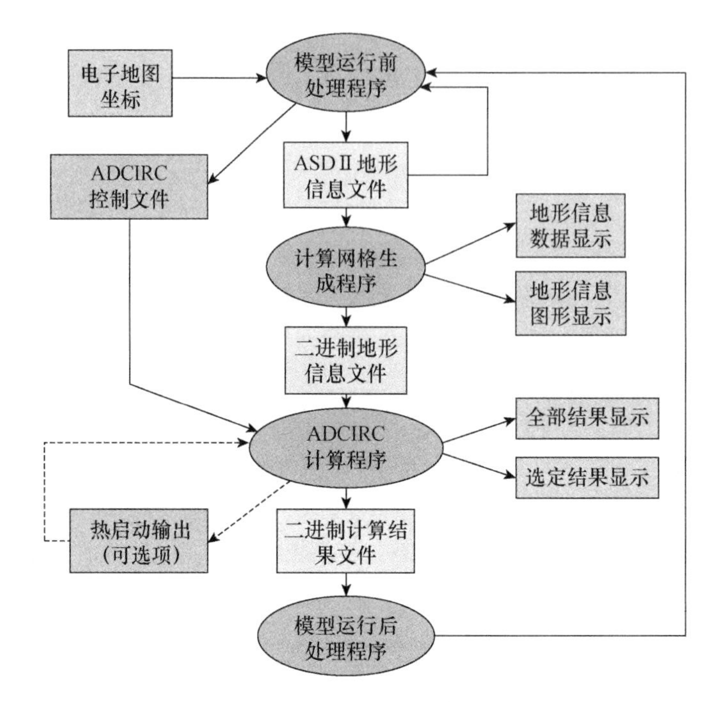

图 3-52 ADCIRC 工作流程

3.3.4 台风风暴潮灾害海水入侵影响预测案例

本文以浙江省台州市为例，利用 ADCIRC 对其台风风暴潮的淹没范围和深度进行淹没分析。台州市位于台风灾害多发的沿海地区，人口密集，经济密度集中，受台风风暴潮灾害影响严重。对发生台风时的风暴潮进行预测，可以为台州市的台风防灾和风暴潮预警提供参考和依据。

1. 研究区域地理位置

台州市位于多条河流的入海口处，海岸线较长，形成了易受台风风暴潮影响的台州湾。

2. DEM 数据的获取

2009 年 6 月 30 日，美国航天局(National Aeronautics and Space Administration, NASA)与日本经济产业省(Ministry of Economy, Trade and Industry, METI)共同推出了最新的地球电子地形数据 ASTER GDEM(先进星载热发射和反射辐射全球数字高程模型)，NASA 2009 最新放出的全球 DEM 数据，是第三次全球范围内的 DEM 数据产品。ASTER 测绘数据覆盖范围为北纬 83°到南纬 83°之间的所有陆地区域，比以往任何地形图都要广得多，达到了地球陆地表面的 99%。此前，最完整的地形数据是由 NASA 的航天飞机雷达地形测绘任务 SRTM 提供的，它对北纬 60°和南纬 57°间地球 80%的陆地进行了测绘。ASTER 采样精度达到了 30m，之前的 SRTM 3 精度为 90m，空间分辨率提高了 3 倍，海拔精度为 7～14 米，已经达到了很高的精度。ASTER GDEM 与其他 DEM 数的对比如表 3-54 所示。

表 3-54 ASTER GDEM 与其他 DEM 数据对比

	ASTER GDEM	SRTM3 *	GTOPO30 * *	10 m 栅格数字高程数据
数据来源	ASTER	航天飞机雷达	世界各地有 DEM 数据的组织	1∶25 000 地形图
发布机构	METI/NASA	NASA/USGS	USGS	GSI
最新版本年份	2011	2003	1996	2008
数据获取时间	2000 ～ 继续	11 days (in 2000)		
像元大小	30 m	90 m	1 000 m	约 10 m
DEM 垂直精度	7～14 m	10 m	30 m	5 m
数据覆盖范围	北纬 83 度 ～ 南纬 83 度	北纬 60 度 ～ 南纬 56 度	全球	仅日本
缺少数据区域	由于连续云层覆盖而没有 ASTER 数据的地区	地势陡峭地区（由于雷达特点）	无	无

ASTER GDEM 基本的单元按 1°×1°分片。每个 GDEM 分片包含两个压缩文件，一个数字高程模型文件和一个质量评估文件。都是 3601×3601 像素的 16bit 的 tif 格式文件。

从 NASA 下载得到台州地区的 ASTER GDEM 数据，并用 Global Mapper 软件打开。

3. 研究区域网格划分

ADCIRC 运行是以网格单元为处理单元，从 NASA 下载的 ASTER GDEM 数据需要在 Global Mapper 和 SMS10.1 进行地形数据的预处理。在 Global Mapper 里导出研究区域地形的三维坐标数据文件 *.xyz，导入 SMS10.1 并进行网格划分，生成非结构三角网格。

4. 输入参数获取

本研究选取第 14 号强台风“云娜”，利用其相关数据作为 ADCIRC 的输入参数，对台州市的台风风暴潮进行预测研究。

8 月 12 日至 13 日，第 14 号强台风“云娜”正面袭击浙江省。浙江省中部沿海普遍出现 100～300 cm 的风暴潮，最大增水发生在浙江省海门站，达 350 cm，超过当地警戒潮位 182 cm，并出现历史第二高潮位(742 cm)。健跳站最大增水 236 cm，最高潮位达 630 cm，超过当地警戒潮位 50 cm。台风“云娜”造成的灾情和损失如表 3-55 所示。

表 3-55　台风“云娜”灾情表

受灾地区	受灾人口/万人	受灾面积/千公顷	死亡/人	受伤/人	倒塌房屋/万间	损坏房屋/万间	直接经济损失/亿元
浙江	1299.0	391.0	164		6.4	18.40	181.30
福建	112.5	120.0					10.70
上海	0.2						0.01
江苏			1				
江西	171.0	80.6		168	0.09	1.57	2.49
安徽	15.7	7.0	1		0.06	0.19	1.10
湖北	196.0	125.0	2	127	0.37	0.70	3.80
河南	24.0	17.0			0.40	0.40	2.00
合计	1818.2	740.8	168	295	7.32	21.26	201.40

根据台风中心的变化，表 3-56 总结了台风中心在各个时间点的风力和风速。这些数据将用于 ADCIRC 中风力参数的输入。

表 3-56　“云娜”中心风力及风速变化表

台风名称	时间	中心风力	风速(m/s)
云娜	2004-8-8 14：00	8 级	20
	2004-8-8 20：00	8 级	20
	2004-8-9 08：00	9 级	23
	2004-8-10 08：00	10 级	28
	2004-8-10 11：00	10 级	28
	2004-8-10 14：00	11 级	30
	2004-8-10 17：00	11 级	30
	2004-8-10 20：00	11 级	30
	2004-8-10 23：00	11 级	30
	2004-8-11 02：00	12 级	33
	2004-8-11 23：00	13 级	40
	2004-8-12 11：00	14 级	45
	2004-8-12 14：00	14 级	45
	2004-8-12 17：00	14 级	45
	2004-8-12 20：00	14 级	45
	2004-8-12 23：00	12 级	35
	2004-8-13 17：00	7 级	16
	2004-8-13 20：00	7 级	16
	…	…	…

5. 台风风暴潮影响预测

在SMS中对研究区域进行建模和网格化后,输入风场、气压场、潮汐等数据,运行ADCIRC,得出台州地区在台风风暴潮时的淹没范围和深度,根据统计数据得出的台风“云娜”造成的风暴潮实际淹没的大致范围。

根据模拟得出的台风风暴潮淹没区域和统计的淹没区域大致相当,说明利用ADCIRC对台风风暴潮灾害的影响进行预测具有较好的适用性。本书选取了淹没深度超过1 m的区域进行可视化,是因为淹没超过1 m将对当地的人员正常生活造成严重影响,需要对这些淹没区域的人员进行提前疏散。根据模拟图,沿海地区和地势较低洼的地区受台风风暴潮灾害的影响较大,应进行重点防护,对这些地区的防潮工程进行加固,并制定疏散预案提前将这些地区的人员疏散到安全区域。

4 风险可接受水平及规划目标

风险可接受水平的确定是一个复杂的决策过程，需要管理者、科研人员、企业和土地开发商等利益相关部门共同参与来制定符合各方利益的标准。

风险可接受原则（As Low As Reasonably Practicable，ALARA），主要考虑包括系统、环境和物质风险的累积。理论上可以采取无限的措施来降低风险至无限低的水平，但无限的措施意味着无限多的花费。因此判断风险是否合理可接受也就是公众认为“不值得花费更多”来进一步降低风险。

风险可接受水平并不是一个简单的数值，而是一个风险管理的综合体系。风险可接受水平将从个人、社会和经济三个方面来考虑。这三个方面侧重点不同，相互之间存在着一定的联系。个人风险可接受水平是风险可接受体系的基础；社会风险可接受水平在这一基础上增加考虑了风险的社会性和规模性；经济风险可接受水平从经济的角度出发，用货币化的观点来度量风险的可接受性。

在风险可接受水平的确定过程中，考虑到所涉及的不同人员需要对应不同的风险水平，因此对风险可接受对象进行分类，如表 4-1 所示。

表 4-1　风险可接受对象分类

人员类型	人员组成
第一类群体	操作、检查和维持管道和场站的人员
第二类群体	访问管道和场站区域设备的人员
第三类群体	生活和工作在场站邻近区域的人员或者场站周围的参观和访问人群

4.1　个人风险可接受水平

在个人风险可接受水平的确定过程中，应当考虑以下三个方面的因素：① 个人风险控制的成本；② 风险控制行为的收益；③ 对危险设施周边土地实施开发所减少的收益。

现存一些可选择的方法来确定个人风险可接受水平：

（1）与现有数据进行比较，根据历史数据给出历史平均风险水平；

（2）与通过风险分析计算出来的风险水平进行比较；

（3）与个人一般风险、其他行业风险和自然灾害风险进行比较。

第一种方法需要大量的事故统计数据，第二种方法需要实施定量的风险计算，而第三种方法仅需要个人一般风险、其他行业风险和自然灾害风险的相关数据。有关个人风险对应事故的统计数据较多，对个体实施风险分析也较为容易，但是如果对大量的个体进行分析存在较大困难。同时没有必要实施过于精确的风险计算。

4.1.1 根据事故统计数据得出风险可接受水平

确定风险可接受水平过程中最小的组成部分是个人风险可接受水平的确定。通常认为实际上并不存在统一的个人风险可接受标准，个体可根据自己关于风险的认识和活动的收益确定风险的可接受范围，而通常所设定的风险可接受标准针对的是那些“非自发”的、个体无法控制的风险。由于对这一过程实施定量评估存在困难，因此观察事故统计数据中表现出来的偏好模式更为可行。事实上与各种工业行为相关联的实际个人风险水平通常表现出统计稳定性，在危险的工业活动中，发生事故导致死亡的概率比日常生活要高很多。特别是石油天然气这样的行业存在相当高的风险，因此只有在工人的自愿度达到一定程度时，从事这一行业的工作才认为是可以接受的。通过对事故伤亡人数和原因的统计数据得出的可接受个人风险的确定方法见下式：

$$IR \leqslant \beta_i \cdot 10^{-4}, \tag{4-1}$$

式中，β_i 表示针对某一行业、部门或者场景的意愿因子；i 表示所针对的相关行业、部门或者场景；10^{-4} 表示人员死于一次偶然事故的正常风险值；IR 表示可接受的个人风险值。

对于无法计算个人风险的情况下，可以从死亡概率的角度考虑风险可接受水平，按下式计算：

$$P_{fi} \leqslant \frac{\beta_i \cdot 10^{-4}}{P_{d/fi}} \tag{4-2}$$

式中，P_{fi} 表示可接受的年死亡概率；$P_{d/fi}$ 表示假定事故发生情况下导致个人死亡的条件概率；意愿因子 β_i 随着自愿度的不同而改变，其取值从 100，完全自愿的选择，到 0.01，强加的同时没有任何利益的风险。

对意愿因子 β_i 的取值是一项极为复杂的工作，由于不同地域经济和社会发展水平不同，在面对相同的风险时，个人对其可接受水平不同。我们认为风险可接受水平与经济和社会发展程度成正相关。经济和社会发展水平越高，个人对非自愿风险的可接受程度越低，而对偏好行为造成风险的可接受程度越高。目前普遍采用的意愿因子 β_i 的取值如表 4-2 所示。

表 4-2　意愿因子、自愿度与收益的关系

β_i	自愿度	收益
100	完全自愿	直接收益
10	自愿	直接收益
1	中立	直接收益
0.1	非自愿	间接收益
0.01	非自愿	无收益

这里的直接收益指从事个人偏好的行为所带来的收益，比如登山等；间接收益指从事某种较高风险的行为而带来的较高收益，比如石油天然气行业等；无收益指从事某种行为风险过高，其成本等于或者超过了个人所获得的收益。在考虑间接收益或者无收益情况时，需要根据不同行业或者工业活动来确定其所对应的意愿因子 β_i。

对于第一、二类群体，其个人可接受风险水平应当是不同的。第一类群体由于长期工作在危险环境之中，在考虑其风险水平时需要针对日常的危险工艺过程；而第二类群体只在有限的时间内处于危险环境之中，日常的危险工艺过程对其风险水平影响不大，其只需考虑重大事故的影响。对于第三类群体，其生活在危险设施周边，也长期处于危险环境之中。相比于第一类群体，其并未从行业中获得收益，因此其对风险的可接受程度最低，相应的风险可接受水平也最为严格。

对于以上三类人群的风险可接受水平体现在意愿因子 β_i 上。对于第一、二类群体来说，意愿因子 β_i 的取值应当位于[0.01, 0.1]的区间之内；对于第三类群体，意愿因子的取值应为 0.01。

[例] 对第一类群体，意愿因子 β_i 取值为 0.1；对第二类群体，意愿因子 β_i 取值为 0.05；对第三类群体，意愿因子 β_i 取值为 0.01。

按上述意愿因子取值，得到不同群体的个人可接受风险水平为：

(1) 对于第一类群体，个人可接受风险 $IR \leqslant 1\times10^{-5}$；

(2) 对于第二类群体，个人可接受风险 $IR \leqslant 5\times10^{-6}$；

(3) 对于第三类群体，个人可接受风险 $IR \leqslant 1\times10^{-6}$；

假定我国油气管道事故造成的年个人死亡概率为 10^{-2}，计算得油气管道行业可接受的死亡概率为：

(1) 对于第一类群体，可接受的死亡概率 $P_{fi} \leqslant 1\times10^{-3}$；

(2) 对于第二类群体，可接受的死亡概率 $P_{fi} \leqslant 5\times10^{-4}$；

(3) 对于第三类群体，可接受的死亡概率 $P_{fi} \leqslant 1\times10^{-4}$。

4.1.2　根据其他国家和行业风险标准确定风险可接受水平

个人风险可接受水平可以参考其他国家行业的风险水平来设定。如表 4-3 所示，以石油和天然气行业为例，其风险水平为 10^{-3}/年，远高于所有工业行业的平均风险水平为

1.8×10^{-5}/年，可以将工业平均风险水平作为石油天然气行业的风险可接受水平的目标值。

表 4-3 国外行业平均年个人风险

行　业	年个人风险($\times10^{-5}$)
石油和天然气	100.0
农业	7.9
林业	15.0
深海捕鱼业	84.0
能源行业	2.5
冶金行业	5.5
化工行业	2.1
机械制造	1.9
电子行业	0.8
建造业	10.0
铁路行业	9.6
制造业	1.9
服务业	0.7
工业平均值	1.8

在确定个人可接受风险水平时，我国其他人为和自然灾害的风险水平也具有重要参考意义。如表 4-4 所示，道路交通事故的年平均死亡率值为 10^{-5}，火灾的年平均风险值为 10^{-6}，而自然灾害的年平均风险值为 10^{-7}～10^{-8}之间。

表 4-4 我国人为和自然灾害年平均死亡率

灾害类型	年平均死亡率
道路交通事故	10^{-5}
火灾	10^{-6}
风雹	10^{-8}
洪涝灾害	10^{-7}
台风	10^{-7}
地震	10^{-8}

参考表 4-4，可以得到三种制定个人风险标准的方式：

(1) 针对不同风险对象群体制定不同标准；

(2) 针对现有和新建设施制定不同标准；

(3) 针对不同风险区域制定不同标准。

西方国家的个人风险标准如表 4-5 所示，

表 4-5　西方国家的个人风险标准

标准制定方	描　述	标准/年度
英国 HSE	工人最大可忍受风险	10^{-3}
	公众最大可忍受风险	10^{-4}
	广泛可接受风险	10^{-6}
	可忽略风险	10^{-7}
荷兰 VROM	现有设施的最大可忍受标准	10^{-5}
	新建设施的最大可忍受标准	10^{-6}
澳大利亚	敏感行业(医院、学校等)	5×10^{-7}
	住宅区域	1×10^{-6}
	非工业区域(包括商业办公建筑、运动设施和露天活动场所)	1×10^{-5}
	工业区域	5×10^{-5}

根据个人风险的特点，第一种风险标准的制定方式最为可行，实施也最为容易；第二种方式可以作为第一种方法的补充，用来指导风险的控制与减缓；第三种方式实施最为困难，可行性较差。考虑到我国的实际情况，我们采用第一种方式作为主要标准形式，而第二种方式作为辅助形式。

综合上述数据，工业平均年个人风险值约为 2×10^{-5}/年，将死亡率基数定义在 10^{-4}/年，这一风险值对于从事危险行业的人员认为是最大可忍受的或者是不可接受的，所设定的标准不能超过这一数值。

考虑通过式(4-1)计算得到的数值，可以将 10^{-5} 这一数量级设定为第一、二类群体的风险不可接受值。对于第三类群体，由于其与行业并非直接利益相关，因此针对这一类群体制定的标准应当符合公众认可的标准。相比于其他事故风险水平，所属行业对第三类群体的风险不应该高于这一数值，因此可以将 10^{-6} 设定为第三类群体的不可接受风险值。一般自然灾害造成的风险通常认为是广泛可接受的，因此可以将 10^{-7} 设定为三类群体的广泛可接受风险值。对于地震这样的极端自然灾害造成的风险通常认为是可忽略的，因此可以将 10^{-8} 设定为三类群体的可忽略值。如表 4-6 所示。

表 4-6　现有设备的个人风险可接受水平建议值

风险值/年	第一类群体	第二类群体	第三类群体
不可接受风险值	10^{-5}	5×10^{-6}	10^{-6}
广泛可接受风险值	10^{-7}	10^{-7}	10^{-7}
可忽略风险值	10^{-8}	10^{-8}	10^{-8}

对低于不可接受风险高于可忽略风险，即位于 ALARP 区域的风险水平，需要采取符合成本-收益分析的风险减缓措施。

对新建设备应当建立一个更符合安全管理的目标，通常当前工业的平均风险水平如表4-7所示。

表4-7 新建设备的个人风险可接受水平目标值

对象类型	风险值/年
不可接受风险标准	10^{-6}
广泛可接受风险标准	10^{-7}
可忽略风险标准	10^{-8}

4.2 社会风险可接受水平

在社会风险可接受水平的确定过程中，应当考虑以下三个方面的因素：① 对可能影响大量人数事件实施控制的成本；② 场站风险控制行为的收益；③ 对危险设施周边土地实施开发所减少的收益。

现存一些可选择的方法来确定可接受风险水平：

(1) 与现有数据进行比较，根据历史数据给出历史平均风险水平；

(2) 与通过风险分析估计出来的风险水平进行比较；

(3) 与其他国家社会风险标准进行比较。

第一种方法需要大量的事故统计数据，第二种方法需要实施定量的风险计算，而第三种方法仅需要社会一般风险的相关数据。虽然第三种方法可行性较好，且实施起来较为容易，但是其准确性和可信度也较低。对于石油天然气行业，对其进行风险分析成本较高，同时由于相应的社会风险标准并不要求极为精确，因此不建议采用这一方法。

综合以上考虑，采用根据现有事故统计初步确定社会风险标准，再将其与其他国家社会风险标准对比来进一步确定的方法，这样可以保证研究对象的风险水平和其他国家的社会风险标准保持一致。

4.2.1 根据事故统计数据得出风险可接受水平

社会风险可接受水平的确定开始于事故统计数据反映成本-收益评估的社会过程结果的假设。如果这些数据显示出某些偏好，那么可以通过这些数据得到相应的风险可接受水平。为了确定生产活动中的风险可接受水平，应将其建立在由非自愿行动造成的死亡概率的基础上，而不是建立在处于可接受水平边缘的事故伤亡人数之上。基于以上分析，可以得到确定社会风险可接受水平的方法。

在没有风险规避的情况下，根据事故统计数据得到生命损失可接受水平，按下式计算：

$$P_{fi}N_{pi}P_{d/fi}<\beta_i MF, \tag{4-3}$$

式中，N_{pi} 表示从事某一行业或部门的人员数量；MF 为增值因子，体现不同群体特征对某一行业、部门或现场风险可接受水平的影响。

上式表明，某一行业、部门或现场的年死亡人数小于 $\beta_i MF$ 时，这种程度的生命损失是可以接受的。

增值因子 MF 按下式计算：

$$MF=\frac{P_d r_d N_p}{n_c}, \tag{4-4}$$

式中，P_d 表示所涉及区域的人口死亡率；r_d 表示所涉及区域年死亡人数中非自然死亡的比率；N_p 表示所涉及区域的人口规模，按人数计算；n_c 表示所涉及区域的研究对象数量。对于行业，为不同的伤亡类型数量；对于企业，为不同的生产单位或部门数量；对于现场，为不同的工作岗位或工种数量。

通过这种方法绘制的社会风险 F/N 曲线如图 4-1 所示。

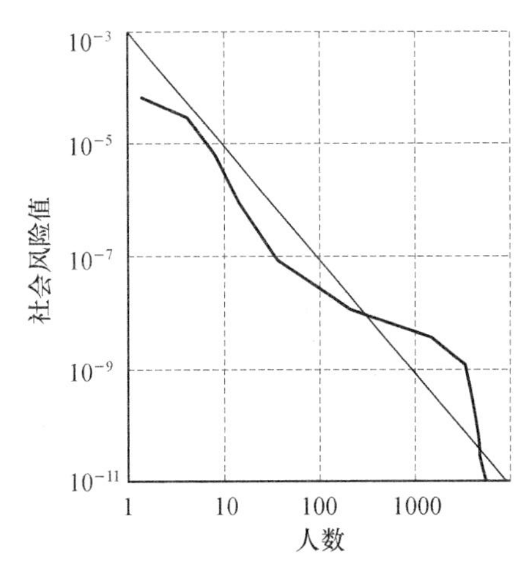

图 4-1　社会风险的 F/N 曲线

［例］ 将我国石油天然气行业作为研究对象，计算增值因子 MF，如下：

$$MF=\frac{P_d r_d N_p}{20}=\frac{10^{-4}\cdot 13\cdot 10^{8}}{3.20}\approx 2200。$$

无风险规避时，生命损失的可接受水平为：

(1) 对于第一类群体，可接受的生命损失≤220；

(2) 对于第二类群体，可接受的生命损失≤110；

(3) 对于第三类群体，可接受的生命损失≤22。

在计算出生命损失可接受水平之后，还需要通过确定限制线的位置，来得到社会风险可接受水平的 F/N 曲线。社会风险可接受水平由下式表示：

$$1-F_{N_d ij}(x)<\frac{C_i}{x^\alpha}, \tag{4-5}$$

式中，x 是事故中的死亡人数；C_i 为常数，表现为限制线的位置；α 是社会风险的厌恶因子，表现为社会风险 F/N 曲线的斜率，其反映了社会和公众对风险的态度。

限制线的位置通过下式确定：

$$R<\frac{C_i}{x^\alpha}, \tag{4-6}$$

厌恶因子 α 取值有两种类型：中立型和厌恶型。对于这两种厌恶因子的取值如表 4-8 所示。

表 4-8 社会风险的厌恶因子 α 取值

类型	α	意义
中立型风险	1	社会对重大事故后果的关注度与小事故相比一致，公众对风险可接受要求一般
厌恶型风险	1.5	社会对重大事故后果的关注度与小事故相比较为突出，公众对风险可接受要求较高
	2	社会对重大事故后果的关注度与小事故相比显著突出，公众对风险可接受的要求很高

对于重大事故，C_i 按下式计算：

$$C_i \approx \left[\frac{\beta_i MF}{\alpha\sqrt{N_{Ai}}}\right]^2, \tag{4-7}$$

式中，α 表示社会风险的厌恶因子；N_{Ai} 表示危险设施的数量。

[**例**] 对于我国石油天然气行业，假定存在 1×10^7 个危险设施（包括管道和场站），可以得出不同群体的限制线的位置 C_i：

对于第一类群体，$C_i=1\times10^{-3}$；

对于第二类群体，$C_i=2.5\times10^{-4}$；

对于第三类群体，$C_i=1\times10^{-4}$。

对于 ALARP 区域的确定原则：当高于平均可接受水平大于等于一个数量级时，风险不可接受；当低于平均可接受水平大于等于一个数量级时，风险可忽略。这表明，ALARP 区域的范围跨越两个数量级，这与西方国家普遍采用的社会风险的 F/N 曲线标准是一致的。

4.2.2 个人和社会风险可接受水平的关联

社会风险可接受水平与个人风险可接受水平之间存在基于潜在生命损失的联系，见下式：

$$N_{\max} IR=\sum f(N)N, \tag{4-8}$$

式中，N_{max}表示暴露人群的数量；IR 表示不可接受的个人风险值；$f(N)$表示 N 个死亡人数的频率；N 表示死亡人数。

如表 4-9 所示，西方国家风险标准中 $F(N)$、IR 与 N_{max}之间的关系。

表 4-9　西方国家风险标准中 $f(N)$，IR 与 N_{max} 之间的关系

标　准	C_i	厌恶因子	IR	N_{max}
英国(R2P2)	10^{-2}	1	10^{-5}	9763
英国(LUP 之前的标准)	10^{-3}	2	10^{-5}	163
英国(LUP 新制定的标准)	10^{-3}	1.5	3×10^{-6}	847
荷兰(之前的标准)	10^{-3}	2	10^{-5}	163
荷兰(新制定的标准)	10^{-3}	2	10^{-6}	1644
捷克(新制定的标准)	10^{-4}	2	10^{-6}	163

通过前面的计算可以得到，对于我国石油天然气行业，$F(N)$取值为 10^{-3}或者 10^{-4} 比较合适，具体数值根据不同群体来确定，而社会风险的厌恶因子 α 取值为 2。根据个人风险可接受水平，IR 的取值在 10^{-4}或者 10^{-5}，可以计算得 $N_{max}(\beta MF)$在 17～163 之间。

4.2.3　社会风险可接受水平的建议值

通过对我国石油天然气行业事故统计数据的分析，并且参考其他国家的风险标准，提出我国石油天然气行业社会风险可接受水平的建议值，如表 4-10 所示。

表 4-10　石油天然气行业的社会风险可接受水平建议值

人　员	C_i	α	$N_{max}(\beta MF)$
第一类群体	1×10^{-3}	2	220
第二类群体	2.5×10^{-4}	2	110
第三类群体	1×10^{-4}	2	22

4.3　经济风险可接受水平

风险可接受问　同样可以表述为一个经济决策问　。经济风险可以表述为一个系统的总成本(C_{tot})，其由安全系统(I)的总开支和经济损失的预期值决定，由下式表示：

$$\min(Q)=\min[I(P_f)+PV(P_fS)] \tag{4-9}$$

式中，Q 为总开支；I 为安全系统总开支；PV 为现值；S 为失效情况下的总损失。

尽管在道德方面反对，如果人的价值估计为 s，那么伤害值增加到：

$$P_{dfi}N_{pi}s+S$$

式中，N_{pi}是行为 i 中参与者的数量。

$$\min(Q)=\min\{I(P_f)+PV\left[P_f(P_{dfi}N_{pi}s+S)\right]\} \tag{4-10}$$

经济风险可接受水平的确定是一种对风险水平的成本-收益的分析。当成本与收益之间满足某种关系时，我们认为这样的经济风险是可接受的。对于这一问 将在下面进行说明。

4.3.1　经济风险可接受与成本-收益分析

判断经济风险是否合理可接受需要考虑成本与收益的关系，由下式表示：

$$\frac{\text{Costs}}{\text{Benefits}}>1\times DF \tag{4-11}$$

式中，DF 指不平衡因素，即这些因素成本相比于收益是否可以接受的度量标准。DF 可以根据多项因素考虑 1 以上的数值，这些因素包括后果的严重性和实现这些后果的频率。也就是说，风险越大，DF 越大。我们认为 DF，即不平衡因素，就是经济风险可接受水平的表征。

4.3.2　成本-收益分析中的成本计算

成本应该包含装置、操作、培训和其他维护措施的费用以及为了实施安全措施而关闭工厂导致的损失。所有费用都应该是由责任人所承担的，其他团体承担的费用不计算在内。

实际生产中，成本计算需要考虑多方面的问 ，如如何分析成本项，是否将所有费用均计入成本等。一般，成本计算需考虑以下几个方面的问 ：

(1) 牺牲意味着不可回收的成本，比如采取一项措施可能导致减产，那么只有由于实施措施期间导致的减产可以计算在内。

(2) 如果减产实际上意味着延迟生产，比如工厂的寿命是由操作时间所决定的，而不是按日期决定的，那么应当仅考虑减产期间的利息乘以实施措施期间的运行成本津贴和工厂末尾阶段操作成本的潜在增加值。比如对油气田实施安全措施期间由于油气并没有损耗，因此不能将其计算至成本内。

(3) 成本应当只包括那些对于实施风险减缓措施必要和充足的费用，不包括豪华设施等非必要费用。

(4) 由于实施措施导致的持续的生产损失需要计算在内，比如生产效率减缓或者新建工厂需要更多的维护。

(5) 实施措施造成的费用结余应该从以上成本中抵消，比如降低运营成本，避免损害和相关的修复成本。这些不应被看作安全收益而应看作节省开支，其降低了实施措施的总体成本。

(6) 将成本转化为货币成本通常是不确定的，应当保证所有的都是合理的。

综合以上考虑，在对可接受风险实施成本-收益分析时，成本项包括：

（1）企业成本。

① 直接成本：新建或者改进设备的花费，雇佣更加健康和安全的员工的花费，

$$M_{直接成本} = M_{新设备} + M_{设备升级} + M_{安全培训} \tag{4-12}$$

② 间接成本：工厂由于采取严格的控制措施对生产效率带来的损失，或者采用新方法造成的成本的升高，

$$M_{间接成本} = M_{减产损失} + M_{成本升高} \tag{4-13}$$

③ 投资成本：面临预算紧张的企业只有在之前对研究或者培训进行投资，才能承担额外的风险控制措施，$M_{投资成本}$；

④ 信誉成本：如果对重大危险设施实施风险评估后得出其风险超过可接受的水平，那么会影响到其贷款能力，同时还必须支付更多的保险费用，

$$M_{信誉成本} = M_{贷款减少} + M_{保费增加} \tag{4-14}$$

综合以上可以得到，对于企业来说，特定的社会风险可接受水平的成本为：

$$M_{企业成本} = M_{直接成本} + M_{间接成本} + M_{投资成本} + M_{信誉成本} \tag{4-15}$$

（2）土地利用成本。

对油气管道或者场站周围的土地实施限制开发的机会成本按允许实施开发的土地价值增加10%来计算：

$$M_{土地利用成本} = M_{土地价值} \cdot 10\% \tag{4-16}$$

通常，将社会风险加入土地利用规划中会影响到规划被拒绝的数量：如果考虑到社会风险的决议导致每年30个以上的规划申请被拒绝，那么其成本将超过油气管道或者场站的危险设施周围控制风险的收益。如果规划申请被拒绝，那么就意味着需要重新制定规划，将带来额外的规划申请成本，同时还会增加时间、资源和资金的花费。同样，如果修改社会风险的标准，那么还会重复相应的工作，也会造成规划的延期，使得成本增加。

（3）社会经济成本。

① 新建住宅的减少；② 新建公共娱乐设施的减少；③ 当地经济增长受到限制；④ 经济恢复地区发展速度减缓；⑤ 当地房价存在下降趋势。

对于上述各项成本需由具体情况确定 $M_{社会经济成本}$。

（4）政府成本。

政府规划当局实施和监管风险标准所带来的成本 $M_{政府成本}$。

（5）个人风险成本。

由于其不具有社会性，因此仅需要成本：

$$M_{个人风险成本} = M_{企业成本} + M_{政府成本} \tag{4-17}$$

（6）社会风险成本。

需要考虑上述全部成本项，包括企业成本、土地利用成本、社会经济成本和政府成本：

$$M_{\text{社会风险成本}} = M_{\text{企业成本}} + M_{\text{土地利用成本}} + M_{\text{社会经济成本}} + M_{\text{政府成本}} \tag{4-18}$$

4.3.3 成本-收益分析中的收益计算

收益计算应当包括所有风险的减缓，包括对公众、工人和社团风险的减缓。也就是，收益计算可以转换为对以下风险的阻止：① 死亡；② 受伤（严重的或者轻微的）；③ 健康状况不佳。

1. 实施个人风险标准的收益

在对个人可接受风险实施成本-收益分析时，收益项包括：

（1）对于第一、二类群体，只考虑由于实施这一标准而降低的生命价值的损失：

$$M_{\text{个人风险收益}} = M_{\text{生命价值}} r \left[\frac{\left(1 - \frac{1}{(1+d)^m}\right)}{\left(1 - \frac{1}{(1+d)}\right)} \right] \tag{4-19}$$

式中，$M_{\text{个人风险收益}}$为实施个人风险标准的收益；$M_{\text{生命价值}}$为统计生命价值；d 为贴现率；m 为贴现期（年）；r 为风险可接受水平。

（2）对于第三类群体，由于对单一个体的影响会涉及家庭中的其他成员，因此需要考虑对家庭风险的减缓。对于这一类群体个人风险减缓收益的计算方程如下：

$$M_{\text{个人风险收益}} = nrM_{\text{生命价值}} \left[\frac{\left(1 - \frac{1}{(1+d)^m}\right)}{\left(1 - \frac{1}{(1+d)}\right)} \right] \tag{4-20}$$

式中，$M_{\text{个人风险收益}}$为实施个人风险标准的收益；$M_{\text{生命价值}}$为统计生命价值；d 为贴现率；m 为贴现期（年）；n 为每个住户的平均人数；r 为风险可接受水平。

通过使用这一方程来计算实施风险标准对个人风险减缓的收益，可以得到成本与收益的平衡点，其和受影响人数无关。

2. 实施社会风险标准的收益

控制危险设施周围土地利用的收益就是降低事故发生的后果。如果在这种极端情况下，危险设施周围没有人员生活或者工作，那么事故造成的人员健康和安全的后果将为 0。然而，在降低或者限制危险设施周围的人数时，虽然在人员健康和安全方面获得了收益，但是从土地开发的角度来说，人员的住房、娱乐和工作的场所受到了限制。因此，在制定风险标准时，需要就风险减缓和土地开发之间进行权衡。

考虑到社会风险可接受水平将对成本和收益平衡点的降低有影响，对实施个人风险标准的收益方程进行调整，引进住户的数量 $f(H)$ 来表示社会风险的影响，如式(4-21)：

$$M_{\text{社会风险收益}} = f(H)nrM_{\text{生命价值}} \left[\frac{\left(1 - \frac{1}{(1+d)^m}\right)}{\left(1 - \frac{1}{(1+d)}\right)} \right] \tag{4-21}$$

式中，$f(H)=H^{\alpha}$；H 表示在单一事故中受影响的住户数量；α 表示社会风险的厌恶因子，表征公众对于不同规模社会风险的厌恶程度不同。

需要注意的是，对于 $f(H)$ 的形式并没有一致的意见，其反映了经济学家对于货币化社会风险的不确定性的考虑和通过这一函数计算平衡点的方法。α 取值在[1, 2]之间，通常取为 1、1.5 和 2。在这些情况中很重要的一点是在受影响住户和社会风险的数值之间存在非线性的关系，如图 4-2 所示。

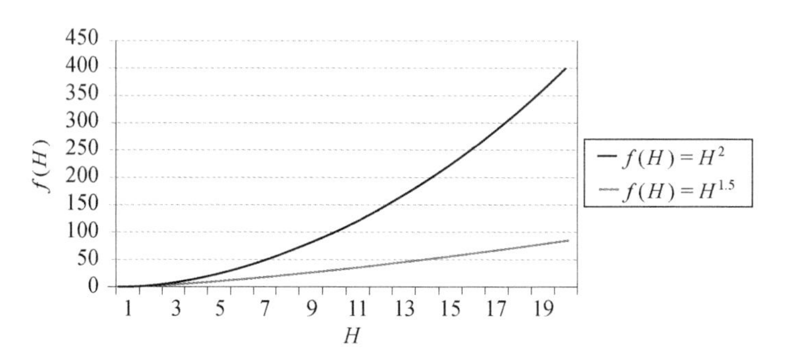

图 4-2　不同形式 $f(H)$ 的厌恶效应

4.3.4　对个人和社会风险的成本-收益分析

对风险实施成本-收益分析是一个复杂而困难的过程，特别在成本项和收益项的选取过程中，很难确定哪些项目是属于成本或者收益部分。因此在实施过程中可能需要将成本重新设置在收益范围内，而不是用来抵消成本。如果工厂对安全方面要求严格，那么从安全方面来看对这一工厂进行成本收益项的重新设置是比较好的，并且总的不平衡因素相比于成本来说优先应用于收益方面。

由于油气管道和场站所经过的区域情况复杂，可能会影响管道沿线的土地利用规划，因此需要考虑这一方面。

1. 对个人风险可接受水平的成本-收益分析

对于个人风险可接受水平，做如下分析：

$$M_{个人风险成本}=M_{企业成本}+M_{政府成本} \tag{4-22}$$

$$M_{个人风险收益}=nrM_{生命价值}\left[\frac{\left(1-\frac{1}{(1+d)^{m}}\right)}{\left(1-\frac{1}{(1+d)}\right)}\right] \tag{4-23}$$

$$\frac{M_{个人风险成本}}{M_{个人风险收益}}\geqslant 1\times DF \tag{4-24}$$

式中，对于 n 的取值，第一、二类群体取为 1，第三类群体取为 n，即每个家庭平均住户的人数；对于 DF 的取值，第一、二类群体取为 3；、第三类群体取在 2 到 10 之间，根据所处地区不同而不同，等级越高的地区，DF 取值越大。

2. 对社会风险可接受水平的成本-收益分析

对于社会风险可接受水平，做如下分析：

$$M_{社会风险成本} = M_{企业成本} + M_{土地利用成本} + M_{社会经济成本} + M_{政府成本} \tag{4-25}$$

$$M_{社会风险收益} = f(H)nrM_{生命价值}\left[\frac{\left(1 - \frac{1}{(1+d)^m}\right)}{\left(1 - \frac{1}{(1+d)}\right)}\right] \tag{4-26}$$

$$\frac{M_{社会风险成本}}{M_{社会风险收益}} \geqslant 1 \times DF \tag{4-27}$$

式中，对于 DF 的取值，第一、二类群体取为 3，第三类群体取在 2～10 之间，根据所处地区不同而不同，等级越高的地区，DF 取值越大。

4.3.5 经济风险矩阵——经济风险可接受水平

经济风险矩阵具有简单直观易于实施的特点，因此其广泛应用于各个工业领域的风险评价和管理中。对于经济风险的风险管理，建议按照事故发生频率和后果来进行风险可接受性的评价。其后果涉及对物资、环境和人员的损害，将其进行货币化后，计算具体金额来确定设备或者工艺的风险可接受性。

经济风险的确定可参考美国石油学会（American Petroleum Institute，API）风险矩阵方法来分析，参考美国石油学会风险矩阵方法，风险矩阵可以以后果区域面积如表4-11所示的形式或者经济后果如表 4-12 所示的形式给出。

表 4-11 可能性和后果区域评价标准

可能性分类		后果分类	
等级	区间	等级	区间
1	$D_{f\text{-total}} \leqslant 2$	A	$CA \leqslant 100$
2	$2 < D_{f\text{-total}} \leqslant 20$	B	$100 < CA \leqslant 1000$
3	$20 < D_{f\text{-total}} \leqslant 100$	C	$1000 < CA \leqslant 3000$
4	$100 < D_{f\text{-total}} \leqslant 1000$	D	$3000 < CA \leqslant 10\ 000$
5	$D_{f\text{-total}} > 1000$	E	$CA > 10\ 000$

注：$D_{f\text{-total}}$ 为损害因子总和，CA 为影响区域面积（ft^2）。

表 4-12 可能性和经济风险后果评价标准

可能性分类		后果分类	
等级	区间	等级	区间
1	$D_{\text{f-total}}\leqslant 2$	A	$FC\leqslant 10\ 000$
2	$2<D_{\text{f-total}}\leqslant 20$	B	$10\ 000<FC\leqslant 100\ 000$
3	$20<D_{\text{f-total}}\leqslant 100$	C	$100\ 000<FC\leqslant 1\ 000\ 000$
4	$100<D_{\text{f-total}}\leqslant 1000$	D	$1\ 000\ 000<FC\leqslant 10\ 000\ 000$
5	$100<D_{\text{f-total}}\leqslant 1000$	E	$FC>10\ 000\ 000$

注：$D_{\text{f-total}}$为损害因子总和，FC 为经济后果(美元)。

图 4-3 为经济风险矩阵图，具体说明如下：

(1) 极高风险区域，其风险不可忍受，需要立即采取风险减缓措施降低风险；

(2) 高风险区域，其风险不可接受，需要采取风险减缓措施降低风险；

(3) 中度风险区域，其风险可接受，需要将风险控制在这一区域；

(4) 低风险区域，其风险可忽略，不需要采取任何措施。

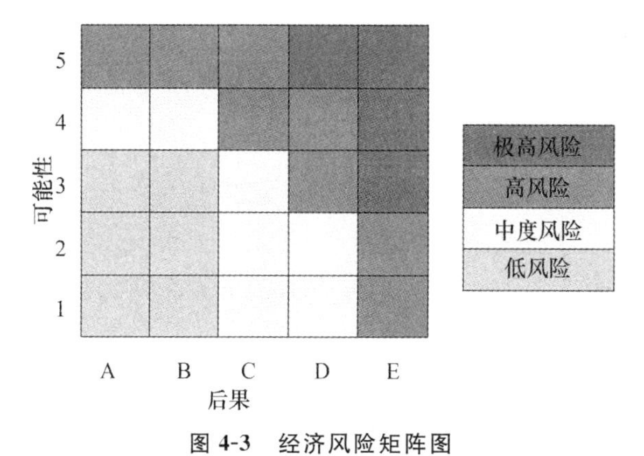

图 4-3 经济风险矩阵图

4.4 国外可接受风险水平标准

关于可接受风险的研究始于 20 世纪 60 年代。美国社会学家 Starr 于 1968 年提出了著名的风险可接受水平问 ：多安全才够安全？(How safe is safe enough?)这一问展开了对风险可接受水平的研究。20 世纪 70 年代，为了最大限度地减少油气管道事故的发生，尽可能延长其使用寿命，美国的管道公司开始尝试用经济学的方法来评价管道风险的可接受性。1976 年 Lowrance 出版了 *Of Acceptable Risk: science and the determination of safety* 一书，提出“只有认为一个事物风险可接受时，它才是安全的”。Fischhoff 等人在 *Acceptable Risk* 一书中对可接受风险进行了详细讨论。其认为：风险不是无条件接受的，风险仅在获得利益可以补偿所带来的风险时才是可接受的；或者说可接受风险问 是一个决策问 ，是决策产生可接受的风险，并非风险本身可以接受。之后，各国根据本国情况对各种危险行业的可接受风险水平展开研究和论证。

4.4.1 英国可接受风险标准

英国的风险可接受水平研究开始于对核电站安全的研究。1988年HSE出版了报告"Tolerable Risk"（可忍受风险），当时仅提到了个人风险（Individual Risk）。从1999年HSE在考虑个人风险的同时，提出了社会风险（Societal Risk）的概念。在HSE出版的*Proposals for revised policies to address societal risk around onshore non-nuclear major hazard installations*一书中，将社会风险表述为"社会风险是用来描述事故中人群遭受伤害的可能性。"2001年，HSE强调可忍受并不意味着可接受，并在其出版的*ALARP "at a glance"*中提出合理可接受水平（ALARP）的概念。在"Proposals for revised policies to address societal risk around onshore non-nuclear major hazard installations"中，HSE这样解释ALARP：ALARP表达了英国安全和健康立法中的主要法律需求，其表述为那些导致风险的人必须将风险降低至合理可接受水平。"合理可接受"在法律中没有明确定义，但是法院认为实际上其意味着采取措施降低风险至一点，在这一点任何所采取的措施将和实现的额外风险减缓"极不成比例"。同样，对于"极不成比例"也没有明确说明，但是其意味着风险越高，就需要投入越多的精力和资金来降低风险。在HSE于2001年出版的*Reducing Risk，Protecting People*一书中，定义了可忍受风险的四个条件：确保一定的净效益；是一个不可忽略的风险范围；保持监察；当有可能时进一步降低风险。其中还提出了一个社会风险标准：对于任何单独的工业设施，当事故发生频率大于1/5000每年时，在单一事件中导致50人以上死亡的事故风险是不可忍受的。

在"Proposals for revised policies to address societal risk around onshore non-nuclear major hazard installations"一文中，HSE给出了将风险降低至合理可接受水平的要求：

（1）个人风险：HSE和场内管理者使用个人风险作为评估重大危险设施的基础，以及决定采用措施来将风险降低至ALARP水平。

（2）社会风险：HSE使用新的内容来评估重大危险设施的社会风险。不同于个人风险，社会风险考虑到在同一时刻单一危险源所造成伤害的人数。

HSE认为设施的社会风险水平由三个因素决定：① 重大危险设施发生事故的概率；② 事故的性质；③ 工作和生活在重大危险设施周围的人口密度和分布。提出社会风险评估的关键因素是居住在相关设施周围的人口规模和密度。社会风险减缓可以通过三种方式实现：① 通过在场内采取额外的事故阻止和减缓措施；② 通过维持现有的住房和商业发展密度，同时/或者尽可能地降低这一密度，以确保重大危险设施周边的人口低于相关水平；③ 通过上述两种方式的组合。

在判断某一行业社会风险可接受水平时，"Proposals for revised policies to address societalrisk around onshore non-nuclear major hazard installations”一文指出：通过将所有用于阻止重大危险实施的措施实施到位来确保人员安全和健康的风险处于合理可接受水平。

如图 4-4 所示，为英国 HSE 在制定社会风险可接受标准的过程。1981 年，英国 HSE 在讨论位于 Canvey Island 的废弃液化石油气储罐是否会对周围居民带来风险时，制定的社会风险标准，其认为造成 1 500 人死亡的事件频率为 2×10^{-4} 是不可忍受的，对应的 F/N 曲线的斜率为 -1。在 1991 年，HSE 对社会风险曲线进行了调整。

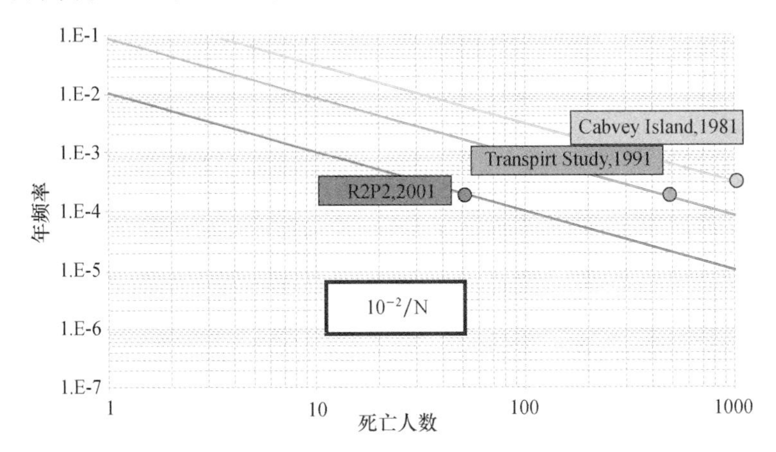

图 4-4　英国 HSE 社会风险的可接受标准

HSE 指出计算完整的 F/N 曲线对资源的要求很高，而且会非常昂贵，因为其需要对所有的潜在重大危险源进行深入地数学分析。如果选定的标准如图 4-5 所示，可以用一条线来表示实际的 F/N 曲线，并且对其进行比较。一种简单的方法是观察实际 F/N 曲线上的每一点是否在每一点都高于标准曲线。如果这样，那么风险是不可接受的。然而，实际 F/N 曲线是否必须在任意一点都位于标准曲线之上呢？对于这一问　，并没有通用的答案，需要根据实际情况作出判断。

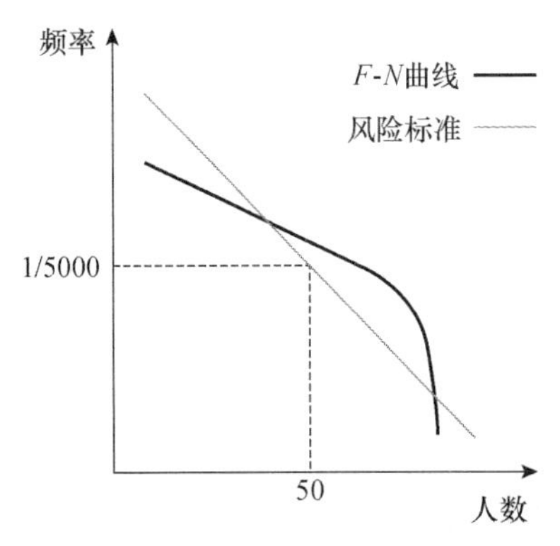

图 4-5　英国 HSE 社会风险计算图

4.4.2 欧盟(European Union,EU)风险可接受标准

在重大危险设施控制方面,欧盟于1982年颁布了预防化学事故的Seveso Ⅱ指令(82/501/EEC),该指令关注特别重大的事故,如火灾、爆炸或重大排放危害,要求采取措施防止和控制这些事故及其后果,要求对工厂的重大危险源进行辨识和评价。1996年12月9日制定了重大化学危害控制指令96/82/EC,用之代替82/501/EEC。2010年,欧盟制定了“欧盟议会关于有毒物质的重大事故危险控制指令”(EC)No. 2010/0377(COD)和与之配套的“影响评价指南”来替代Seveso Ⅱ指令。而关于欧盟可接受风险指标的提议,英国学者V. M. Trbojevic对其进行了论述。

1. 欧洲各国个人风险可接受标准比较

欧洲各国的个人风险可接受标准如表4-13所示,其中英国的风险标准属于V. M. Trbojevic提出的风险目标方法;而荷兰和捷克的标准相似,属于风险指令方法;法国和德国虽然在标准的形式上不同,但是由于其遵循的原则相同,因此属于风险后果方法。

表4-13 欧洲各国个人风险(IRPA)风险可接受标准

IRPA		10^{-5}				10^{-6}					10^{-7}				10^{-8}	3×10^{-8}	
国家	条件																
英国	死亡风险>					10^{-5}					10^{-6}					3×10^{-7}	
	ALARP				<25人					<75人					高度敏感群体		
荷兰	$10^{-3}/N^2$					$N=25$ 1.6×10^{-6}					$N=75$ 1.8×10^{-7}						
捷克	现有设备 $10^{-4}/N2$					1.6×10^{-6} 1.6×10^{-7}					1.8×10^{-7} 1.8×10^{-8}						
法国	假定条件							5×10^{-7}									
德国														风险忽略不计			

注:IRPA:Individual Risk per Annum,年个人风险。

2. 欧洲各国社会风险可接受标准比较

欧洲各国的社会风险可接受标准如图4-6所示,图中曲线代表的国家标准分别为英国HSE在《R2P2》中提供的标准,英国LUP(土地利用规划)标准,荷兰标准,捷克有关新建设施的标准和法国标准。

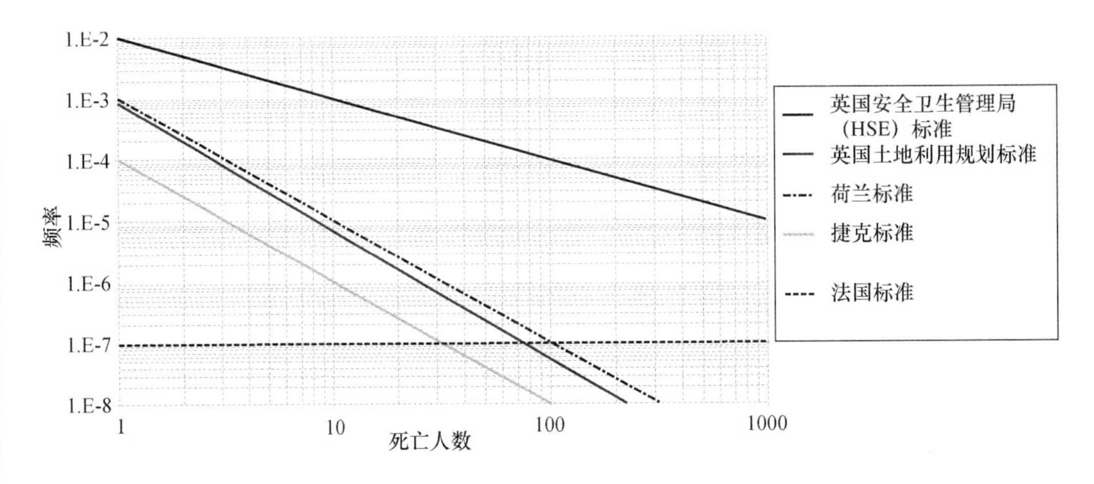

图 4-6　欧洲各国社会风险可接受标准

3. 欧洲各国社会风险和个人风险的联系

社会风险的发展与个人风险是完全一致的，这一方法是根据潜在生命损失（potential loss of Life，PLL）给出的，见下式：

$$N_{\max} IR = \sum f(N) N \tag{4-28}$$

式中，$N_{\max}$是暴露人群的数量；IR 是最大可忍受个人风险；$f(N)$是 N 个死亡人数的频率；N 是死亡人数。

4. 欧盟提议的对个人可接受风险标准的观点

欧洲各国的风险标准不尽相同，但却都遵循两种原则：

(1) 指令性原则，这种方法易于实施，需要将风险降低至指定的水平之下（捷克、法国和德国）；

(2) 设定目标原则，这种方法需要将可忍受区的风险降低至最低合理可接受区（英国）或者最低合理可实现区（荷兰）。

由此引出了前面所述的三种可接受标准制定方法。欧盟可接受风险标准的制定是以当前欧洲各国的标准为基础的，可以得到：① 个人风险的上限或者不可忍受区的边界是 10^{-5}/年；② 可忽略风险制定为 10^{-8}是广泛可以接受的；③ 个人风险的目标水平为 10^{-6}。

欧盟提议的对个人风险可接受风险标准的观点如图 4-7 所示：

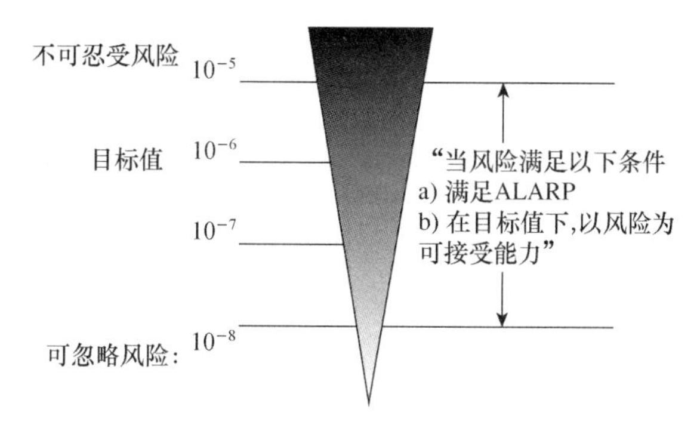

图 4-7 欧盟提议的个人可接受风险标准框架

5. 欧盟提议的对社会可接受风险标准的观点

将风险厌恶因子考虑在内的社会风险标准用 F/N 图表示,其曲线斜率为 10^{-2} 是可以广泛接受的,但是各国对风险的厌恶因子可能不同。因此,欧盟提议的社会可接受风险标准包括:内部区域(距离风险源最近的区域),中间区域和外部区域。对于每个区域的 F/N 曲线都需要计算出来,同时保持在各目标边界之内。如图 4-8 所示。

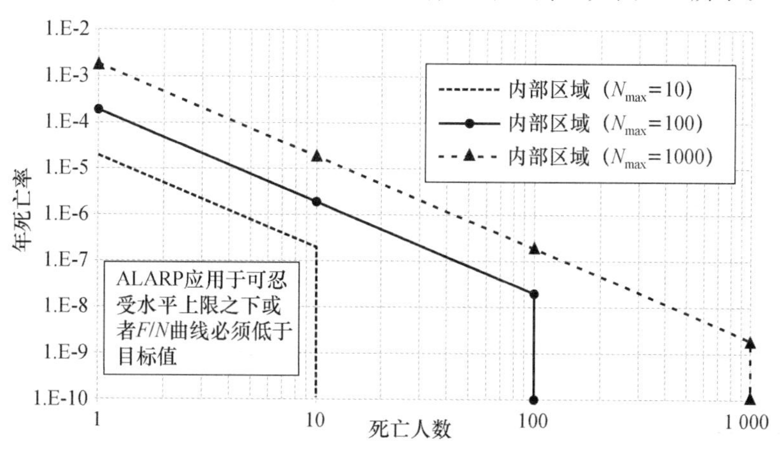

图 4-8 欧盟提议的对社会可接受风险标准的观点

4.4.3 澳大利亚和新西兰可接受风险标准

澳大利亚大坝委员会(Australian National Committee on Large Dams Inc, ANCOLD)建议,对于新建的或者大部分大坝的个人可忍受风险分别为 10^{-5}/年,而现有大坝的可忍受风险分别为 10^{-4}/年。

澳大利亚地质力学学会(Australian Geomechanics Society,AGS)建议,对于生命风险,只评价处于高风险中的人群,而不是针对所有的普通人群。其提出了边坡可接受风险和可忍受风险的建议标准:新建边坡的可接受风险和可忍受风险分别为10^{-6}/年和10^{-5}/年,而现有边坡的可接受风险和可忍受风险分别为10^{-5}/年和10^{-4}/年、。

AGS认为,分析财产风险时,在准确评估风险的可能性和后果的基础上,也可建立滑坡灾害的风险矩阵。风险矩阵由风险的概率和后果两部分组成,可能性和财产后果的定性评价标准如表4-14和表4-15所示。财产风险水平的定性风险矩阵按照可能性和后果的大小分级列于表4-16中,风险水平阐述如表4-17所示。

表4-14 可能性定性评价标准

等级	描述项	描述	年概率指示值
A	几乎肯定	事件很可能发生	$\gtrsim 10^{-1}$
B	很可能	在不利的条件下事件可能发生	$\approx 10^{-2}$
C	可能	在不利条件下事件能发生	$\approx 10^{-3}$
D	不太可能	在非常不利的情况下事件可能发生	$\approx 10^{-4}$
E	罕见	只在特殊情况下事件可能发生	$\approx 10^{-5}$
F	几乎不可能	事件不可能发生或者只是想象	$< 10^{-6}$

注意:≈表示值的大小可以在±1/2内变化或更多。

表4-15 财产后果评价标准

等级	描述项	描述
1	灾难性的	建筑完全被摧 或大范围的损害,需要大量工程恢复
2	重大的	大多数建筑被大量损坏,或损坏超过场地范围,需要重要的恢复工作
3	中等	一些建筑或场地重要的部分被适度破坏,需要大量恢复工作
4	微小的	对建筑的部分或者场地的部分造成了有限的损害,需要一些修复工作
5	微不足道的	可忽略的损害

表4-16 AGS财产风险矩阵

概率分级	后果分级				
	1灾难	2重	3中	4轻	5微小
A	VH	VH	VH	H	M或L
B	VH	VH	H	M	L
C	VH	H	M	M	VL
D	H	M	L	L	VL
E	M	L	L	VL	VL
F	L	VL	VL	VL	VL

表 4-17 风险等级阐述

风险等级		阐 述
VH	极端高风险	需要大规模详细地调研、计划及处理措施来降低风险到可接受水平,但处理措施可能成本太高不切实际
H	高风险	需要详细地调查、计划及处理措施来降低风险到可接受水平
M	中等风险	运用可忍受的处理计划来保持或者降低风险,也可能是可接受的值,要求调查和处理选择的计划
L	低风险	经常是可接受的,确定处理措施来保持或降低风险
VL	非常低的风险	可接受的,使用正常的坡面维护程序即可

4.5 城市安全与防灾规划目标的确定

城市安全与防灾规划的重要内容是确定一个合理的、可行的规划目标,只有制定合理的规划目标,才能有效预防城市事故和灾害的发生,抵御它们的风险,规划目标是否合理、可行,直接关系到城市安全与防灾规划是否可以有效实施,规划目标过高,则需要投入过多的资源;过低,则会造成规划达不到预防和减少事故的目的。

规划目标核心是确定合理风险可接受水平,风险可接受水平是城市公共安全规划目标确定的依据和条件。

对于不同行业、不同部门,因其不同的特点和承载能力,其规划目标也就不同,制定针对某一特定行业或领域的规划目标时,需结合其行业特点以及风险现状,因地制宜,制定合理的规划目标。

在合理可接受风险区域里,将理想风险值作为远期规划目标,将小于合理可接受风险值上限作为近期规划目标,中期规划目标应该在近期和远期规划目标之间。近期目标风险值>中期目标风险值>远期目标风险值。

确定规划目标时,应依据现状风险水平,采用风险逐年消减原则。结合规划区域的实际情况,确定近期规划目标值,也就是规划的最低目标;确定远期规划目标,以理想风险水平为目标,通常视为规划的最高目标。

通过一系列的技术措施和管理对策,来降低现实的风险水平,从而达到新的规划目标,如图 4-9 所示。

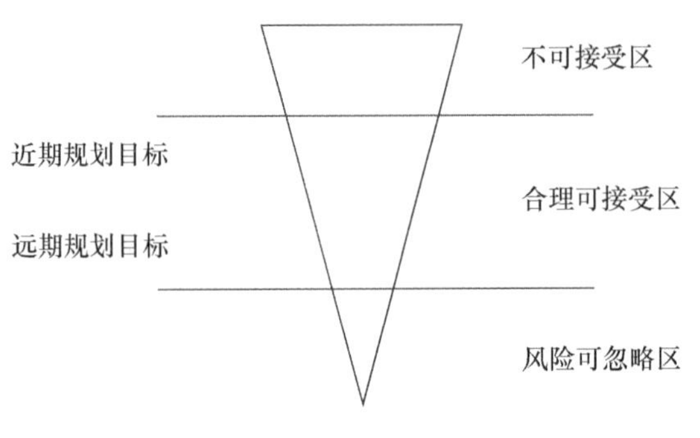

图 4-9　规划目标

4.5.1　城市火灾风险的降低

对城市中耐火等级低、相互毗连的建筑密集区或大面积棚户区，应纳入城市近期改造规划，积极采取防火分隔、提高耐火性能、开辟防火间距和消防车通道等措施，逐步改善消防安全条件、现状和预期的建筑密度。

1. 降低建筑物火灾危险性

根据火灾风险分析中得到的现状火灾风险等级，确定第 5 级为不可接受的风险，即规划目标的下限；第 1 级为理想风险水平，即规划目标的上限。根据上述原则，确定近期的规划目标为消除不可接受的风险区域，达到规划目标的下限，即消除图第 5 级所代表的火灾风险很高的区域，如图 4-10 所示。

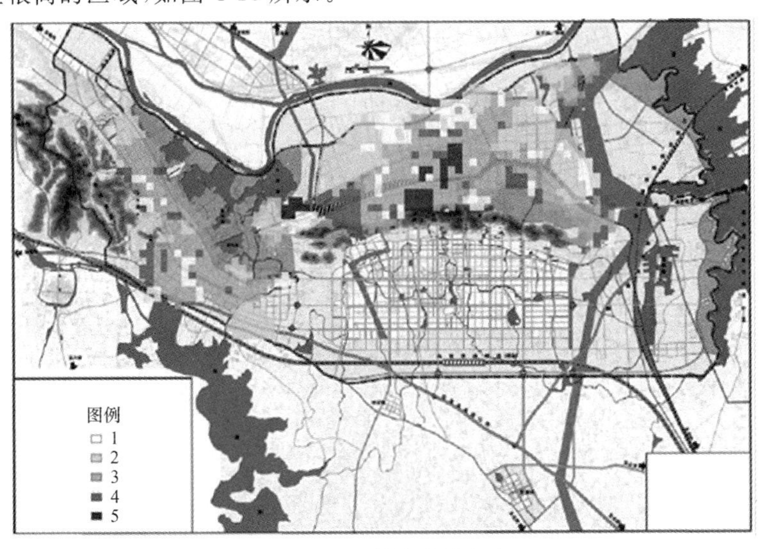

图 4-10　现状的建筑密度

如图 4-11 所示，对旧城进行改造，特别是消除棚户区后，建筑密度分布变为 4 级，最大的一级消失。图中颜色越深的区域建筑密度越大。

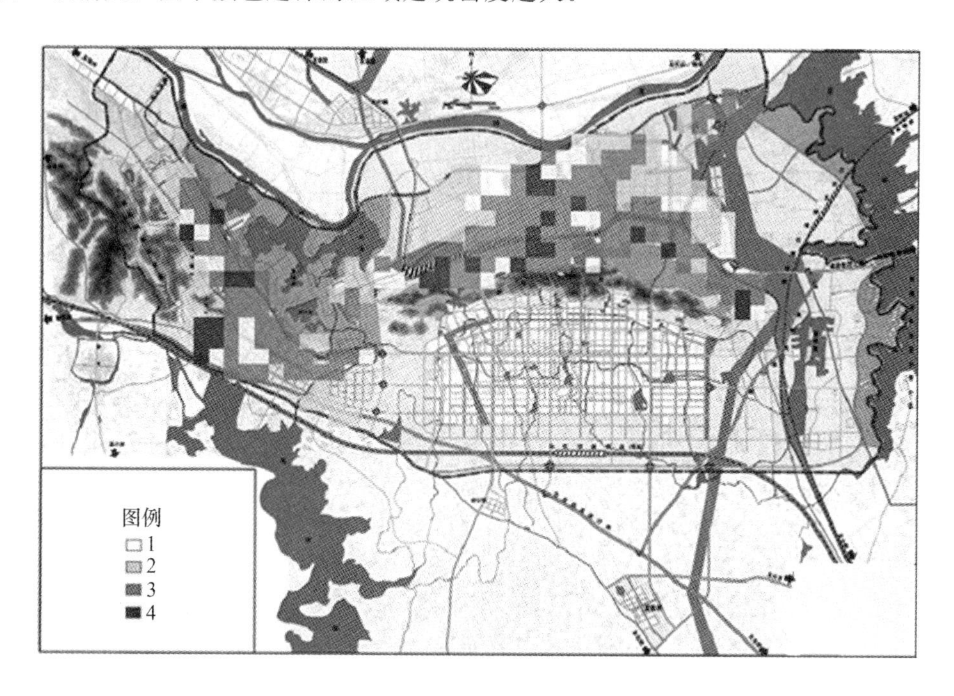

图 4-11 规划预期的建筑密度

2. 加强灭火救援保障能力

(1) 加强火灾管理。对严重影响城市消防安全的工厂、仓库，应纳入近期改造规划，有计划、有步骤地采取限期迁移或改变生产使用性质等措施，消除不安全因素。加大对易发生火灾单位的监管力度，降低火灾发生的概率及其造成的危害。

(2) 提高消防水平。在确保城市消防安全的前提下，对消防站责任区的合理调整，最大限度地发挥各个消防站的功能，使各消防站的平均出勤距离最短。加强城市消防站建设步伐，提高消防装备水平。

通过旧城区改造、火灾管理及提高消防水平，降低火灾的风险。如图 4-12 所示为现状火灾风险等级。

如图 4-13 所示，采取相应的规划措施后，可以消除规划区域内风险很高的地区，规划区域内火灾风险达到可接受的水平，达到预期的规划目标。

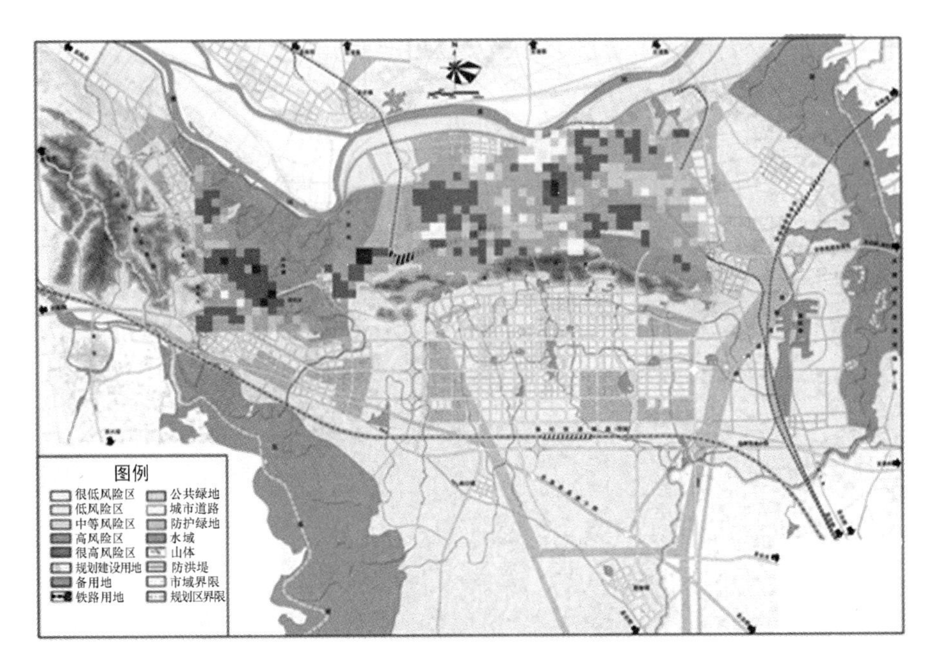

图 4-12　现状火灾风险等级

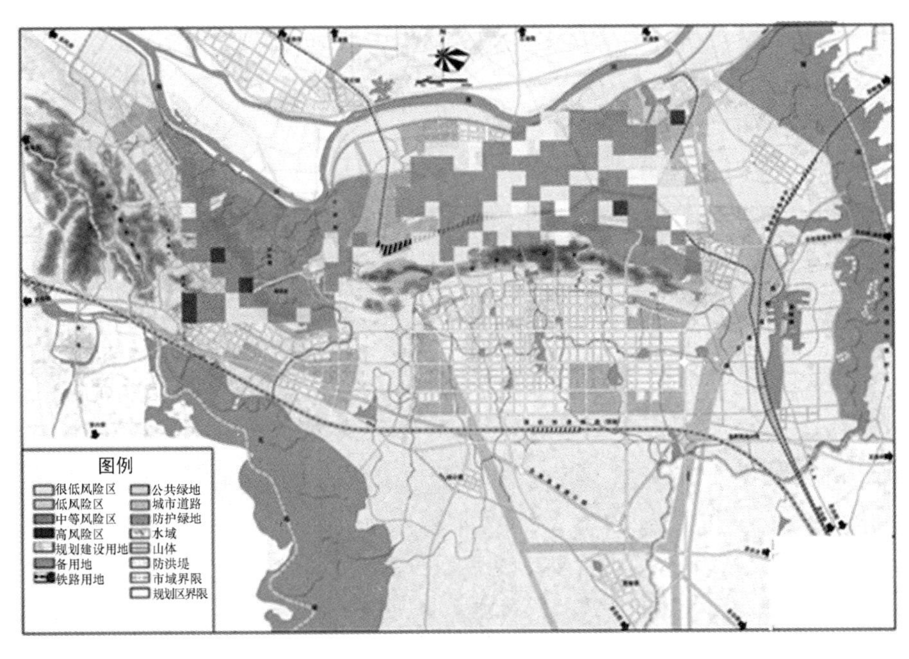

图 4-13　规划预期的火灾等级

4.5.2 城市地震风险的降低

1. 减少地震物理破坏,降低建筑物的震害指数

由《中国地震动参数区划图》可知,规划区域的地震基本烈度为7度,位于基本地震加速度0.1 g区,城市规划与建设应据此进行抗震设防,重要建筑应提高一级设防。

由风险分析可知,对于低层建筑物,多层砌体和木结构的抗震能力差;对于中层建筑物,钢结构和砌体的抗震能力差;对于高层建筑物,钢结构震害指数最大、抗震能力差。以上建筑物的震害指数高,应通过减震措施使建筑物的抗震能力提高。

2. 提高生命线工程的抗震能力

规划区域的生命线系统应按地震基本烈度8度进行抗震设防。供水、供电、供热、燃气、电力及道路是城市生命线系统的重要组成部分,是关乎人民生存,甚至生命的工程项目。地震对生命线的影响极大,因此,城市地震防灾规划要重点考虑生命线系统的抗震性能,确保地震发生后系统能正常运转,并保持救灾通道的畅通。

区域2、8、9和14的供水及燃气管线风险大;区域19～23道路系统风险大(区域分布如图3-13所示)。以上生命线易受地震影响,通过减震措施加强其生命线的抗震能力。

处于地震高风险地区的社区及基础设施,应设有保护生命及财产安全的措施。对于易受地震影响的基础设施及财产,提高设防要求以加强对地震灾害的抵御能力。通过提高建筑物抗震能力、提高生命线系统的抗震能力、积极实施城市旧城改造,降低物理破坏值。各区域现状和规划预期物理破坏值,如图4-14和4-15所示。

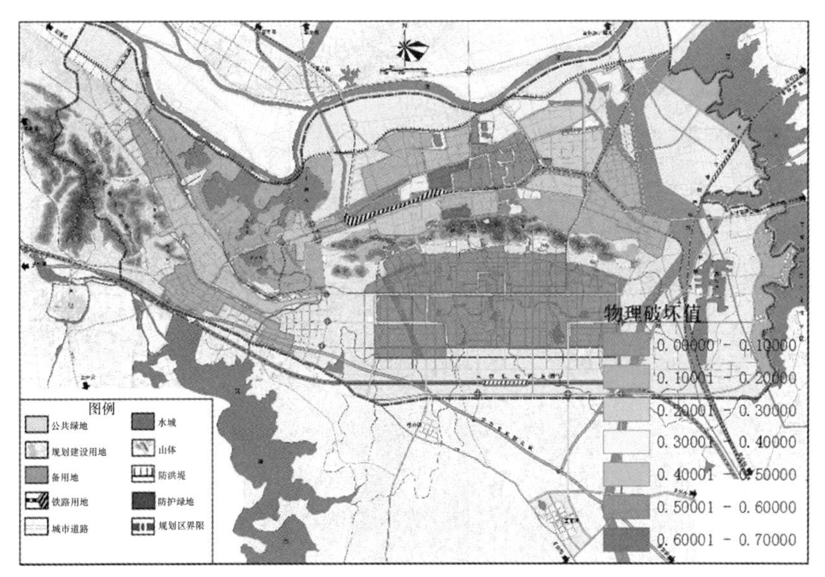

图4-14 现状物理破坏值

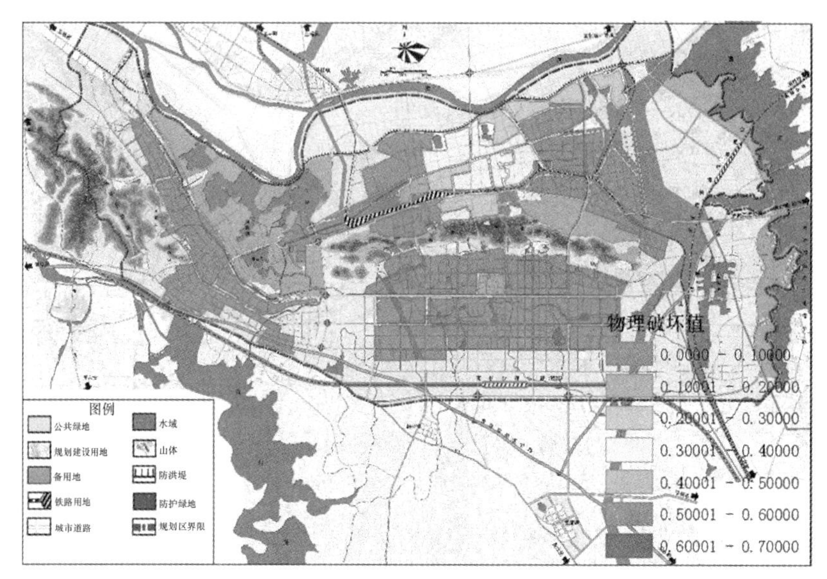

图 4-15　规划预期物理破坏值

由图 4-14 可知，山南新区的物理破坏值最低，旧城区最高。规划后，预期的物理破坏值较现状值明显降低。

3. 降低地震影响因子值，提高地震灾后救援能力

地震发生后，影响人员伤亡的因素较多。以往地震表明，建筑物倒塌、地震次生火灾、医疗救助及灾后救援是影响人员伤亡的重要因素。通过提高灾后救援保障能力，达到降低人员伤亡的目的。区域 26～31 区域分布如图 4-20 所示消防人员及地震救援人员相对较少，需加强救灾力量的建设。

4. 加快公共避难场所建设

加强公共避难场所、绿地等开敞空间的建设，为避震和人群疏散提供场地，降低地震造成的人员伤亡和经济损失。公共绿地及开敞空间可以有效减缓地震次生火灾的蔓延，也可作为避难场所供公众使用。区域 26～31（区域分布如图 4-20 所示）缺乏公共避难场所，需加快该区域公共避难场所建设。

5. 建立地震防灾管理体系

地震防灾管理体系关乎防灾工作的开展，为确保地震防灾各项措施得以进行并发挥作用，应建立防灾管理体系。把灾害减缓、灾害预防和灾后恢复相联系，并将地震防灾规划作为总体规划的一部分。

通过提高地震灾后救援能力、加快公共避难场所建设、建立地震防灾管理体系。各区域现状和规划预期影响因子值，如图 4-16 和 4-17 所示。

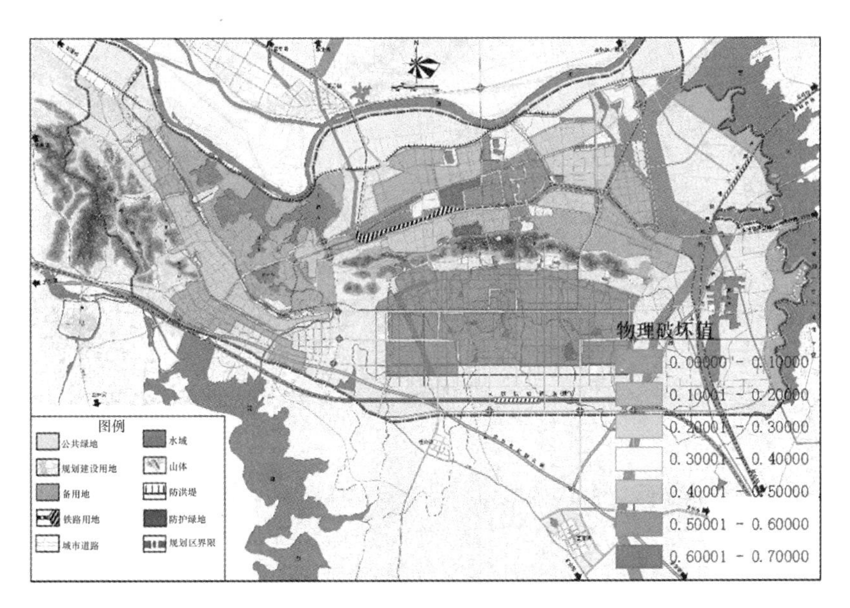

图 4-16 现状影响因子值

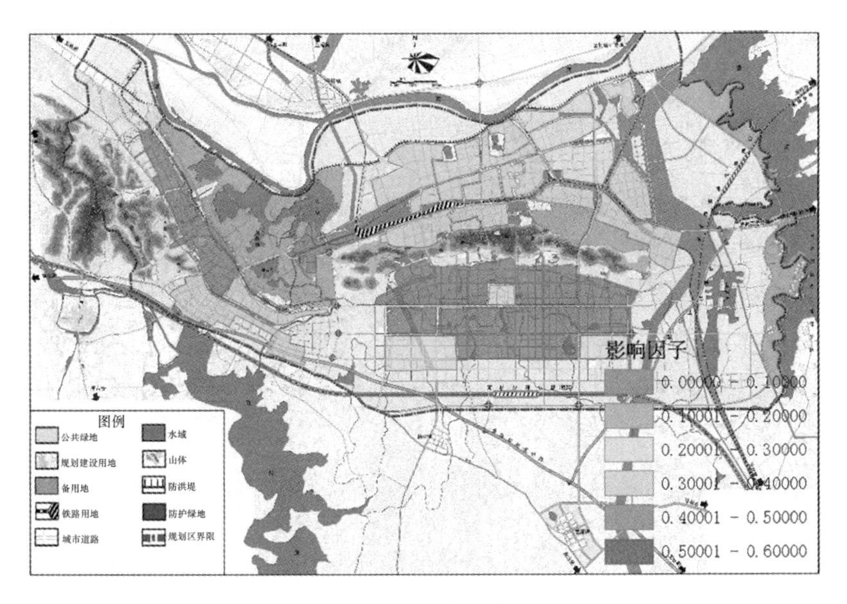

图 4-17 规划预期影响因子值

如图 4-16 所示，旧城部分地区的影响因子较其他地区高很多。规划后，预期的影响因子显著降低。

由规划区域的规划预期物理破坏值和影响因子值，可得预期地震风险。各区域的现状和规划预期地震风险如图 4-18 和 4-19 所示。

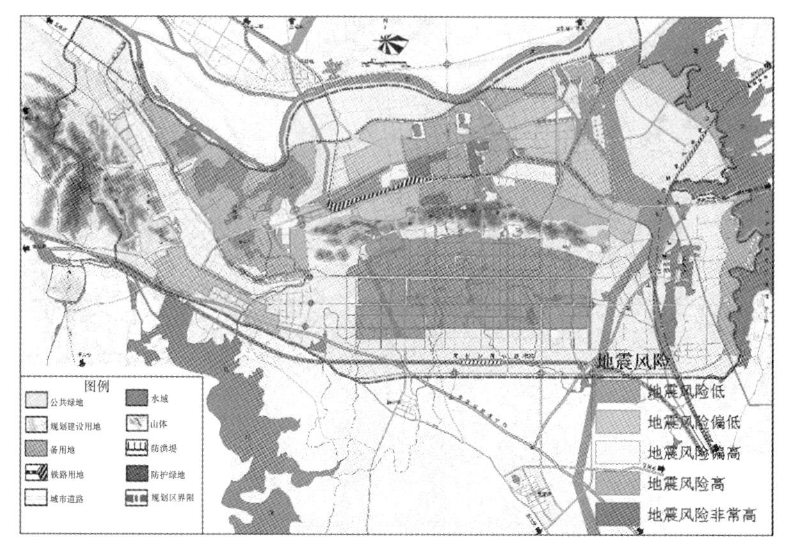

图 4-18　现状地震风险

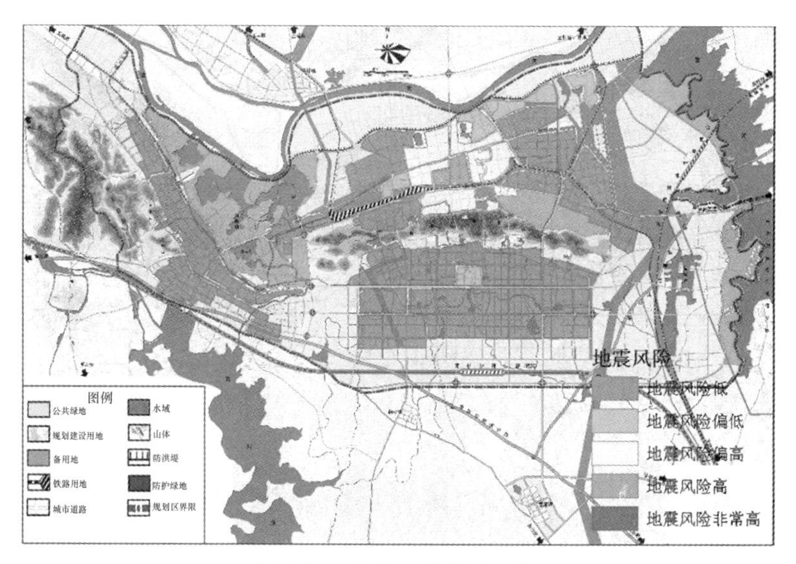

图 4-19　规划预期地震风险

如图 4-18 所示，多数地区地震风险都处于中、下等级，部分地区地震风险较高，尤其是老城区的部分地区地震风险非常高，这几个区域的建筑物多数是 1990 年前修建的，抗震设防水准低。此外,这几个区域处于市中心,人员密集,供水、供气及供热等地下管道多,所以地震风险很高。规划后,绝大多数地区的预期风险处于地震低风险水平。

规划区域现状和规划预期地震风险的可接受性,如图 4-20 和 4-21 所示。

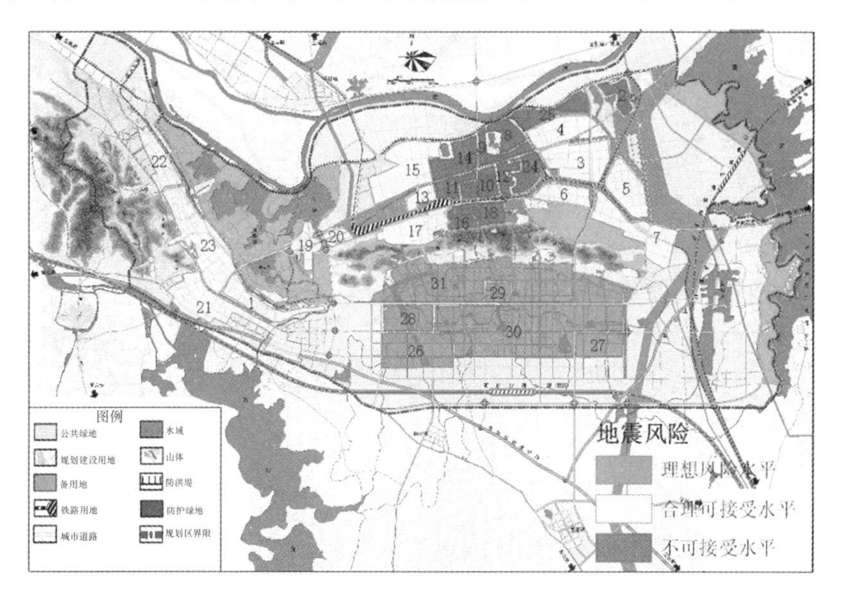

图 4-20 现状地震风险可接受性

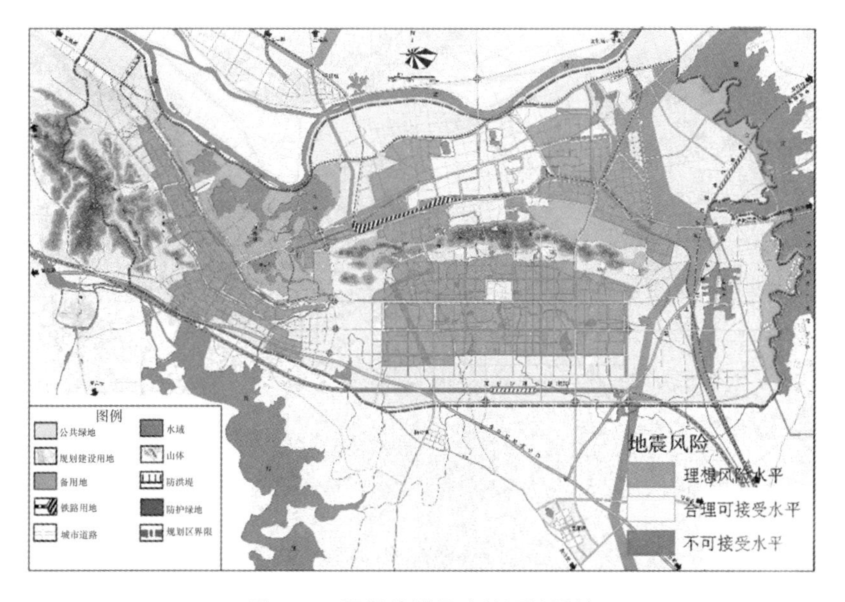

图 4-21 预期地震风险的可接受性

如图 4-20 所示，山南新区地震风险属于理想风险水平，旧城多数地区的地震风险不可接受，其他地区的地震风险为合理可接受水平。

如图 4-21 所示，规划实施后，预期的旧城区地震风险处于合理可接受水平，其他地区地震风险为理想风险水平。

4.5.3 洪水灾害风险的降低

1. 将防洪标准提高到合理的防洪水平

从漫顶洪水的模拟来看，规划区域能够抵御 60 年一遇的洪水，其中 40 年和 60 年一遇的洪水都出现漫顶现象，只是溢流出来的水都泄流到行洪区中，也就是上六坊、下六坊、石姚段和洛河湾内，其他地段并没有出现满堤。然而，对于 100 年一遇的洪水而言，从模拟横断面水位可得水位线达 24.22 m，除了漫顶淹没行洪区外，由于袁郢孜位于行洪区的边缘地带，而且地势比较低，造成洪水从该地区流入，直接倾入市区。

中心城区防洪标准近期按 100 年一遇设防；远期按 100 年一遇标准设防，200 年一遇洪水流量校核。

2. 加强洪水管理

从溃堤洪水的模拟来看，田家庵段堤坝的溃堤风险较大，一是由于它位于淮河拐弯处，堤坝受河流冲击力大，而且上游带来的石块、砂粒对堤的侵蚀比较严重，所以溃堤的发生概率大；二是由于田家庵堤坝以南是市区，溃堤产生的后果严重。在 100 年一遇的洪水周期下，溃堤造成的洪水淹没范围主要是：医院、公园小区和下陶村三片地区。

因此，一方面加强对田家庵堤坝的加固、增宽等工程性工作；另一方面针对淹没区做好溃堤洪水灾害的预防、预警和人员疏散计划。

5 城市安全规划

现阶段城市越来越多的安全问　都是由于事故引发的，究其原因是缺乏科学的土地利用安全规划，工业园区或建设项目选址、布局不尽合理，与民用设施、居民区及江海湖泊等脆弱性环境的安全距离严重不足。如何对工业园区、建设项目进行合理规划，预防和控制潜在的重特大事故，降低其造成的损失和影响，确保工业园区/建设项目安全运营和周边环境安全，已成为各级政府、建设者与管理者以及社会各界日益关心、关注和需要解决的核心问　。

城市安全规划着眼于城市生产中可能发生的事故，以预防和减少事故灾害为目的，从时间、空间上对城市的布局进行安排，其实质是对城市生产、生活要素的选址，通过预先规划，将不同的要素合理地布置在城市的不同位置，使其相互间影响尤其是发生意外情况时破坏降至最低，从而达到从初始阶段城市的安全风险可知、可控。

从面向对象来说，城市安全规划也可以看作是土地利用规划，如何在现有土地上针对相应的生产要素进行选址、安排即是城市安全规划的内容。

5.1 欧盟各国土地利用规划的概况

为了避免类似博帕尔和墨西哥城大规模工业事故的再次发生，欧洲议会和欧盟理事会于 1996 年 12 月 9 日颁布了理事会指令 96/82/EC，即塞维索法令，旨在控制危险物质引发的重大事故危害，在指令的第 12 条中明确引入对土地利用规划(Land-use Planning, LUP)。要求各成员国在其各自的法律中引入 LUP 标准。进行土地利用规划的目的在于合理布置不同设施，消除不相容的活动，例如危险品的处置和存储地应该与居住区间具有足够的安全距离。

工业场地土地利用规划是 Seveso II Directive 的一项新的要求。许多欧洲国家在该要求下，已经建立起自己的规划方法和标准。这些方法可以分为：① 通用距离法；② 基于后果的方法；③ 基于风险的方法；④ 混合方法。如图 5-1 所示。

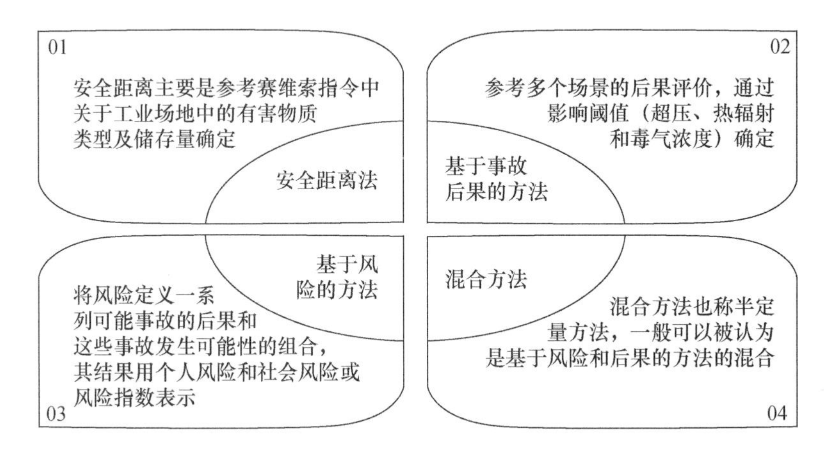

图 5-1　欧盟各国土地利用规划方法

5.1.1　土地利用规划的 Seveso II Directive 的条款

1. 土地利用规划是一个多维决策过程

特定条件下可能发生重大事故的危险源，若发生事故后，其事故后果超出他们的边界线，那就意味着危险源外部也会受到事故的影响，为避免和减小危险源事故对外部的影响，危险源应该与居民区和商业区隔开适当的距离。

理论上，为了确保周围居民和敏感环境的安全，应该加大距离，距离越大，受影响的可能性越小，也就越安全。然而实际上，土地是一种有限资源，不能无限制的拉大安全距离，从另一个角度上来讲过大的安全距离也是一种土地资源的浪费。因此有必要设定适当安全距离，在保证处于安全区域的前提下，又能最大程度地利用土地资源，从而达到持续发展的目的。

上述的适当决策取决于两个方面：风险源的情况（危险设施、所涉及物质、危险源的技术以及管理水平）和被事故影响对象的承受能力。小型加油站周围的安全距离和大型氢氟化物产品装置周围的安全距离应该有明显的不同。同样，医院和敏感、残疾人居住区应比一般工作场所位于更安全的位置。

总之，土地利用规划是一个有多个冲突目标的决策问　。一方面力争使周围人口最大程度安全；另一方面，又要求用最优的方式开发土地以获得最大的效益。

2. 土地利用规划的 Seveso Ⅱ Directive 的条款

新的 Directive 96/82/EC（Seveso Ⅱ）有如下要求：

（1）各成员国应确保在土地利用政策中考虑如何预防重大事故和减小事故后果影响，尤其是在进行新设施的选址、现有设施改建以及周围设施如居民区、共用区向外扩建时，应该充分考虑土地利用政策。

(2) 各成员国的土地利用政策要考虑对重要设施如居民区、特别敏感区域等设定恰当的安全距离。另外土地利用政策要考虑在现有设施的基础上增加技术措施，从而不会给周围设施增加风险。

(3) 所有职能和规划部门都应该设定恰当的公众参与程序以利于上述土地利用政策方便实施。

可以看出，该指令没有试图在细节上对安全距离进行量化。相反，它允许各个成员国以及职能部门对安全距离进行量化，允许各个成员国以及职能部门决定对每个设施来说多大距离是恰当的。每个成员国的职能部门也负责建立步骤以方便土地利用规划政策的实施。

5.1.2 欧盟各国土地利用规划常用方法

荷兰、英国、法国、德国已经制定出复杂的土地利用规划步骤，南欧国家如意大利、希腊、西班牙和葡萄牙也正在讨论制定土地利用规划的步骤，还有一些国家像丹麦也正在着手建立土地利用规划的步骤和标准。

从方法论的角度来说，在欧洲主要有两种方法用于进行土地利用规划：第一种方法是基于大量事故的后果，可称为基于后果的方法；第二种方法重在分析发生事故的后果和概率，可称为基于风险的方法。对于已知设施，基于后果的方法可以分析所研究场景能引起的致死和严重伤害的后果程度，而基于风险的方法可以研究发生事故后造成特定伤害如死亡、重伤的概率。

除了上述两种方法以外，还有第三种方法，该方法和前两种有所区别，这种方法主要是考虑安全距离，称为安全距离方法。安全距离通常由专家判断得到，主要是基于以往经验、相似设施的情况及工厂的自身条件等方面进行综合考虑判断。

表 5-1 对欧洲各国发展用地规划方法的情况进行了简要总结。

表 5-1 欧洲各国发展用地规划方法简要总结

国　家	安全距离	"基于后果"的方法	"基于风险"的方法	土地规划标准	仍在做出调整
奥地利					√
比利时		√(Walloon)	√(Flemish)		√
丹麦					√
芬兰		√			
法国		√		√	
德国	√	√		×	
希腊					√

续表

国　家	安全距离	"基于后果"的方法	"基于风险"的方法	土地规划标准	仍在做出调整
爱尔兰					√
意大利					√
卢森堡		√		√	
荷兰			√	√	
葡萄牙					√
西班牙		√			√
瑞典	√	√			√
英国			√	√	

1. 安全距离

进行土地利用规划时，最直接也是最简单的方法是使用预先定义的（确定性）间隔距离，即安全距离来进行土地利用规划，距离大小由塞维索工业场地中的有害物质类型及储存量决定。安全距离的确定基于工业活动的类型，而不是对事故风险进行详细分析。这些安全距离来源于专家判断，主要基于历史因素、经验、粗略的后果计算或工厂环境影响相关的信息。从应用条件上说，该方法需要基于三个要素：首先，目标是一系列要运行的设施，尽可能地以不对户外人群产生任何风险为目标；第二，对危险源应用先进技术并采取额外的安全措施以限制事故后果；最后，形成一个渐进的土地利用分区系统，避免邻近不协调的土地利用。

安全距离的方法主要在德国和瑞典被采用。在德国，土地的利用已经被分成许多类型，不同类型的区域之间设置相应的安全距离来分隔。在瑞典，安全距离是基于正常生产产生的影响因素（例如噪音、化学物的连续排放），而不是根据重大事故的风险或后果。

2. 基于后果的方法

"后果为本"的方法主要基于可靠（或可信）事故的后果评价，但并没有明确量化这些事故发生的可能性。该方法规避了潜在事故的发生频率和相关的不确定性。基于后果的方法注重定量风险分析研究中得到的多个参考场景的后果评价。

该方法中的一个基本概念是存在一个或多个"最坏可信场景"，场景的确定通过专家经验、历史数据以及来自于危险源辨识的量化信息综合判断。从某种意义来说，基于后果的方法在原理上和最不可信场景的方法相似。基本原理是：如果有足够措施保护人员免遭最不可信事故，那么对任何其他事故而言也能提供足够的保护。因此，此方法仅仅对事故规模进行评价，评价事故后果的严重程度，而不评价事故发生的可能性。

事故发生后，对周围的影响和损坏多是由其造成的超压、超温或有毒物质扩散引起的后果表现的，因而通过分析事故场所周围这些物理量的变化就可在一定程度上分析事故对周围的影响，通过对某一物理量如毒性浓度的分析，可对事故后果进行定量化研究，实际应用中，可用于分析事故后果的物理量还有很多，也有很多阈值，例如：

对毒物泄漏，IDLH(Immediately Dangerous for Life and Health)、ERPG-2、LOC、LC1%、相应于立即致死的浓度(致死率 1%)；

对热辐射，相应于三度烧伤的热辐射(例如 5 kW)；

对爆炸，相应于耳膜破裂的超压(例如 140 mbar)。

基于后果的方法主要在法国以及比利时南部部分地区使用。

3. 基于风险的方法

基于风险的方法注重事故后果频率或概率的评估，将风险定义为来自一系列可能事故的后果和这些事故发生可能性的组合，其结果用个人风险和社会风险表示。个人风险标准用以确保没有个体暴露在不可接受的高水平风险下，而社会风险标准体现了在事故中社会避免伤亡人数的增加。土地利用规划标准都基于特定的与计算风险有关的可接受标准。一般情况下，该方法通常包括以下四个阶段，危险源辨识，计算潜在事故发生概率，估计事故后果严重程度及其概率，整合为综合风险指标。

从方法论的角度看，这两个标准的应用应该被认为是有别于基于后果方法的区别之一，在基于后果的方法中，后果范围被作为土地利用规划的唯一标准。个人风险和社会风险的计算，不仅要评价事故后果，还要评价事故可能发生的概率。个人风险标准用于保护每个个人，使之免遭有关事故的危害。

社会风险标准的建立用来保护整个社会免于出现大规模事故。对于社会风险的计算，不仅要考虑设施周围的人口密度，而且要考虑一天中人口的短暂变化以及应急措施的可能性(户内和户外有区别)。通常社会风险标准的应用是作为个人风险标准的补充：即使在个人风险满足的情况下，也可能出现因大量人群位于危险区域的边缘，也有可能出现重大事故引起大量人员伤亡情况。

在 LUP 概念中，将风险分析的结果作为风险减缓措施的基础，在考虑减小事故概率和严重程度时为危险场地周边发展与否提供确切的指导。

基于风险的方法在荷兰、英国以及比利时等很多欧盟成员国得到采纳和应用。在非欧盟成员国如澳大利亚和瑞士也有采用基于风险的方法。需要补充说明的是，澳大利亚已制定该国的个人死亡风险标准和个人受伤风险标准。

在瑞士，风险标准使用频率—后果曲线来表示。风险标准采用 9 个单独的指标来量化事故的严重性，9 个指标分别是死亡人数、受伤人数、逃生人数、警报因素、死亡的动物、破坏的生态系统区域、污染区域，被污染的地下水以及财产损失。

在俄罗斯，考虑国家的工业情况、工业事故频率以及技术装置的情况，俄罗斯将个人死亡风险为 10^{-4}/年或更高时定为不可接受，可接受个人风险是 10^{-5}(现有建筑)，10^{-6}

(新建筑)或更低。10^{-4}和10^{-5}或10^{-6}(分别对现有和新建建筑)之间的区域是严格控制区,要限制人口密度。对于社会风险,死亡人数25及以上,同时概率高于10^{-4}时作为不可接受风险。

4. 荷兰的应用

荷兰对于个人风险及社会风险研究比较全面,已制定出比较明确的风险标准值。在荷兰,在对危险源设施的外部安全进行评估时,需要首先对风险进行定量化,包括评价各种事故发生的概率,这样就需要进行一个完全的定量风险评价(QRA)。

在进行定量风险评价时,死亡的个人风险标准设定为10^{-5}/年,这意味着在风险超出此值的地方,不允许居住,但可以作为其他用途,例如可以用作农业用地。对于新建的重大危险设施,个人风险标准和自然死亡风险相关,死亡的可接受风险被设定为10^{-5},比10^{-4}小一个数量级。

对单一危险源,可接受个人风险为10^{-6}/年,相应于10^{-6}/年的死亡个人风险等值线可以作为危险源周围安全区域的外部边界。但是对某些地区(例如在一片开阔地带的村庄)可能能接受更高的风险。对于社会风险,对现有和新的重大危险地点,采用的社会可接受风险是$10^{-3}/N^2$,N是伤亡人数,荷兰的可接受风险标准如表5-2所示。

表5-2 荷兰可接受风险标准

设备	个人风险标准		社会风险标准	
	现行	以往	现行	以往
现有设备	10^{-5}/年	10^{-5}/年	$10^{-3}/N^2$	$10^{-1}/N^2$
新设备	10^{-6}/年	10^{-6}/年	$10^{-3}/N^2$	$10^{-3}/N^2$
微弱风险	合理可接受区	10^{-8}/年	合理可接受区	$10^{-5}/N^2$

5.2 基于风险指数 *RI* 的选址评价

不管在设计、建造和运行中投入多大精力,工业园区、建设项目都存在发生重大事故引起人员伤亡的可能,其风险不可能完全消除。工业园区、建设项目的合理选址对防止重大伤亡事故及减缓事故后果起着至关重要的作用。如何找出风险最小的选址?如何判断选址的合理性?如何根据工业园区或建设项目的选址风险对周边土地利用布局进行调整?本书在风险分析的基础上采用英国安全卫生管理局的风险指数*RI*,对工业园区、建设项目的选址风险进行计算和表征,与可接受风险水平进行比较以判断选址合理性,在风险过大时适当调整周边布局。技术路线如图5-2所示。

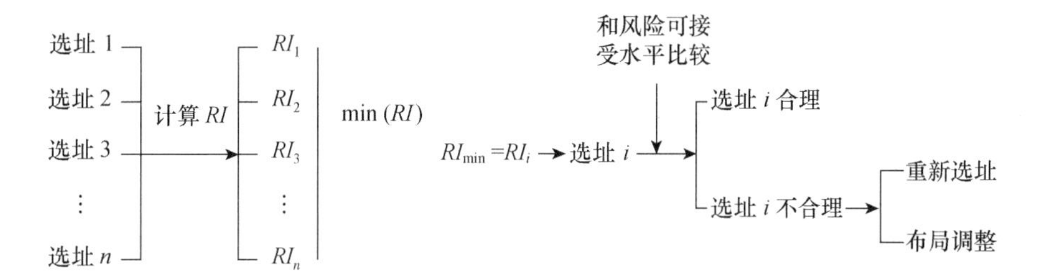

图 5-2 基于风险指数 ***RI*** 的选址评价技术路线

5.2.1 风险指数 *RI* 的计算

1. *RI* 的精确计算

F/*N* 曲线已知时，风险指数 *RI* 按下式计算：

$$RI = \sum_{N=1}^{N_{max}} f(N)N^{a} \tag{5-1}$$

式中，*N* 为伤亡人数；*f*(*N*)为导致 *N* 人伤亡事故的发生频率，次/(百万・年)；*a* 表示对风险的重视程度，为 1～3 的常数，其值越大表示对风险的重视程度越高。

2. *RI* 的近似计算

通常情况下，详尽的风险分析需要大量时间、资金以及很强的技术，需考虑众多因素，如气象条件、人口分布，条件限制较为严格。当新建(改建)的工业园区或建设项目的细节，如设备运行状况、采取的安全措施等未知时，*F*/*N* 曲线难以得到，也就不能精确计算 *RI*，这时要对 *RI* 进行估算。利用工业园区或建设项目可能发生的最严重事故(各种事故中引起伤亡人数最多的)对 *RI* 进行近似计算，其值用 *ARI*(Approximate *RI*)表示。

(1) *ARI* 的计算步骤。工业园区或建设项目 *ARI* 的计算流程如图 5-3 所示。

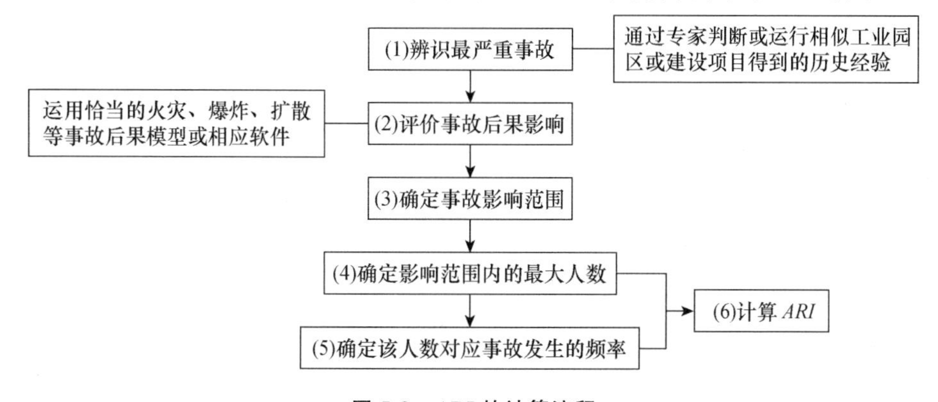

图 5-3 ***ARI*** 的计算流程

(2) ARI 的计算式。计算 ARI 时需要考虑两种情况：最严重事故的影响为多方向的，如火球、蒸气云爆炸事故；最严重事故的影响为单方向的，即为某一特定方向，如毒气扩散事故。

① 影响为多方向的最严重事故的 ARI 为

$$ARI = f(N_{\max})N_{\max}\left[\sum_{N=1}^{N_{\max}-1}\frac{N^{a-1}}{N+1}+N_{\max}^{a-1}\right] \tag{5-2}$$

式中，$N_{\max}$为最严重事故影响范围内的最大人数；$f(N_{\max})$是受影响人数为 $N_{\max}$时的事故发生频率。

② 影响为单方向的最严重事故的 ARI 为

$$ARI = f(N_{\max})N_{\max}^{2}\sum_{N=1}^{N_{\max}}N^{a-2} \tag{5-3}$$

式中，$N_{\max}$为最严重事故影响范围内的最大人数；$f(N_{\max})$是受影响人数为 $N_{\max}$时的事故发生频率。

5.2.2 选址合理性的判断

最严重事故风险指数 ARI 计算得出后，需和风险可接受水平比较，以确定选址的合理性。英国安全卫生管理局 HSE 应用 ALARP 准则对 ARI 的可接受水平进行了设定，如图 5-4 所示。

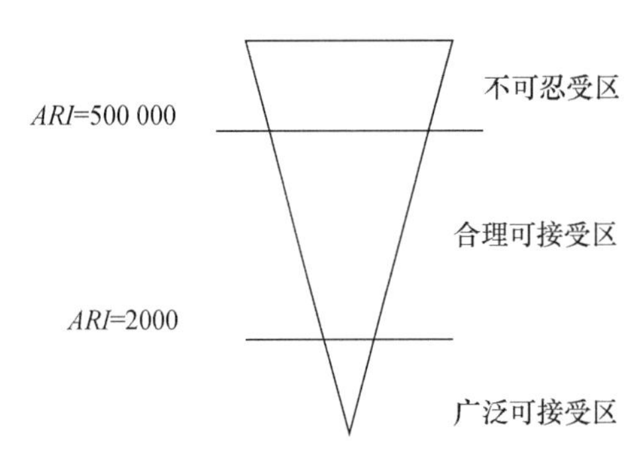

图 5-4 用 ARI 确定的风险的可接受水平

ALARP 准则将风险划分为三个区域：不可接受区、合理可接受区和广泛可接受区。由图 5-4 可知，$ARI=2000$ 和 500 000 分别是广泛可接受区与合理可接受区和不可忍受区与合理可接受区的分界线。

(1) 当 ARI 低于 2000 时，认为风险可以接受且不需采取任何风险减缓措施，此时选址是合理的；

(2) 当 ARI 高于 500 000 时，无论采取何种风险减缓措施，风险都偏大且不可接受，即选址不合理，需要重新选址；

(3) 当 ARI 为 2000～500 000 时，风险可以接受但需采取适当的风险减缓措施，例如改变当前选址周边的土地利用格局、减少人口密度等。

5.2.3 LNG 储备库的选址案例

以极端情况考虑，假设一个储罐发生整体破裂，泄漏的 LNG 有 80%参与了 BLEVE 火球的形成。对 BLEVE 而言，主要危害为热辐射。对于正常成年人，热辐射的影响为

$$Y = -36.38 + 2.56\ln(tq^{4/3}), \tag{5-4}$$

式中，Y 为概率变量；q 为人体接收的热辐射通量，单位为 W/m^2；t 为人体暴露在热辐射中的时间，单位为 s。当 t=14.72 s，Y=5，对应人员死亡概率为 50%，热辐射通量阈值 q=23 786 W/m^2，应用立体火焰模型对 BLEVE 后果进行计算，得到相应距离为 344.5 m。

蒸气云爆炸的主要危害来自爆炸时产生的超压，引起的死亡设为由超压导致的肺出血致死：

$$Y = -77.91 + 6.91\ln P^0, \tag{5-5}$$

式中，Y 为概率变量；P^0 为超压，单位为 Pa。令 Y=5，造成 50%人员死亡的超压阈值 P^0=16 251 Pa。应用 TNT 当量模型对蒸气云爆炸进行计算，得到相应距离为 45 m。

可见，BLEVE 较蒸气云爆炸更为严重，因此以 LNG 储罐所在位置为圆心，344.5 m 为半径，画圆确定的区域即为最严重事故的影响范围，如图 5-5 所示。

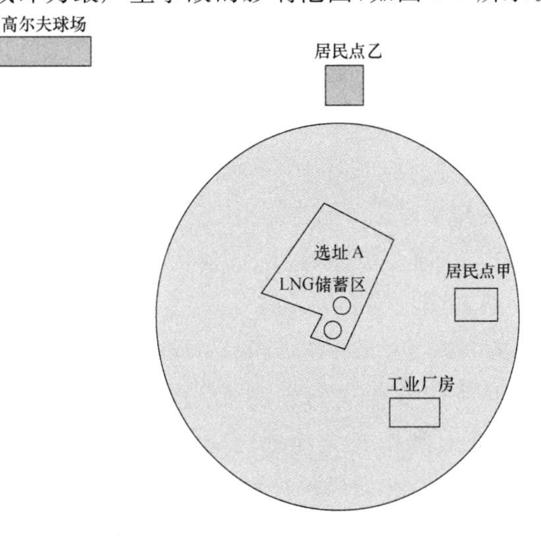

图 5-5 BLEVE 的影响区域

LNG 储备库东面的居民点甲和东南面的工业厂房均在事故影响范围内，受影响人数为 400 人，所以 $N_{max}=400$。查询 FRED 数据库，LNG 储罐发生不同事故的频率如表 5-3 所示。

表 5-3　LNG 储罐发生不同事故的频率

事故类型	失效频率/$(cpm \cdot a^{-1})$
BLEVE	10
50 mm 孔洞破裂	5
25 mm 孔洞破裂	5
13 mm 孔洞破裂	10

由表 5-3 可知，LNG 储罐发生 BLEVE 的频率为 10^{-5}，即 10 cpm/a，则 $f(N_{max})=10$ cpm/a。

因 BLEVE 事故的影响是多方面的，将 $N_{max}=400$ 和 $f(N_{max})=10$ 代入式(5-2)，得 $ARI=139\ 869$。与图 5-4 的风险可接受水平比较，风险指数值在合理可接受区，LNG 储备库可在此建设，但需对周边土地利用进行适当的调整，以尽可能降低风险。

5.3　PADHI 规划决策

由于规划对象在数量、位置、类型等方面存在差异，土地利用安全规划的复杂程度也不尽相同。有的较为简单，如在一处空地上建造 10 所分散的房屋；有些则非常复杂，如在三个危险源关注距离的交汇处，现建有一所学校，由于发展的需要另拟建一个体育中心、一个快餐店、两个干洗超市以及一个托儿所。如何准确定位规划对象位于哪一风险分区，如何根据规划对象类型确定其敏感度，如何决定所做规划是否可行？PADHI 规划决策方法的应用使这一系列问　得到解决。

PADHI(Planning Advice for Developments near Hazardous Installations)是英国安全卫生管理局开发的土地利用安全规划方法，用于涉及化学加工场所、燃料和化学品存放场所、管线等危险源的土地利用安全规划。规划根据对象的类型和规模，给出相应的敏感度等级，在定位规划对象所在的风险区后，应用 PADHI 矩阵做出规划决策。

5.3.1　PADHI 方法的一般步骤

1. PADHI 方法的五个步骤

PADHI 方法由五个步骤构成，如图 5-6 所示。

(1) 适用条件的判断：包括危险源类型，规划的位置，规划情形；

(2) 确定规划对象的类型；

(3) 确定规划对象的敏感度等级；

(4) 确位规划对象的位置；

(5) 应用 PADHI 矩阵进行规划决策。

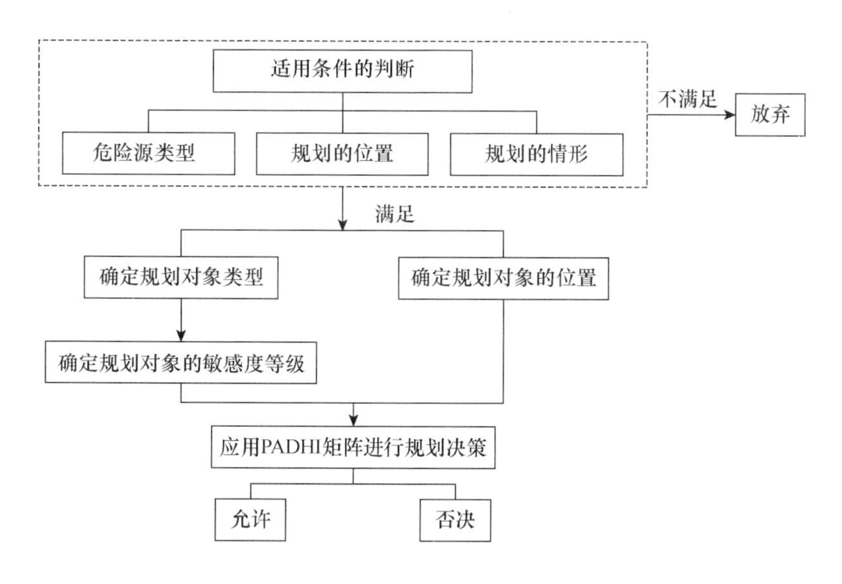

图 5-6 PADHI 方法的一般步骤

2. PADHI 方法的适用条件

虽然土地利用安全规划的复杂程度不同，但应用 PADHI 时，都应首先对所做的规划进行调查，以确认是否满足 PADHI 适用条件：

(1) 涉及化学加工场所、燃料和化学品存放场所、管线等危险源。

(2) 所做规划至少有一部分位于危险源的关注距离之内（关注距离外的规划不予考虑）。一般情况下，危险源的关注距离 CD 是一个“3 区域”系统，即在关注距离内划分 3 个区域：内部区域（IZ）、中部区域（MZ）及外部区域（OZ）（少数情况下少于 3 个区域），外部区域（OZ）的边界到危险源的距离即为关注距离。

(3) 所做规划为以下情况之一：① 住宿、住宅；② 零售场所占地面积 $250m^2$ 以上；③ 办公场所占地面积 $500m^2$ 以上；④ 工业场所占地面积 750 m^2 以上；⑤ 交通连接（铁路、主要道路等）；⑥ 所做规划在审查距离内，且由于规划使审查距离内的工人数量、流动人口数量显著增加。

在满足以上三个条件时，可应用 PADHI 对危险源附近的土地利用进行安全规划。

5.3.2 规划对象类型及敏感度等级划分

1. 敏感度的引进

敏感度以规划对象类型、可能在场的人数和是否有脆弱人员在场等为依据，用来衡量人群对危险源发生事故所引起的风险和危险的敏感性，分为四个等级：

(1) 等级1——以正常工作人群为基础；

(2) 等级2——以居家和参与正常活动的大众为基础；

(3) 等级3——以大众中的脆弱人员，如小孩、行动不便的人或虽患病但未查明病情的人为基础；

(4) 等级4——以大规模且敏感度等级为3的人群及大规模且敏感度等级为2的室外人群为基础。

敏感度等级1表示敏感性最低(最不脆弱人群)，敏感度等级4表示敏感度最高。随着规划对象的敏感度等级增大，在对规划对象进行规划时，限制条件也日益严格。

2. 规划对象类型的确定

规划对象类型和所涉及人群的敏感度等级息息相关，与敏感度等级对应，规划对象有四个基本类型：

(1) 工作场所、停车场地；

(2) 为大众所应用的规划对象，主要包括住房、旅馆、旅社、度假村、交通连接处、室内公共场所、室外公共场所；

(3) 为脆弱人员所应用的规划对象，主要包括按照制度安排的膳宿或教育场所，监狱；

(4) 特大、敏感的规划对象，主要包括按照制度安排的膳宿场所，特大的室外公共场所。

用PADHI方法进行土地安全规划，规划对象的数量至少为1，理论上，规划对象的数量可达到10个或更多，但实际上大多数规划只针对1个规划对象，最多2～3个。当规划对象的个数较多或有多种用途，例如住房、室内公共场所和工作场所混合。这时需将规划对象进行分组归类，属于相同类型的规划对象看作一个整体，细节(例如占地面积、床位数量等)进行加和，以便合理确定敏感度等级及准确定位规划对象所在位置。如表5-4所示，规划对象2和3同属于室内公共场所，细节需要加和。

表5-4 规划对象细节加和举例

规划对象	规划对象的细节	规划对象类型	PADHI考虑的规划对象细节
1	25座房屋，7000 m^2	住宅	住宅；25个单位，7000 m^2(35.71座房屋/公顷)
2	保龄球场，1500 m^2	室内公共场所	室内公共场所；2100 m^2(1500＋600)
3	加油站商店，600 m^2	室内公共场所	

需指出的是，若规划对象类型为室外公共场所或按制度进行安排的膳宿及教育场所，当其敏感度等级为4时，细节不需相加。公共汽车终点站(容纳人数少于1000)和足

球场(可容纳超过 1000 位观众)的规划对象类型都属于“室外公共场所”,但足球场敏感度等级为 4,应该和公共汽车终点站(敏感度不为 4)分开来处理,细节不需加和。两个房屋区域具有相同的规划对象类型——住房。因其敏感度等级均不为 4,因此要对二者一起考虑、处理,细节进行加和。图 5-7 为规划对象位置示意图。

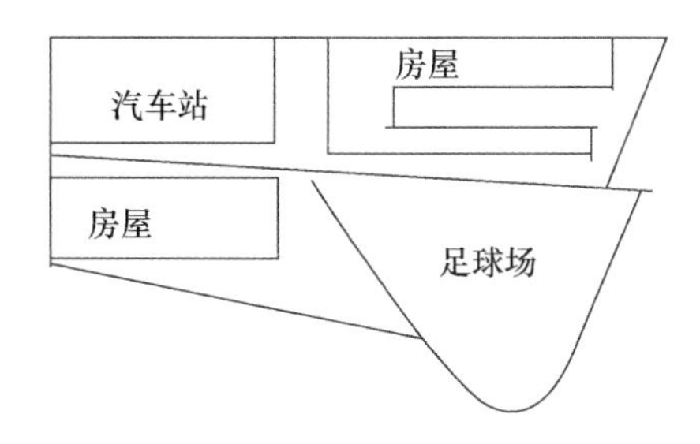

图 5-7 规划对象位置示意图

3. 敏感度等级的划分

规划对象的敏感度等级取决于规划对象类型及其规模,等级划分如表 5-5～表 5-8 所示。通常情况下,对于某一规划对象类型,当规模较小时,敏感度要降低一个等级;规模较大或很大,或者规划对象的特殊性会增加人们的风险时,敏感度要相应增加。表格中的“规划对象类型的特殊情况”项,是每种规划对象类型的特殊情况。原因说明项则是每种规划对象类型有一定敏感度等级的原因。

表 5-5 工作场所、停车场地的敏感度等级

规划对象类型	例 子	细节和敏感度等级	原因说明
工作场所	办公室、工厂、仓库、搬运站、农业建筑、非零售市场	工作场所(主要是非零售),只要每个建筑中员工少于 100 人,且在使用楼层低于 3 层; 敏感度等级 1	员工身体健康,在应急行动中易于组织。不会聚集大量人员或在短时间内只能出现极少量人员
	规划类型的特殊情况		
		工作场所(主要是非零售),任何建筑内只要员工数量为 100 或以上,或在使用楼层为 3 层或以上时; 敏感度等级 2(在重大危险场所处除外,等级仍为 1)	风险显著增加却没有因为暴露在风险中而带来直接利益
	受保护的工作场所	特别残疾人工作的场所(主要非零售); 敏感度等级 3	处于风险中的人员特别脆弱,易受危险事件伤害和/或不能快速组织参加应急行动

续表

规划对象类型	例　子	细节和敏感度等级	原因说明
停车场地	汽车停车场、卡车停车场、车库	停车场区域，没有其他相关设施（厕所除外）； 敏感度等级 1	
	规划类型的特殊情况		
	停车场附带有野餐区、零售店、度假区，或者与公交换乘服务区	停车场区域和其他设施或规划对象相关，要根据设施或规划对象确定敏感程度并进行决策	

表 5-6　为普通大众所用的规划对象敏感度等级

规划对象类型	例　子	细节和敏感度等级	原因说明
住房	房屋、公寓、退休人员的公寓/平房、大篷车、房车	达到且包括 30 个居住单元，同时密度为 40 个居住单元或公顷的发展； 敏感度等级 2	人们居住或暂时居住在此，在紧急事件中难以组织
	规划类型的特殊情况		
	填充式、偏僻地区的规划	1 或 2 个居住单元的规划； 敏感度等级 1	风险最小限度地增长
	较大的住宅区	30 个居住单元以上的较大规划； 敏感度等级 3	风险大幅度增长
		居住单元多于 2 个且密度大于 40 个居住单元/公顷的任何规划； 敏感度等级 3	高密度发展
旅馆/旅社/度假村	旅馆、汽车旅馆、客房、旅社、青年旅社、假日野营地、度假屋、学校公寓、宿舍、膳宿中心、度假用帐篷、野营地	床位数量在 10～100 之间或大篷车或帐篷数量在 3～33 之间的住处； 敏感度等级 2	人们暂时居住在此，紧急事件发生时可能难于组织
	规划类型的特殊情况		
	较小的客房、旅社、青年旅社、度假屋、学校公寓、宿舍、假日大篷车、野营地	床位少于 10 个或大篷车/帐篷的数量少于 3 个的住处； 敏感度等级 1	风险最小限度地增长
	较大的旅馆、汽车旅馆、旅社、青年旅社、假日野营地、度假屋、学校公寓、宿舍、假日大篷车、野营地	床位多于 100 个或大篷车/帐篷数量多于 33 个； 敏感度等级 3	风险大幅度增长

续表

规划对象类型	例　子	细节和敏感度等级	原因说明
交通连接处	汽车高速公路、双车道马路	重大的交通连接； 敏感度等级 2	主要目的是作为交通连接，有大量人员暴露在风险之中，但每个个体的暴露时间很短
	规划类型的特殊情况		
	庄园的道路、(高速公路的)交流道	单行路； 敏感度等级 1	人员非常少且大多数暴露在风险中的时间很短，和其他规划相关
	任何铁路或电车轨道	铁路； 敏感度等级 1	人员短暂出现，暴露在风险中的时间很短，长时间处于无人状态
室内公共场所	餐饮业：餐馆、咖啡馆、为司机提供快餐的地方、酒馆 零售业：商店、加油站(室内)、汽车展销处(室内)、零售店、超市、小型购物中心、市场、给公众提供金融和专业服务的地方； 社区与成人教育：图书馆、艺廊、博物馆、展览厅、日常诊疗室、健康中心、宗教建筑、社区中心、继续教育学院或大学； 集会与娱乐：长途汽车、公共汽车、火车站、码头、机场、电影院、舞厅、会议中心、体育中心、娱乐中心、健身房和高尔夫相关的路线、飞行俱乐部(例如换衣间、俱乐部房间)、室内竞赛用的微型单座汽车轨道	规划的目的是作为室内公共场所，空间总面积从 250 m^2 到 5000 m^2； 敏感度等级 2	大量公众会出现在规划对象的现场(但不是居民)，应急行动难以协调
	规划类型的特殊情况		
		空间总面积少于 250 m^2 的发展； 敏感度等级 1	风险最小限度地增长
		空间总面积超过 5000 m^2 的发展； 敏感度等级 3	风险大幅度增长

续表

规划对象类型	例　子	细节和敏感度等级	原因说明
室外公共场所	餐饮业：食品节； 野餐区零售：室外市场、汽车移动售货点、游艺集市； 社区与成人教育：露天剧场和展览； 集会与娱乐：长途汽车、公共汽车、火车站，车场与公交换乘区，码头，体育馆，运动场，游艺集市，主　公园，观望台，儿童玩耍区，自行车越野赛、竞赛用的微型单座汽车轨道，乡村公园，自然保护区，野餐场所，大帐篷	主要是作为公众所用的室外场所，人们主要在室外且在设施处聚集的人群不会超过100人/次； 敏感度等级2	公众有时出现在室内，有时出现在室外（不是居民）；应急行动难以协调
	规划类型的特殊情况		
	室外市场，汽车移动销售点，野餐区，停车场与公交车换乘区，观望台，大帐篷	主要是室外场所，可能吸引大量的公众（多于100人/次，甚至达到1000人/次）； 敏感度等级3	风险显著增加，由于在户外，更加脆弱
	主　公园、游艺集市、大型体育场馆和赛事，户外市场、户外音乐会、热门的节假日	主要是室外场所，可能吸引大量公众（超过1000人/次）； 敏感度等级4	风险显著增加，在户外及应急行动难以协调导致更加脆弱

表5-7　为脆弱人群所用的规划对象敏感度等级

划对象类型	例　子	细节和敏感度等级	原因说明
按照制度安排的膳宿和教育场所	医院，康复院、疗养院、当场有看护人或通过电话可找到看护人的老年人之家，受保护的住宅，托儿所，学校	制度的、教育性的以及为脆弱人员提供的特殊膳宿，或具有保护环境的场所； 敏感度等级3	可提供照顾或保护的场所。因为年龄、虚弱、或健康状况，人员可能会特别脆弱而易受到危险事件的伤害。应急行动和教育非常困难
	规划类型的特殊情况		
	医院，康复院、疗养院、老年人之家，受保护的住宅	24小时照顾，场所面积大于0.25公顷； 敏感度等级4	脆弱人员的风险显著增加
	学校，托儿所	日托，场所面积大于1.4公顷； 敏感度等级4	脆弱人员的风险显著增加
监狱	监狱，羁押中心	为服刑人员、待审人员提供的安全膳宿； 敏感度等级3	提供拘留的场所。应急行动和教育可能非常困难

表 5-8 特大、敏感的规划对象敏感度等级

规划对象类型	例 子	细节和敏感度等级	原因说明
按照制度安排的膳宿场所	医院,康复院、疗养院、老年人之家,受保护的住宅	大规模发展,目的是按照制度给脆弱人员提供特殊膳宿(或提供保护环境),提供24小时护理并且场所大于0.25公顷; 敏感度等级4	这样的场所可提供护理或保护。由于年龄或健康状况的原因,人员可能特别脆弱,易于受到危险事件的伤害。应急行动和教育可能非常困难。个人受到的风险可能很小但受到众多社会关注
	托儿所,学校	大规模发展,目的是按照制度给脆弱人员提供特殊膳宿(或提供保护环境),提供日常(非24小时)护理并且场所大于1.4公顷; 敏感度等级4	这样的场所可提供护理或保护。由于年龄或健康状况的原因,人员可能特别脆弱,易于受到危险事件的伤害。应急行动和教育可能非常困难。个人受到的风险可能很小但受到众多社会关注
特大的室外公共场所	主 公园,大型体育场馆和赛事,户外音乐会及热门节假日	主要为户外规划,可能会有超过1000人在场; 敏感度等级4	由于在户外,人们可能更容易暴露在有毒气体和热辐射中。大量人员使应急行动和疏散非常困难。个人受到的风险可能很小但受到众多社会关注

注意:所有等级为4的对象均为等级为2或3的对象的特殊情况,在表格中再写一遍的目的是为了参考的方便。

5.3.3 规划对象位置的确定

PADHI规划决策方法中一个很重要的阶段就是准确定位规划对象的位置。许多情况下,可以通过简单观察来确定。但当规划对象横跨几个风险分区,或周围涉及多个危险源时,准确确定规划对象的位置就要复杂得多。

1. 规划对象跨越多个风险分区

当规划对象横跨至少一个风险区域的边界时,需应用下面的准则来确定规划对象位于哪一区域之中,以便做出合理的规划决策。

(1) 通过简单观察不能确定规划对象所在分区时,需要计算规划对象在区域边界内的面积,确定该部分所占的百分比。对所考虑的规划对象,确定区域边界内规划对象所占的百分比时,要由内向外,即先计算内部区域中规划对象所占的百分比,再中部区域,最后是外部区域。规划对象面积的10%(或以上)最先位于某一区域内,即认为该规划对

象全部位于此区域。

如图 5-8 和图 5-9 所示，规划对象横跨中部区域的边界，一部分位于中部区域，另一部分位于外部区域。

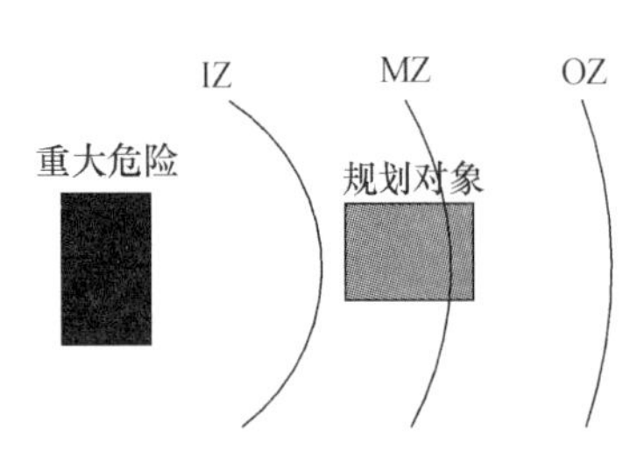

图 5-8　规划对象位于中部区域

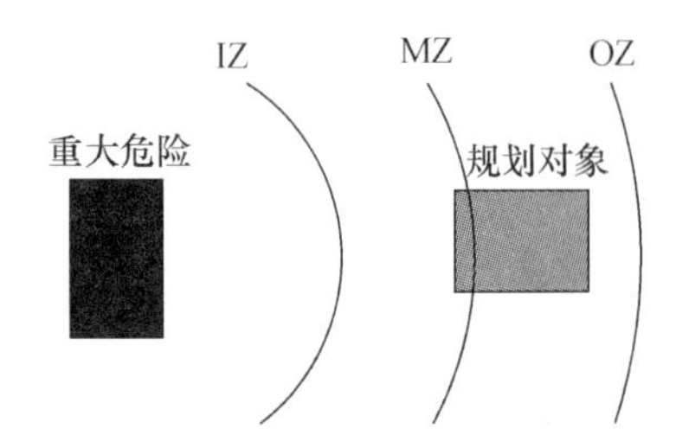

图 5-9　规划对象位于外部区域

图 5-8 中，规划对象位于中部区域的部分，面积大于 10%；而图 5-9 中，规划对象在中部区域的面积只占 5%，外部区域的面积占 95%。根据准则(1)，认为图 5-8 中规划对象位于中部区域，图 5-9 中规划对象则位于外部区域。

需指出的是，在计算规划对象的面积确定其所占百分比时，景观设计用地(包括汽车停车场、景观地、公园及开放空间、高尔夫绿地)及和规划对象相连的航道或道路要特殊对待。

如果规划对象在某一区域边界内的部分仅作为景观设计用地，在这样的情况下，不管规划对象规模大小，均把该部分的面积记为 0。如图 5-10 所示，规划对象位于内部区域边界内的部分为景观用地或汽车停车场，尽管占规划对象总面积的 28%，仍不认为该规划对象位于内部区域。

如果规划对象在区域边界内的部分除用作景观设计用地外，还有其他用途，那么在确定该部分所占的百分比时，边界内所有面积均要计算在内。如图 5-11 所示，规划对象位于内部区域边界内的部分，景观用地或停车场用地占 7%，其他发展类型占 7%，因此该部分占规划对象总面积的 14%，根据准则(1)认为该规划对象位于内部区域。

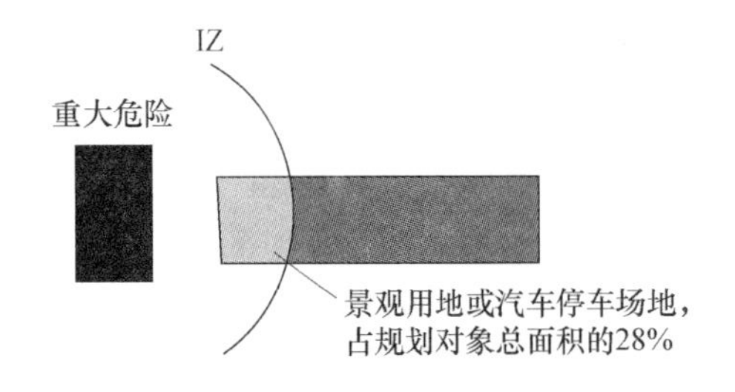

图 5-10　规划对象不位于内部区域

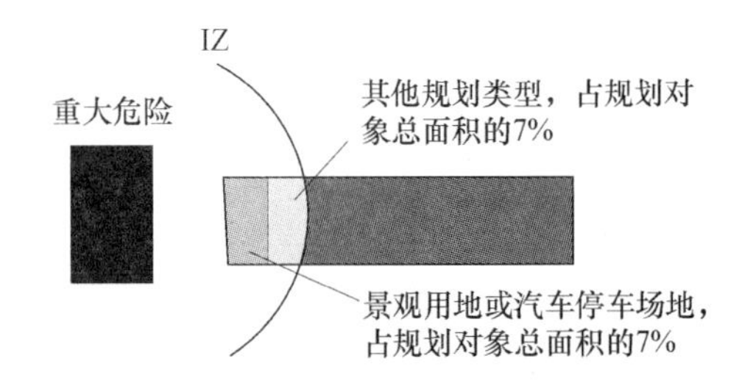

图 5-11　规划对象位于内部区域

(2) 在规划对象横跨CD边界的特殊情况下，应用下面的准则：

① 如果直到外部区域边界(也就是CD边界)，规划对象位于边界内的部分所占比重仍不足10%，那么认为规划对象的位置在CD之外，如图5-12所示。

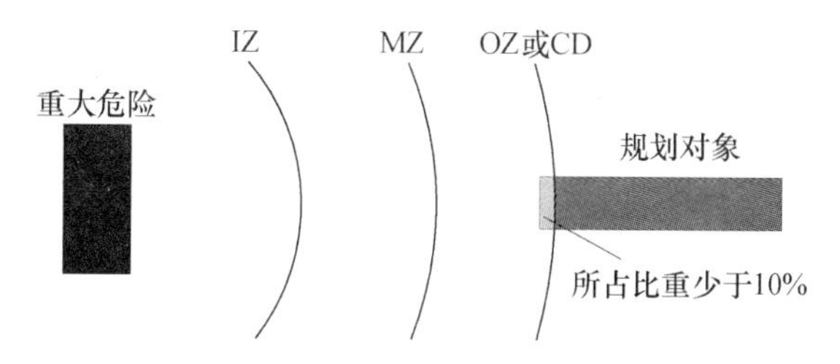

图5-12 规划对象位于CD之外

② 如果认为规划对象位于CD之内，需对所有组成规划对象的设施进行核查。在确定敏感度等级时，任何完全处于CD之外的设施，都要忽略；完全和/或部分处于CD之内的设施，则要统一考虑。

需要指出的是，当规划对象与敏感度等级为2的交通连接时，尽管规划对象可能横跨区域边界，但仍然认为其位于靠近危险源的区域。

2. 涉及多个危险源

当规划对象附近的危险源多于一个时，若规划对象处于这些危险源的CD之内，需分别确定规划对象位于每个危险源的哪一区域，然后根据规划对象所在的最严重区域(内部区域严重于中部区域，中部区域严重于外部区域)做出规划决策。

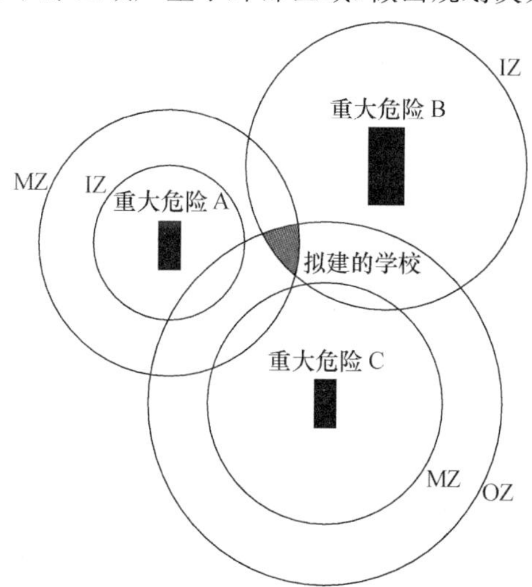

图5-13 规划对象周围存在多个危险源

例如，某处拟建一所学校，规划用地周围存在三个危险源 A、B、C，如图 5-13 所示。拟建的学校分别位于三个危险源关注距离内的中部、内部和外部区域，因严重性：内部区域＞中部区域＞外部区域，所以认为拟建学校所在区域应为内部区域。

5.3.4 规划决策

进行规划决策时，需要两方面的信息：① 规划对象的敏感度等级；② 规划对象所在位置。

在确定了规划对象的敏感度等级及位置后，用表 5-9 的矩阵得出决策建议。决策建议包括“否决”和“不否决”两种。对所有辨识出的规划对象重复此过程，当决策为“否决”时，需对规划对象进行相应改变以使工作可以顺利开展。

表 5-9 PADHI 决策矩阵

敏感度等级	内部区域	中部区域	外部区域
1	DAA	DAA	DAA
2	AA	DAA	DAA
3	AA	AA	DAA
4	AA	AA	AA

DAA＝不否决；AA＝否决。

5.3.5 拟建 LNG 储备库的周边决策案例

1. 基于后果的分区决策

由第 5.2.3 节 LNG 储备库的选址案例分析可以进行 PADHI 决策，这里讨论的是基于后果的分区决策。

对 BLEVE 和蒸气云爆炸的比较可知：BLEVE 较蒸气云爆炸更为严重。因此应用基于事故后果的方法进行土地利用安全规划时，只考虑 BLEVE。

(1) R_1 和 R_2 的计算。

以极端的情况考虑，假设一个储罐发生整体破裂导致其中 80%的 LNG 泄漏进而发生 BLEVE。设泄漏的 LNG 全部参与了 BLEVE 火球的形成，LNG 密度取 $\rho=0.7\ \text{kg/m}^3$。不可逆健康效应设为一度烧伤。

① R_1 的计算结果如表 5-10 所示。

表 5-10 R_1 的计算

死亡概率 $P/(\%)$	1
概率变量 Y	2.67
Y 和 V 的关系	$Y=-36.38+2.56\ln V$

续表

死亡概率 $P/(\%)$	1
V 和 q 的关系	$V=tq^{4/3}$
对应的热辐射强度 $q/(\mathrm{kW/m^2})$	12.27
事故后果模型	立体火焰模型
对应的距离 R_1/m	493.3

② R_2 的计算结果如表 5-11 所示。

表 5-11　R_2 的计算

一度烧伤概率/$P(\%)$	50
概率变量 Y	5
Y 和 V 的关系	$Y=-39.83+3.0186\ln V$
V 和 q 的关系	$V=tq^{4/3}$
对应的热辐射强度 $q/(\mathrm{kW/m^2})$	9.067
事故后果模型	立体火焰模型
对应的距离 R_2/m	578

(2) 风险区域 Z1、Z2、Z3 的划分。

以储罐为对象，分别计算 $R_{1\max}=493.3$ m 和 $R_{2\max}=578$ m 为距离阈值做缓冲区分析，由此确定三个风险区域 Z1、Z2 和 Z3，如图 5-14 所示。

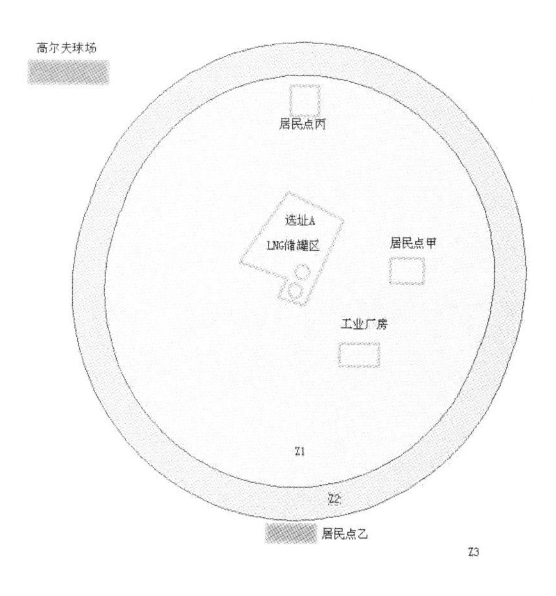

图 5-14　风险区域 Z1、Z2 和 Z3

（3）各风险区域的土地利用。

该LNG储备库属燃料存放场所，居民点甲、居民点丙、工业厂房在LNG储备库的关注距离578 m之内，符合PADHI规划决策方法的适用条件，而高尔夫球场和居民点乙在关注距离之外，不予考虑。因此，规划对象有3个，分别为居民点甲、居民点丙和工业厂房。

由图5-14可知，居民点甲、居民点丙、工业厂房均在风险区域Z1，即内部区域。由规划对象类型及敏感度等级表格可知，居民点甲、居民点丙敏感度等级均为3，工业厂房敏感度等级为2。应用PADHI矩阵进行决策：

① 居民点甲位于内部区域，敏感度等级为3。落在如表5-12所示的PADHI决策矩阵的AA区（灰色区域），因此不能在此设立居民区，居民点甲需要搬迁；

② 居民点丙位于中部区域，敏感度等级为3。落于如表5-12所示的PADHI决策矩阵的AA区（灰色区域），因此需要搬迁；

③ 工业厂房位于内部区域，敏感度等级为2。落于如表5-12所示的决策矩阵的AA区（灰色区域），在此设立工业厂房的危险过大，因此需要搬迁。

规划决策结果满足基于事故后果的土地利用安全规划对各风险分区的土地利用规定。这种决策方法应用广泛，还可以应用到下面某开发区某工厂周边土地利用的决策分析中。

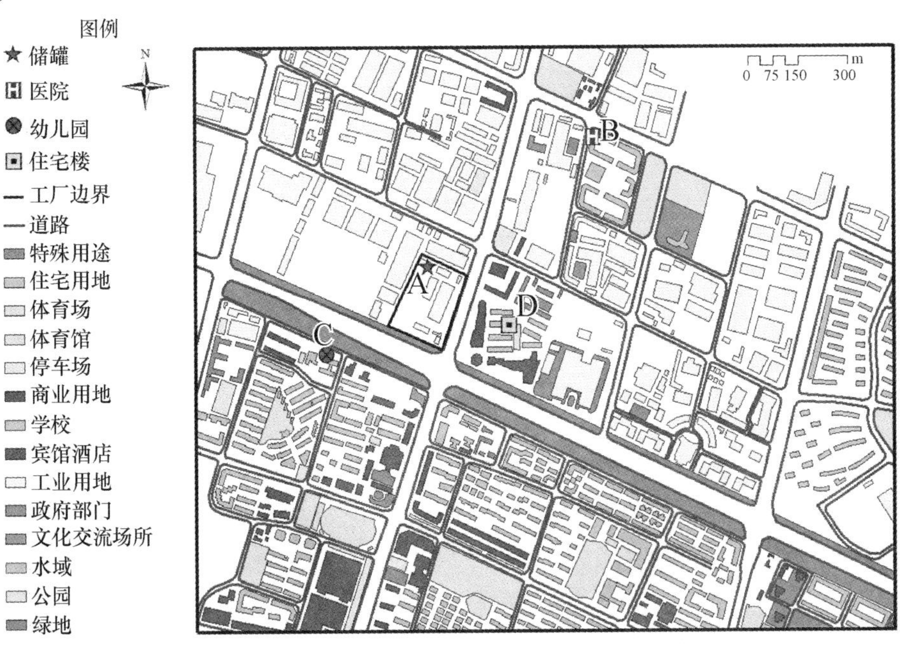

图5-15　研究区域土地利用类型

(1) 案例概述。该企业进行商标纸和胶黏带的生产与销售，在生产过程中需要使用大量的甲苯，为此需要考虑由甲苯引起的事故对周边，尤其是对南侧生活区的影响。

假设场地内一个 50 m^3 的储罐发生甲苯泄漏并引发沸腾液体扩展蒸气爆炸，且罐内物质全部参与反应，甲苯的燃烧热为 42 381.90 kJ·kg^{-1}，密度为 870 kg/m^3，储罐填充系数为 0.8，设计压强为 110 kPa，事故发生时周围环境 25℃，相对湿度为 0.7，25 ℃时水的饱和蒸气压 3170 Pa。

(2) 将研究区域土地利用类型导入 ArcGIS 中得到图 5-15。本书的研究对象为该工厂以外的其他土地利用类型，该工厂边界如图 5-15 所示，甲苯储罐位于 A 点，为了能够清楚地说明该研究案例，以下面三处为例进行说明：在该企业东北方向约 630 m 处为华泰医院 B，西南方向约 400 m 处为真爱幼儿园 C，东南方向约 330 m 处为某居住小区的一栋居民楼 D。

(3) 确定分区。利用 BELVE 火球动态模型，计算得到火球属性参数如表 5-12 所示。

表 5-12 BELVE 火球属性计算结果

甲苯质量/kg	34 800
持续时间/s	12.29
最大直径/m	189.36
最大中心高度/m	284.04

很多国家都制定了自己的物理效应阈值，用不同的数值和度量方法作为土地利用规划的标准，如法国认为热负荷在考虑到受体接受的热剂量外还考虑了暴露时间的不同，更具有推广实施价值。利用 BELVE 火球动态模型可以得到热负荷阈值所对应的规划参考半径，如表 5-13 所示。

表 5-13 热负荷阈值与土地利用规划参考半径

分区	热负荷/(s·(kW·m^{-2})$^{4/3}$)	热剂量/(kW·m^{-2})	半径/m
内部区域	1800	46.71	345
中部区域	1000	30.06	435
外部区域	600	20.49	525

将研究区域土地利用类型和表 5-16 中的规划参考半径导入 ArcGIS 中得到图 5-16，可以看到 3 个危险区域覆盖的范围占据了很大一部分空间。

(4) 确定敏感等级。根据上述中的敏感等级评价步骤得到图 5-17，可以看到企业周边大部分土地利用的敏感等级都为 2 级，部分具有较高敏感等级，例如医院 B 和幼儿园 C，医院 B 所在的建筑本身敏感等级为 2，但由于医院这个敏感土地利用类型的存在，根据“加和规则”，其敏感等级增加 1 级。而企业南侧的体育场敏感等级为 4，这是由于某一时刻该体育场可能聚集的人数大于1000人，体育场属于室外公用场所，一旦发生事故，暴露在室外的人员可能受到更大的伤害，风险较大。

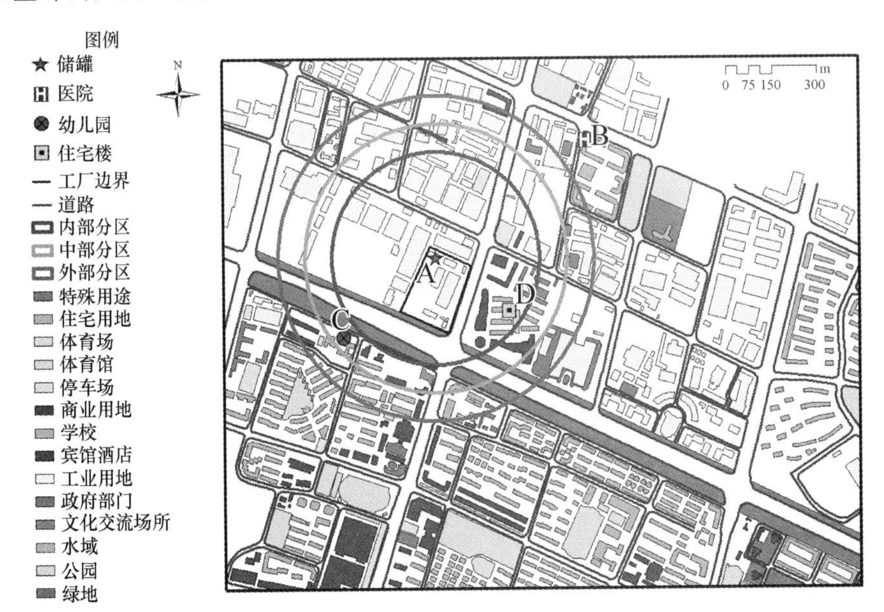

图 5-16　研究区域破坏分区

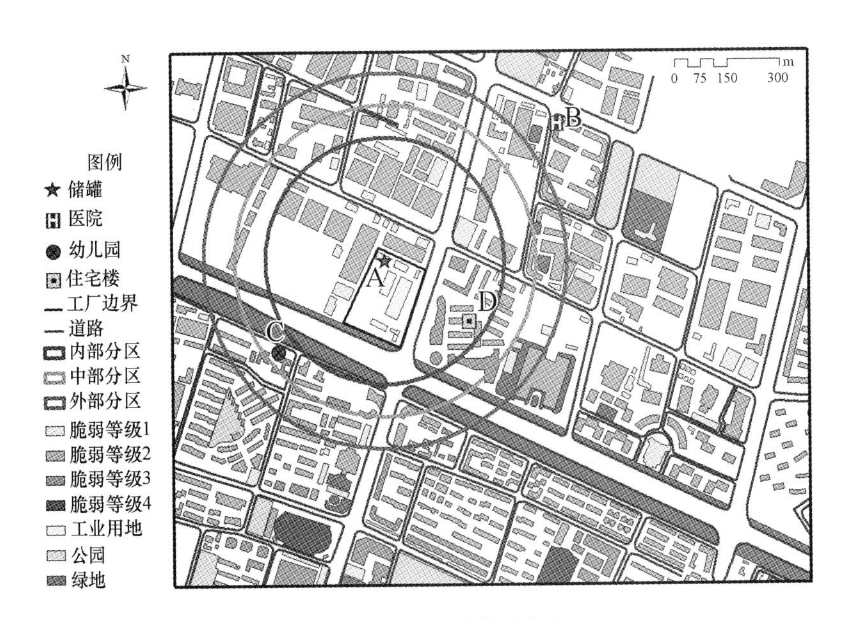

图 5-17　研究区域敏感等级

(5) 规划决策。将研究区域的 3 个危险分区和不同用地敏感等级叠加,以 5.2.4 节中的决策矩阵为依据得到图 5-18。这里针对 B、C 和 D 三点进行说明:

① 医院 B 完全位于外部分区以外,虽然敏感等级较高,为 3 级,但根据决策矩阵可以得到该发展规划合理,不会受到事故的影响。

② 幼儿园 C 敏感等级为 3,大部分位于中部分区以内,因此根据表 5-12 判断该发展规划不合理。

③ 居民楼 D 敏感等级为 2;由于该发展完全位于内部分区,根据表 5-12 判断该发展规划不合理。

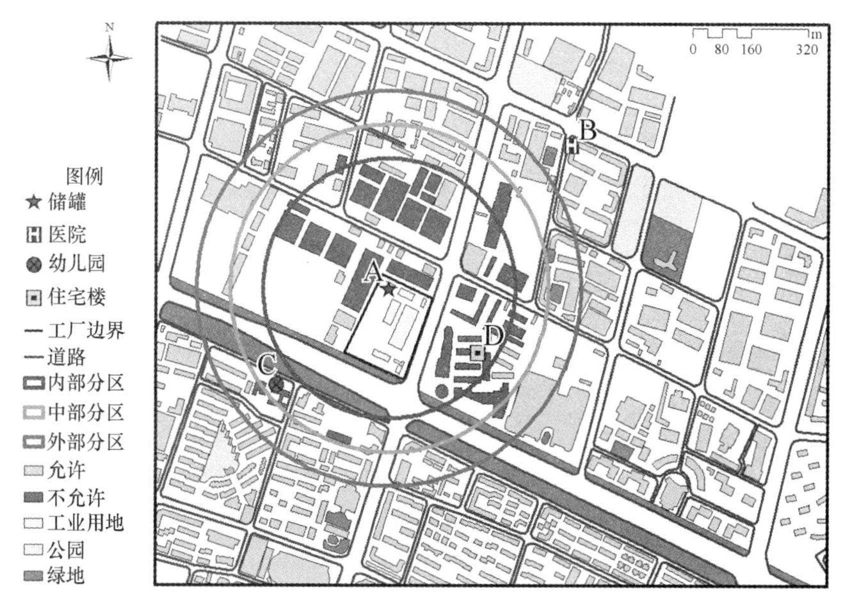

图 5-18 研究区域规划决策

根据以上分析,可以得出由于危险源甲苯储罐的存在,该企业对周边区域影响较大,为了保障周边区域人群的安全,需要重新规划其位置,从而避免事故带来的巨大危害。

2. 基于个人风险的分区决策

应用基于个人风险的土地利用安全规划方法对 LNG 储备库周边土地利用进行布局调整,与基于事故后果的方法不同,基于个人风险的土地利用安全规划方法对 BLEVE 和蒸气云爆炸均要进行考虑。

(1) 个人风险的定量分析。

① 事故后果的分析。在一个储罐发生整体破裂的情况下,设其中 80%的 LNG 全部泄漏进而发生 BLEVE 或蒸气云爆炸。

a. BLEVE 后果计算。设泄漏的 LNG 全部参与了 BLEVE 火球的形成，LNG 密度取 $\rho=0.7\text{kg/m}^3$。与 LNG 储罐的距离和人员死亡概率之间的关系如图 5-19 所示。

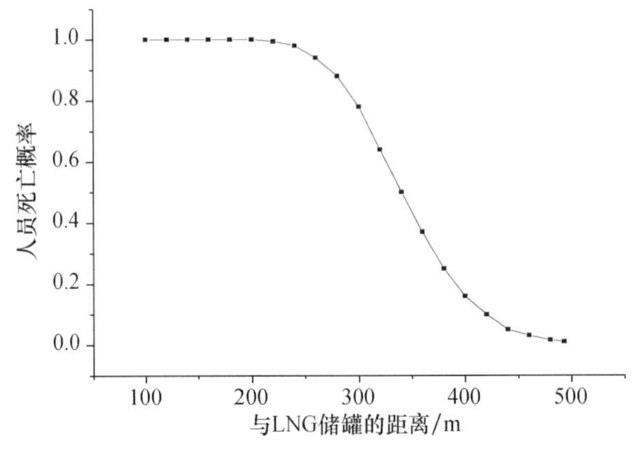

图 5-19　人员死亡概率与储罐距离关系图所示

b. 蒸气云爆炸后果计算。与 LNG 储罐的距离和人员死亡概率之间的关系如图 5-20 所示。

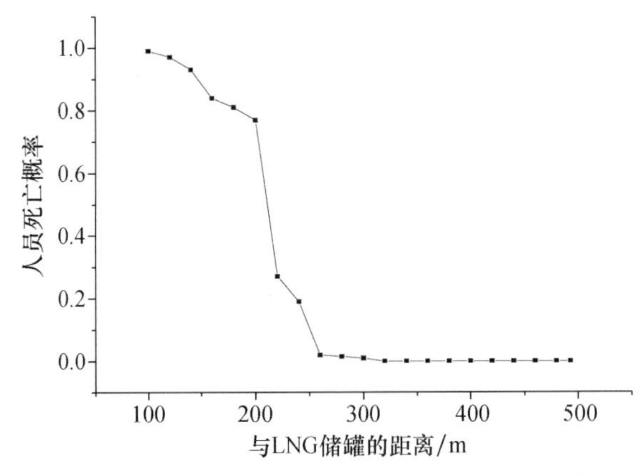

图 5-20　人员死亡概率与距离关系图(蒸气云爆炸)

② 个人风险的计算。

a. 与 LNG 储罐 120 m 处个人风险为

$$IR=\sum_{1}^{2}P_{fi}P_{d/fi}=10^{-5}\times 1+10^{-5}\times 0.97=1.97\times 10^{-5}$$

b. 与 LNG 储罐 240 m 处个人风险为

$$IR=\sum_{1}^{2}P_{fi}P_{d/fi}=10^{-5}\times 0.98+10^{-5}\times 0.19=1.17\times 10^{-5}$$

同理,可计算其他距离处的个人风险,计算结果如图 5-21 所示。

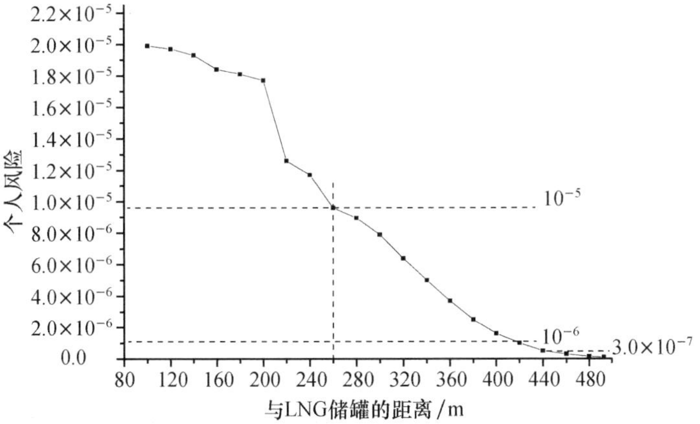

图 5-21　个人风险与距离关系图

(2) 风险区域的划分。

由图 5-23 可知,个人风险为 10^{-5}、10^{-6}、3×10^{-7}时,距 LNG 储罐的临界距离分别为 250 m、420 m 和 460 m。以储罐为对象,分别以 250 m、420 m 和 460 m 为距离阈值做缓冲区分析,即可确定三个风险区域,如图 5-22 所示。

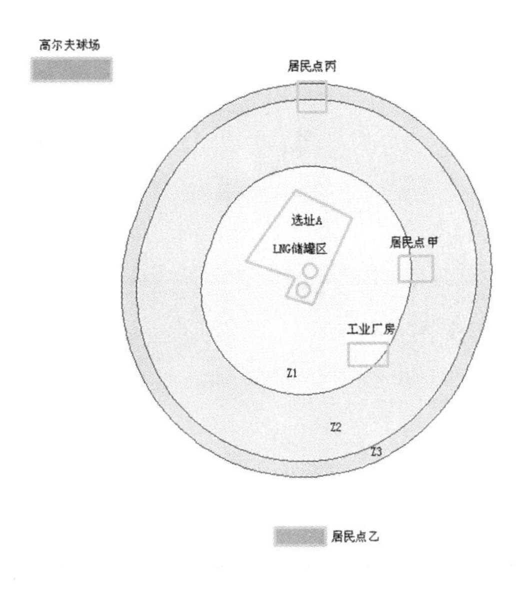

图 5-22　LNG 储备库周边的风险区域划分

(3) 各风险区域的土地利用。

LNG 储备库属燃料存放场所，居民点甲、居民点丙、工业厂房在 LNG 储备库的关注距离 460 m 之内，符合 PADHI 规划决策方法的适用条件，而高尔夫球场和居民点乙在关注距离之外，不予考虑。因此，规划对象有 3 个，分别为居民点甲、居民点丙和工业厂房。

由图 5-24 可知，居民点甲横跨风险区域 Z_1 和 Z_2，且有 10%以上位于 Z_1，故认为居民点甲位于区域 Z_1，即内部区域；居民点丙横跨风险区域 Z_2 和 Z_3，且 10%以上位于 Z_2，故认为居民点丙位于区域 Z_2，即中部区域；工业厂房中工人数量 100 人，横跨区域 Z_1 和 Z_2，且 10%以上位于 Z_1，故认为工业厂房位于区域 Z_1，即内部区域。

由规划对象类型及敏感度等级表格可知，居民点甲、居民点丙敏感度等级均为 3，工业厂房位敏感度等级为 2。

应用 PADHI 矩阵进行决策：

① 居民点甲位于内部区域，敏感度等级为 3，落在 PADHI 矩阵的 AA 区（灰色区域），因此不能在此设立居民区，居民点甲需要搬迁；

② 居民点丙位于中部区域，敏感度等级为 3，落在 PADHI 矩阵的 AA 区（灰色区域），因此不能在此设立居民区，居民点需要搬迁；

③ 工业厂房位于内部区域，敏感度等级为 2。落在 PADHI 矩阵的 AA 区（灰色区域），在此设立工业厂房的危险过大，因此需要搬迁。

规划决策结果满足基于个人风险的土地利用安全规划对各风险分区的土地利用规定。与基于事故后果的土地利用安全规划方法比较，虽然二者在风险区域划分时标准不同，但规划结果一致，且都满足各自方法对土地利用类型的规定。

5.4 基于蒙特卡罗的布局分析

合理的布局能够最大程度地减少事故风险、降低人员伤亡概率和财产损失，在对工厂进行布局前应该考虑到各种事故发生的可能性，并将这种考虑纳入到布局过程中。

5.4.1 蒙特卡罗分析实现方法

蒙特卡罗模拟的具体实现过程如下：

(1) 构造或描述概率过程。对于本身就具有随机性的问 ，主要步骤是正确地描述和模拟该概率过程；而对本来不具有随机性质的确定性问 ，就必须先构造人为的概率过程，而它的某些参量或变量正好是所求问 的解，即需要将不具有随机性的问 转化为具有随机性的问 。

(2) 实现从已知概率分布抽样。构造概率模型后，由于任何概率模型都可以被看作是由各种概率分布构成的，因此由已知概率分布产生随机变量或随机向量，就成为实现蒙特卡罗模拟试验的基本手段。为了方便,可以用数学递推公式产生随机数序列,这些序列与真正的随机数序列有所不同,称为伪随机数(序列)。但是多种统计检验表明,它与真正的随机数(序列)具有相似的性质,因而可将其作为真正的随机数来使用。由于已知概率分布实现随机变量有各种方法,本书将使用 Matlab 来实现。

(3) 计算模型输出结果。将(2)中得到的随机变量带入(1)建立的模型中,就可以通过计算得到一个可能的模型输出结果值。重复进行这一过程多次,如 10 000 次,就可以得到概率模型输出结果的概率分布。使用适当的统计方法便可以对模型结果的分布进行分析。

由于蒙特卡罗模拟试验都是在计算机上进行的,这样就排除了人为因素的影响,确保试验是在完全独立的条下进行,该试验结果能够较准确地对实际问 进行判断。

这里使用高斯模型计算泄漏后不同位置上的氨气浓度。连续泄漏条件下,扩散为烟羽(Plume)模式,浓度计算方法如式 5-6,根据得到的统计结果,利用 Matlab 生成 10 万组气象随机数,带入式(5-6):

$$C(x,y,z)=\frac{Q}{2\pi\sigma_y\sigma_z u}\exp\left(-\frac{y^2}{2\sigma\ 2_y}\right)\left[\exp\left(-\frac{(z-H)^2}{2\sigma_z^2}\right)+\exp\left(-\frac{(z+H)^2}{2\sigma_z^2}\right)\right] \tag{5-6}$$

式中,C 为扩散过程中坐标 x,y,z 上的浓度,单位为 $\mathrm{mg/m^3}$;Q 为泄漏时的质量流量,单位为 mg/s;H 为泄漏源相对于地面的高度,单位为 m;v 为风速,单位为 m/s;σ_y 和 σ_z 分别为横向和垂向扩散系数。

通过上述扩散模型计算下风向每个受体点上的氨气浓度;然后将所得浓度均值带入式(5-7);按照式(5-7)将剂量-反应关系转化成线性关系:

$$Y=\beta_0+\beta_1\ln(C^n t) \tag{5-7}$$

其中,Y 为概率;C 为浓度,单位为 ppm;t 为暴露时间,单位为 min;β_0,β_1 和 n 为计算参数

概率或百分数 P 和概率变量 Y 之间的关系可以表达为式(5-8)。

为了计算的简便,可以用下面的方程将概率变量 Y 转化为概率或百分数 P:

$$P=50\left[1+\frac{Y-5}{|Y-5|}erf\left(\frac{|Y-5|}{\sqrt{2}}\right)\right] \tag{5-8}$$

式中,erf 为误差函数。误差函数是高斯分布的积分,表达式如下:

$$erf(x)=\frac{2}{\sqrt{\pi}}\int_0^x e^{-t^2}\,dt \tag{5-9}$$

利用式(5-6)～式(5-9)计算泄漏后不同位置上氨气浓度带来的风险大小。

5.4.2 布局对比方法

结合各个方向上的风险大小可以得到风险等值线,以风险等值线和风向分布图为依

据对毒气泄漏事故下的工厂设施布局进行调整,使其更加合理。

为了对比调整前后的布局方案,可以采用计算相应成本的方法对调整结果进行验证说明。一般在工厂布局阶段过程中主要考虑的成本有:设备之间的管线连接成本、建筑物占用的土地成本及事故风险成本。

这里用欧氏距离来估计两建筑设施中心点之间的距离:

$$d_{ij} = (x_i - x_j)^2 + (y_i - y_j)^2 \tag{5-10}$$

式中,d_{ij}为两设施之间的距离,单位为 m;点(x_i, y_i)和(x_i, y_j)分别为设施或建筑物 i 和 j 的中心点坐标。

(1) 管线成本。

$$C_{\text{piping}} = \sum_{i,j} c_p d_{ij} \tag{5-11}$$

式中,C_{piping}为总管线成本;c_p 为单位长度管线成本。

(2) 土地成本。

原则上,土地购买时成本已存在,但最终布局所占据的区域将有利于未来开展扩建工程。假定布局始于点(0,0),同时,各个建筑之间及建筑和厂区边界之间应分隔一定的距离 st,则应该按照图 5-23 计算土地占用面积。

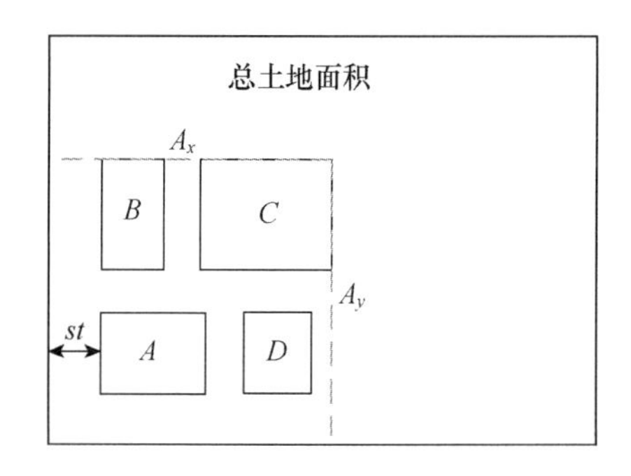

图 5-23　土地成本

土地成本为

$$C_{\text{land}} = c_l A_x A_y \tag{5-12}$$

式中 C_{land}为占用土地成本;c_l 为单位面积土地价格,A_x 和 A_y 用下式计算:

$$A_x = \max\left(x_s + \frac{Lx_s}{2}\right)$$
$$A_y = \max\left(y_s + \frac{Ly_s}{2}\right) \tag{5-13}$$

式中,x_s 和 y_s 分别为设施或建筑物 s 的中心点坐标;Lx_s 和 Ly_s 分别为设施 s 在 x 和 y

方向上的大小，单位为 m。

(3) 风险成本

假设人员均集中在建筑物的中心点，则各个受体设施中的事故风险总成本为

$$C_{\text{risk}} = c_{\text{pp}} t_l \sum_{s} \sum_{ri(i,r)} f_{i,r} P_{i,r,s} N_s \tag{5-14}$$

式中 C_{risk} 为事故风险成本；c_{pp} 为个人死亡赔偿；t_l 为工厂预期使用时间，单位为年；$f_{i,r}$ 为设施 i 发生 r 类泄漏事故的频率；$P_{i,r,s}$ 为中毒死亡概率；N_s 为设施 s 中的预期人数。

(4) 总成本

$$C_{\text{total}} = C_{\text{piping}} + C_{\text{land}} + C_{\text{risk}} \tag{5-15}$$

通过对比初始布局和考虑风险后的布局的总成本，可以确定后者是否更加合理。

5.4.3 某工厂布局案例分析

1. 案例概述

图 5-24 为天津塘沽区某工厂初始布局规划图，假设在该工厂的日常运行中压缩机室的氨气发生连续泄漏，泄漏质量流量 Q 为 0.28 kg/s；泄漏源相对于地面的高度 H 为 1.8 m；受体点纵向高度 z 为 1.5 m；暴露时间 t 为 20 min。同时考虑瞬时泄漏的情况，小型氨气储罐发生破裂，氨气泄漏质量为 100 kg，其余条件与连续泄漏相同。对于氨气，世界银行推荐的 β_0 和 β_1 值分别为 −9.82 和 0.71。

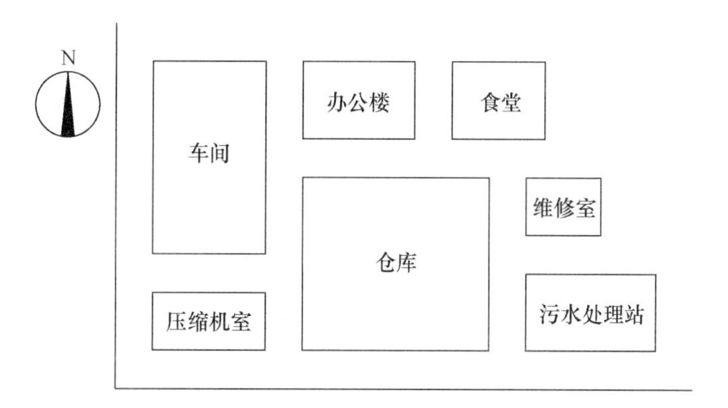

图 5-24 某工厂初始布局规划图

氨气（分子式 NH_3）常温下为气体，无色有刺激性恶臭。低浓度氨气对黏膜有刺激作用，高浓度则可造成组织溶解坏死。轻度急性中毒者会出现流泪、咽痛等症状；中度中毒者症状加剧，会出现呼吸困难；严重者发生中毒性肺水肿，或有呼吸窘迫综合征，昏迷、休克等。

为了简化问　，本书假设所有人员集中在建筑物中心点，并且仅考虑办公楼内的人员分布；该厂所在位置地势平坦，因此在研究过程中不考虑地形地势及建筑物的影响。

表 5-14 为工厂内建筑物的规格统计。

表 5-14　厂内建筑物的规格

建筑物	压缩机室	车间	仓库	办公楼	污水处理站	维修室	食堂
宽度/m	30	30	50	30	35	20	25
长度/m	15	50	45	20	20	15	20

根据《全国工业用地出让最低价标准》和《工伤保险条例》等规定、失效率及事件数据库 FRED 数据库及相关参考文献，下面给出案例的其他参数：土地价格为 400 元/m^2；工业事故死亡赔偿为 100 万元/人；设施建筑间分隔距离为 10 m；办公楼人员数量为 200 人；连续泄漏和瞬时泄漏发生概率分别为 7×10^{-5} 和 1×10^{-5}。

2. 气象数据处理

选取 1996—2005 年十年间的气象数据（主要包括风向、风速、总云量、低云量等），并按照上文方法进行数据统计处理，图 5-25 为天津地区十年风向玫瑰图；图 5-26 为风向概率累积图（从南风开始顺时针旋转）。

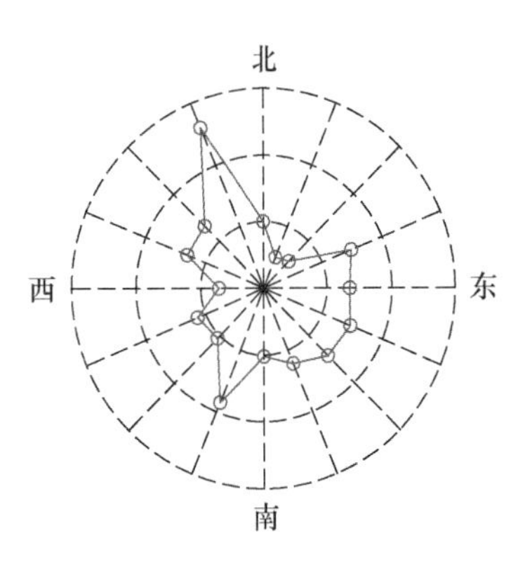

图 5-25　天津地区风向玫瑰图

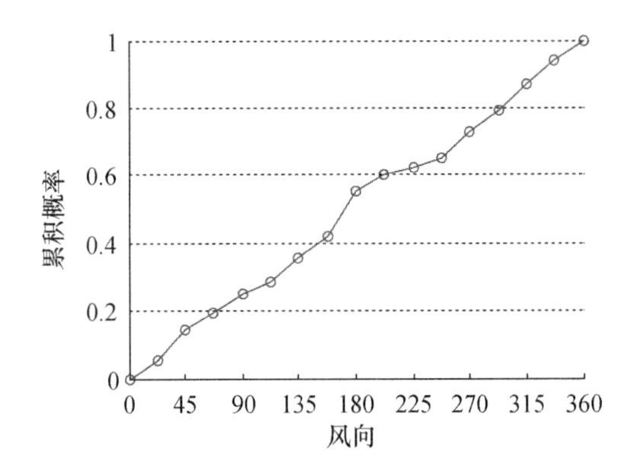

图 5-26　风向频率累积分布

分布利用 Matlab 中的 dfittool 拟合工具对各个风向的风速大小进行拟合，得到各个方向上的风速分布，图 5-27 为风向 16 上风速分布的 Weibull 拟合结果；图 5-28 为风向 4 上大气稳定度等级概率分布。

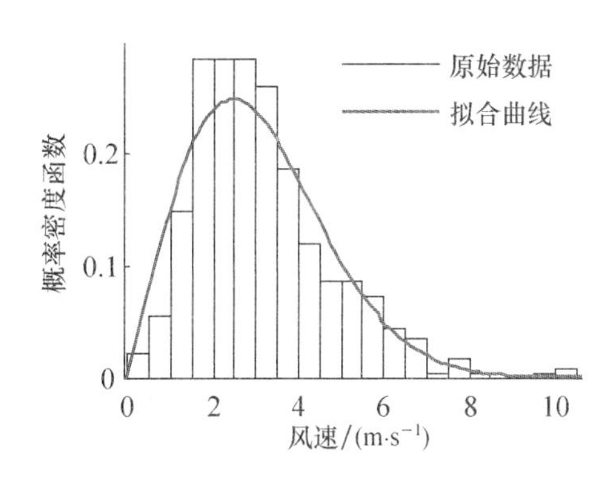

图 5-27 风速分布的 Weibull 拟合结果

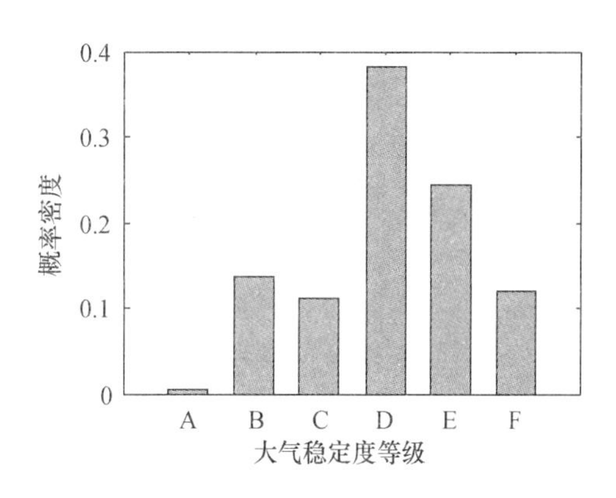

图 5-28 大气稳定度概率分布

综合各风向的风速分布拟合参数及大气稳定度分布得到表 5-15,可以看到不同风向上风速和大气稳定度的分布特征有很大差别。

表 5-15 各个风向上风速 Weibull 参数及大气稳定度等级分布

风向	Weibull 拟合参数		大气稳定度等级概率					
	形状参数(a)	尺度参数(b)	A	B	C	D	E	F
1(N)	2.83347	2.17741	0.0058	0.1255	0.1324	0.2445	0.2235	0.2682
2	2.57964	2.18057	0.0036	0.1335	0.0825	0.3508	0.2260	0.2035
3	2.37623	2.26984	0.0051	0.1424	0.0793	0.3547	0.2439	0.1747
4	2.5933	2.21842	0.0055	0.1378	0.1122	0.3812	0.2432	0.1201
5(E)	2.64656	2.25389	0.0019	0.1290	0.1116	0.3780	0.2572	0.1223
6	2.26619	2.15463	0.0109	0.2037	0.1052	0.2477	0.2167	0.2158
7	2.0416	2.31521	0.0128	0.2302	0.0905	0.1922	0.2911	0.1833
8	1.88951	2.39101	0.0113	0.2469	0.0648	0.1678	0.2698	0.2395
9(S)	1.81513	2.35104	0.0110	0.2384	0.0644	0.1576	0.2636	0.2649
10	2.17661	2.25645	0.0081	0.2285	0.1094	0.1278	0.2480	0.2782
11	2.30614	2.25	0.0058	0.2200	0.1231	0.0940	0.2600	0.2971
12	2.2073	2.07027	0.0099	0.2271	0.1069	0.1023	0.2239	0.3300
13(W)	2.18831	2.06766	0.0077	0.2061	0.0915	0.1709	0.2379	0.2860
14	2.98061	1.71607	0.0037	0.1403	0.1217	0.2605	0.2560	0.2179
15	2.74955	1.79569	0.0077	0.1632	0.1218	0.2393	0.2512	0.2169
16	3.45366	2.00407	0.0033	0.1091	0.1496	0.3009	0.2561	0.1810

3. 风险计算

(1) 连续泄漏。这里使用高斯烟羽模型计算泄漏后不同位置上的氨气浓度。根据表 5-16 中得到的统计结果,利用 MATLAB 生成 10 万组气象随机数,带入式(5-6)中计算下风向每个受体点上的氨气浓度；将所得浓度均值带入式(5-6)～式(5-9)计算不同位置上的风险大小，如表5-17所示。图5-29为90%、50%及10%死亡概率对应的等值线。

表5-16 气象数据大气稳定度统计结果

风向	风速/(m/s)	稳定度等级概率					
		A	B	C	D	E	F
1(N)	＜2.0	0.016	0.260	0.009	0.128	0.186	0.401
	2.0～3.0		0.089	0.186	0.134	0.217	0.373
	3.0～5.0		0.010	0.254	0.416	0.320	
	＞5.0				1.000		
2	＜2.0	0.009	0.219	0.000	0.212	0.278	0.282
	2.0～3.0		0.122	0.152	0.224	0.256	0.246
	3.0～5.0			0.143	0.754	0.103	
	＞5.0				1.000		
3	＜2.0	0.010	0.228	0.002	0.218	0.341	0.202
	2.0～3.0		0.092	0.156	0.280	0.198	0.275
	3.0～5.0		0.002	0.171	0.755	0.072	
4	＜2.0	0.013	0.242	0.001	0.256	0.302	0.186
	2.0～3.0		0.103	0.160	0.292	0.308	0.137
	3.0～5.0		0.021	0.235	0.663	0.081	
	＞5.0			0.015	0.985		
5(E)	＜2.0	0.005	0.228	0.001	0.273	0.306	0.187
	2.0～3.0		0.102	0.153	0.306	0.296	0.144
	3.0～5.0		0.021	0.238	0.595	0.147	
	＞5.0				1.000		
6	＜2.0	0.022	0.289	0.003	0.167	0.260	0.259
	2.0～3.0		0.170	0.159	0.189	0.204	0.279
	3.0～5.0		0.042	0.291	0.534	0.133	
	＞5.0				1.000		
7	＜2.0	0.022	0.292	0.008	0.160	0.291	0.228
	2.0～3.0		0.170	0.169	0.206	0.300	0.155
	3.0～5.0		0.045	0.361	0.320	0.273	
	＞5.0				1.000		
8	＜2.0	0.017	0.295	0.001	0.141	0.284	0.262
	2.0～3.0		0.181	0.154	0.184	0.244	0.238
	3.0～5.0		0.026	0.351	0.387	0.236	

续表

风向	风速/(m/s)	稳定度等级概率					
		A	B	C	D	E	F
9(S)	<2.0	0.016	0.286	0.001	0.143	0.281	0.273
	2.0~3.0		0.149	0.190	0.147	0.228	0.287
	3.0~5.0		0.015	0.373	0.383	0.230	
	>5.0				1.000		
10	<2.0	0.015	0.298	0.002	0.110	0.262	0.313
	2.0~3.0		0.207	0.176	0.053	0.202	0.363
	3.0~5.0		0.034	0.353	0.319	0.294	
	>5.0				1.000		
11	<2.0	0.012	0.308		0.100	0.224	0.357
	2.0~3.0		0.180	0.188	0.038	0.256	0.338
	3.0~5.0		0.043	0.377	0.164	0.417	
	>5.0			0.042	0.958		
12	<2.0	0.020	0.305	0.003	0.067	0.204	0.402
	2.0~3.0		0.190	0.168	0.115	0.192	0.336
	3.0~5.0		0.010	0.396	0.143	0.451	
	>5.0				1.000		
13(W)	<2.0	0.014	0.306		0.116	0.223	0.342
	2.0~3.0		0.116	0.187	0.164	0.226	0.306
	3.0~5.0			0.325	0.241	0.434	
	>5.0				1.000		
14	<2.0	0.009	0.256	0.006	0.161	0.239	0.328
	2.0~3.0		0.130	0.178	0.149	0.226	0.316
	3.0~5.0		0.010	0.301	0.266	0.423	
	>5.0				1.000		
15	<2.0	0.018	0.273		0.169	0.266	0.273
	2.0~3.0		0.156	0.179	0.104	0.195	0.367
	3.0~5.0		0.020	0.315	0.296	0.369	
	>5.0				1.000		
16	<2.0	0.013	0.258		0.171	0.254	0.304
	2.0~3.0		0.141	0.188	0.098	0.208	0.364
	3.0~5.0		0.010	0.295	0.288	0.407	
	>5.0			0.001	0.999		

注：空格表示概率为零。

表 5-17　各个风向上对应不同死亡概率的下风向距离/m

方向	1%	5%	10%	25%	50%	75%	90%	95%	99%
1	203	150	127	96	72	54.5	42.5	37	28
2	189	139	117	89	67	51	40	34	26
3	184	135	114	86.5	65	50	39	33.5	25
4	208.5	152.5	128.5	97	72.5	55	43.5	37.5	28
5	196	144	121	92	69	52.5	41	35.5	26.2
6	180	132	112	85	64	49	38	33	24
7	184	135	114.5	87	65.5	50	39	33.5	25
8	142	104	88	68	52	39	30.5	26	19
9	170	124	104	79	60	45.5	35.5	30	22
10	163	120	102	78	59	44.5	34.5	30	22
11	163	120	102	78	59	44.5	34.5	30	22
12	143	105	90	69	52	39	30.5	26	19.5
13	144	107	91	70	52.5	39.5	31	26	20
14	177	130	110	84	63	48	37.5	32	24
15	179	132	112	85	64	48.5	38	32.5	24
16	179	132	112	85	64	48.5	38	32.5	24

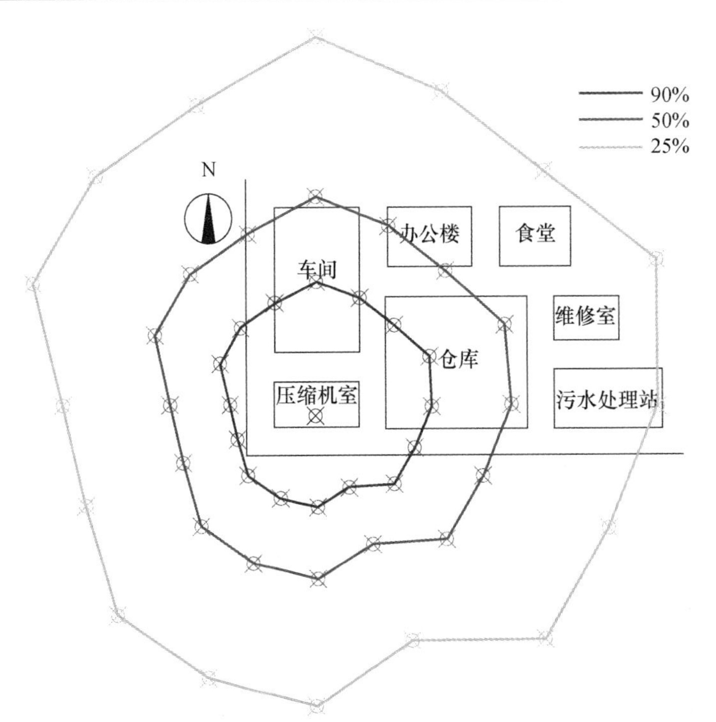

图 5-29　连续泄漏风险等值线

(2) 瞬时泄漏。对于瞬时泄漏,使用高斯烟羽模型计算氨气浓度分布。由于用该模型计算得到的浓度随时间变化,其中毒概率计算过程较为复杂,这里仅用 Matlab 生成 1 万组随机数,带入式(5-6)中计算下风向每个受体点上不同时刻的氨气浓度;将所得浓度带入式(5-6)～式(5-9)进行计算,表 5-18 给出不同方向上对应死亡概率的下风向距离,图 5-30 为 90%、50%及 25%死亡概率对应的等值线。

表 5-18 各个风向上对应不同死亡概率的下风向距离/m

方向	1%	5%	10%	25%	50%	75%	90%	95%	99%
1	253	188	158	113.5	69	45	33	28	18
2	282	212	181	136	92	54	36.5	30	21.5
3	286	216	185	139.5	94	54	36	29.5	21
4	285	214	182	136	88	51	35	29	21
5	291	217	184.5	137	90.5	53	36	30	21
6	281	206	172	119	66	42	31	26	18
7	276	202	168	112	60	40.5	30.5	26	20
8	285	203	164.5	102	56	39	29	25	19
9	288	208	170	108	57.5	39.5	30	26	19
10	267	191	152.5	90	53.5	38	29	25	19
11	263	180	142	81	53	38	29	25	18
12	252	176	136	79.5	52	38	29	25	18
13	265	191	157	99	56	39	30	26	19
14	276	202	169	121	75.5	48	34	29	22
15	284	207	171	118	69	44	32	27	20
16	261	192	162	118	76.5	48.5	35	29	22

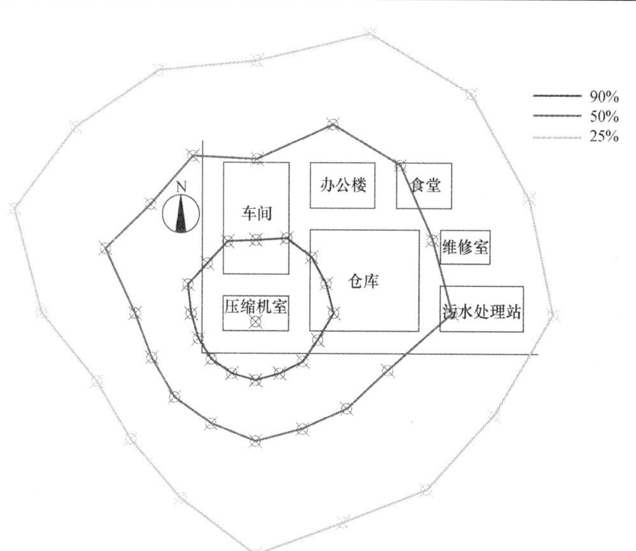

图 5-30 瞬时泄漏风险等值线

4. 布局调整意见

(1) 调整分析。

在图 5-19 所示的初始布局规划图中，发生氨气泄漏事故的压缩机室位于工厂的西南角，以压缩机室作为参考，车间、办公楼、食堂及仓库等分别位于其正北、东北至正东方向。在该布局下，若发生泄漏事故，由图 5-29 和图 5-30 中的风险等值线可知，除压缩机室外的建筑均位于风险较大的位置。以办公楼为例，连续泄漏事故下，该位置上的人员死亡概率在 50%左右；在瞬时泄漏事故下，该位置上的人员死亡概率将大于 50%，这会对现场工作人员造成极大的危害，同时会增加由此带来的经济损失，因此该初始布局并不合理。

而根据表 5-17 及图 5-29 可以看出，氨气连续泄漏的情况下，方向 8、12 和 13(正西)上的风险相对较小，同时需要考虑到多年的风向频率分布，方向 8 是最大风频方向的下风向，因此在布局中不应将其他设施或建筑布置在该方向，而应布置在方向 12 和 13 上。对于工厂内的布局问　，更加关心一定范围内的风险水平，因此，这里以 50%及 10%死亡概率为例：方向 10～13 上 50%死亡概率对应的下风向距离分别为 59 m、59 m、52 m 及 52.5 m；而 10%死亡概率对应的下风向距离分别为 102 m、102 m、90 m 及 91 m；综合风险排序为方向 12＜方向 13＜方向 10＝方向 11。

同样可以总结出不同风险水平对应下风向距离的大小排序，综合各个风险水平，风险最小的方向为 12，其次为 11、10、13。这里以 50%及 25%死亡概率为例：对两种情况方向 10～13 均为风险最小的前四个方向；另外看到方向 10～13 上 50%死亡概率对应的下风向距离分别为 53.5 m、53 m、52 m 及 56 m，而 25%死亡概率对应的下风向距离分别为 90 m、81 m、79.5 m 及 99 m；则综合风险排序为方向 12＜方向 11＜方向 10＜方向 13。

在仅考虑办公楼内人员的情况下，应尽量将办公楼布置在远离压缩机室的位置，综合对上述两种情况的分析，得到考虑风险后的布局建议。为了更形象地说明调整后的布局的合理性，图 5-31 和图 5-32 分别显示了新布局下的连续泄漏和瞬时泄漏场景死亡概率等值线。

从图 5-31 及图 5-32 可以看出，在改进布局后，全厂范围内的建筑和生产设施内的人员具有的氨气中毒死亡概率均有不同程度地减小。对于人员集中的办公楼，这种情况尤为明显：连续泄漏发生时楼内人员死亡概率小于 10%，而瞬时泄漏事故发生时楼内人员死亡概率小于 25%。

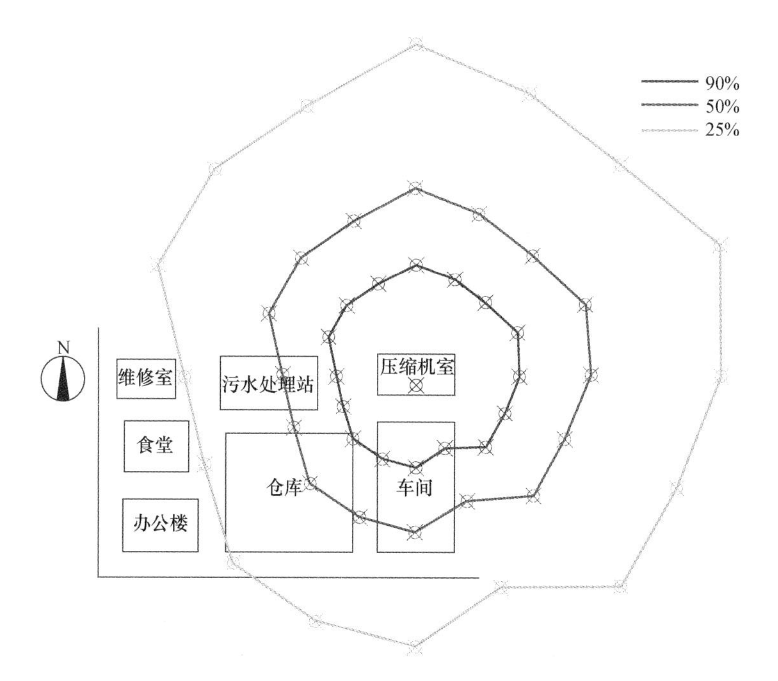

图 5-31 新布局下的连续泄漏场景

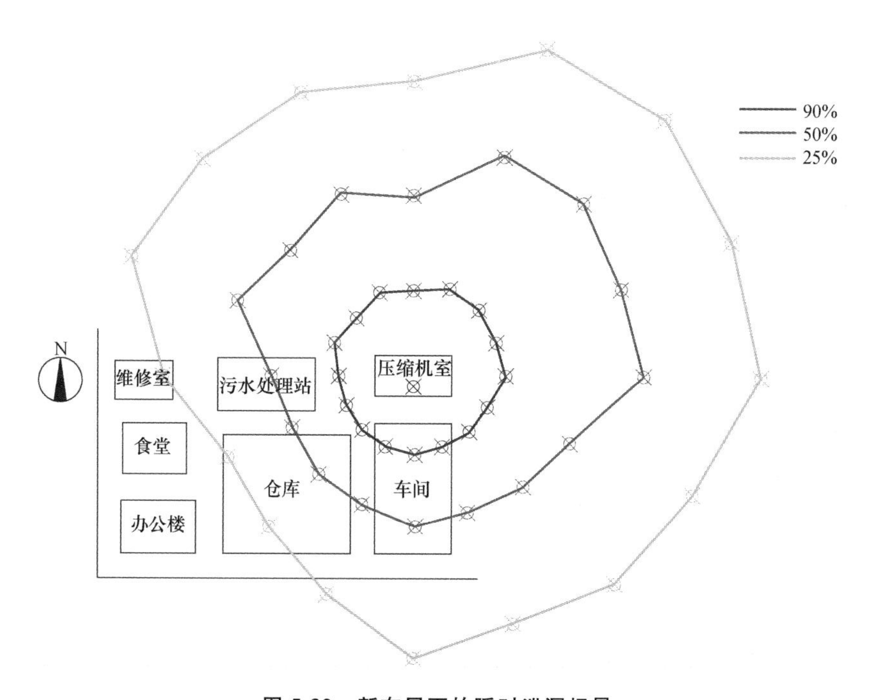

图 5-32 新布局下的瞬时泄漏场景

另一方面，从成本角度说明考虑风险后的布局合理性，下面将根据第 5.3.2 节对事故发生时前后两种布局的成本进行对比。由于本书中不考虑管线成本，这里仅就土地成本、风险成本和总成本进行对比，如表 5-19 所示。

表 5-19　布局成本对比(元)

成本	初始布局	考虑风险后的布局
土地成本	4 930 000	4 760 000
风险成本	328 896	33 156
总成本	5 258 896	4 793 156

从表 5-19 可以看出在事故发生的情况下，考虑风险后的布局产生的成本明显小于初始布局产生的成本，因此，加入风险因素的布局更加合理。

(2) 建议措施。

对于尚未建成的工厂，为了减小事故风险，我们可以通过上述方法进行适当的布局调整；但对于已建成工厂，调整布局则会带来巨大的经济成本而使得这种预防事故减小风险的措施不具有可行性，那么更合理的方法则是在全厂范围内采取安全防范措施。

① 对于存储和使用氨气的设施，应在设施内适当的位置安装氨气检测装置，事故发生时，一旦检测到氨气浓度超标便可以发出警报，从而顺利采取应急措施、疏散厂内人员，避免大量人员伤亡。

② 根据氨气的理化性质，该物质极易溶于水。常温、常压下，1 体积的水中能溶解 700 体积的氨，因此应该设置能够覆盖全厂的消防喷水系统，一旦发生事故，能够通过这种方法稀释空气中的氨气，降低氨气浓度。

③ 尽量减少危险源周边建筑中的现场操作人员和管理人员，增加自动化的工艺生产设备。

④ 建立事故预警应急体系，定期开展应急演习活动和培训课程，将安全融入日常生产生活中，提高人员安全意识。

5.5　基于我国现行法规的安全规划案例

基于个人风险的土地利用安全规划方法对危险化学品重大危险源周边土地利用进行布局调整，本部分案例以本书 2.4 节某工业园区为例进行规划，根据 2.4 节工业园区的风险分析，确定重大危险源周边设施的风险水平，结合该区域的风险可接受水平标准，进行土地利用安全规划。

现阶段，我国对个人风险可接受标准有明确的规定，主要参考以下两项法规、标准：

(1) 国家安全生产监督管理总局令 第40号《危险化学品重大危险源监督管理暂行规定》已经于2011年7月22日国家安全生产监督管理总局局长办公会议审议通过，自2011年12月1日起施行。

(2)国家安全生产监督管理总局 公告2014年 第13号《危险化学品生产、储存装置个人可接受风险标准和社会可接受风险标准(试行)》已于2014年4月22日国家安全生产监督管理总局局长办公会议审议通过。

5.5.1 可容许风险标准

1.《危险化学品重大危险源监督管理暂行规定》可容许个人风险标准

根据《危险化学品重大危险源监督管理暂行规定》，危险化学品单位周边重要目标和敏感场所承受的个人风险应满足表5-20中可容许风险标准要求。

表5-20 可容许个人风险标准

危险化学品单位周边重要目标和敏感场所类别	可容许风险
高敏感场所(如学校、医院、幼儿园、养老院等)； 重要目标(如党政机关、军事管理区、文物保护单位等)； 特殊高密度场所(如大型体育场、大型交通枢纽等)	$<3\times10^{-7}$
居住类高密度场所(如居民区、宾馆、度假村等)； 公众聚集类高密度场所(如办公场所、商场、饭店、娱乐场所等)	$<1\times10^{-6}$

适用范围为：

(1) 构成一级或者二级重大危险源，且毒性气体实际存在(在线)量与其在《危险化学品重大危险源辨识》中规定的临界量比值之和大于或等于1的；

(2) 构成一级重大危险源，且爆炸品或液化易燃气体实际存在(在线)量与其在《危险化学品重大危险源辨识》中规定的临界量比值之和大于或等于1的。

2.《危险化学品生产、储存装置个人可接受风险标准和社会可接受风险标准(试行)》可容许风险标准

根据《危险化学品生产、储存装置个人可接受风险标准和社会可接受风险标准(试行)》，危险化学品单位周边重要目标和敏感场所承受的个人风险应满足表5-21中可容许风险标准要求。

表 5-21　可容许个人风险标准

防护目标	个人可接受风险标准（概率值）	
	新建装置≤	在役装置≤
低密度人员场所（人数＜30 人）：单个或少量暴露人员	1×10^{-5}	3×10^{-5}
居住类高密度场所（30 人≤人数＜100 人）：居民区、宾馆、度假村等； 公众聚集类高密度场所（30 人≤人数＜100 人）：办公场所、商场、饭店、娱乐场所等	3×10^{-6}	1×10^{-5}
高敏感场所：学校、医院、幼儿园、养老院、监狱等； 重要目标：军事禁区、军事管理区、文物保护单位等； 特殊高密度场所（人数≥100 人）：大型体育场、交通枢纽、露天市场、居住区、宾馆、度假村、办公场所、商场、饭店、娱乐场所等	3×10^{-7}	3×10^{-6}

适用范围：《危险化学品生产、储存装置个人可接受风险标准和社会可接受风险标准（试行）》用于确定陆上危险化学品企业新建、改建、扩建和在役生产、储存装置的外部安全防护距离。

该工业园区主要为生产企业，属于中密度场所，参考国外相关研究和国家"十五"科技攻关项目《城市公共安全规划与应急预案编制关键技术研究》成果，本次评估个人风险标准的确定主要基于目标人群的聚集程度、对风险的敏感性、暴露的可能性、撤离的难易程度等，将个人风险上限设为 10^{-4}，下限设为 10^{-6}。

不同权威部门使用的针对人群成员的个人风险标准如表 5-22 所示。

表 5-22　不同国家（地区）所制定的个人可接受风险标准

各发达国家或地区		可接受风险		
		医院等	居住区	商业区
荷兰	新建装置	1×10^{-6}	1×10^{-6}	1×10^{-6}
	在役装置	1×10^{-5}	1×10^{-5}	1×10^{-5}
英国（新建和在役装置）		3×10^{-7}	1×10^{-6}	1×10^{-5}
新加坡（新建和在役装置）		1×10^{-6}	1×10^{-6}	5×10^{-5}
马来西亚（新建和在役装置）		1×10^{-6}	1×10^{-6}	1×10^{-5}
澳大利亚（新建和在役装置）		5×10^{-7}	1×10^{-6}	5×10^{-5}
加拿大（新建和在役装置）		1×10^{-6}	1×10^{-5}	1×10^{-5}
巴西	新建装置	1×10^{-6}	1×10^{-6}	1×10^{-6}
	在役装置	1×10^{-5}	1×10^{-5}	1×10^{-5}

当风险高于最大可忍受风险是不可接受的，而处于最大可忍受风险以下时，则应采用风险越低越好的原则。当然，可忽略风险并不是指在风险小于该值时就可以不必理会，而是指当风险值小于该数值时，再采取措施降低风险已经显得没有必要，无穷小的风险降低度意味着无穷大的投入。

5.5.2 个人风险值

依据某工业园区（工业园区情况见本书第 2.4 节）现入驻企业情况及规划，采用计算机辅助模拟分析计算，并绘制个人风险等值线曲线。

《危险化学品重大危险源监督管理暂行规定》中个人风险的要求，该园区内现有企业适用于该规定的有：化工企业 A、化工企业 B、化工企业 C、化工企业 D 等（与本书第 2.4 节相同）。

根据计算机模拟计算结果，按照《危险化学品重大危险源监督管理暂行规定》中个人风险的要求，经计算机绘制该工业园区所在区域的个人风险等值线如图 5-33 所示。

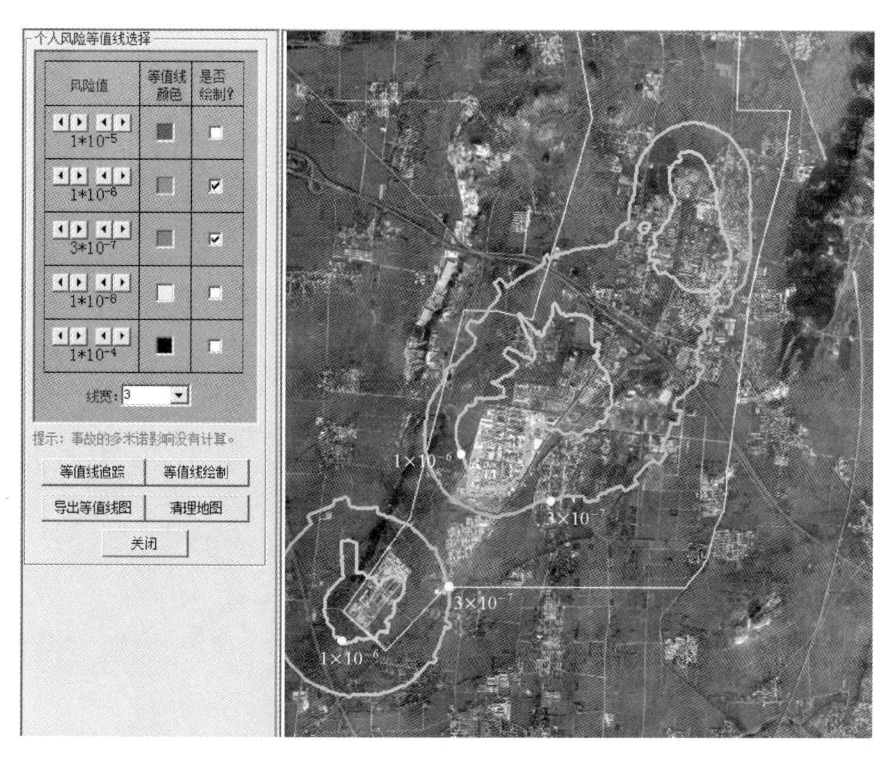

图 5-33 该工业园区个人风险等值线

根据《危险化学品生产、储存装置个人可接受风险标准和社会可接受风险标准(试行)》的要求,经计算机绘制该工业园区现役装置及新建装置个人等值线如图 5-34 和图 5-35所示。

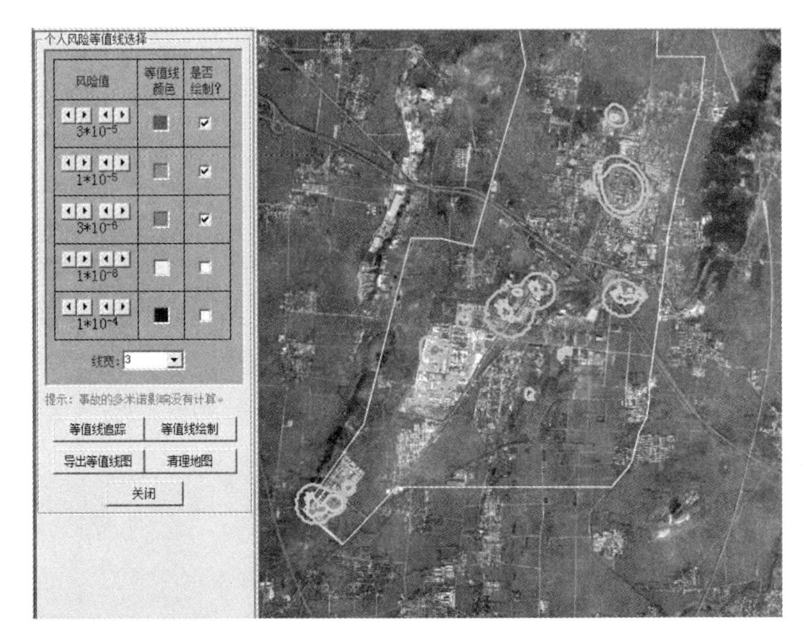

图 5-34　该工业园区在役装置个人风险等值线

图 5-35　该工业园区新建装置个人风险等值线

（1）园区个人风险现状。

从个人风险等值线图中可以看出，3×10^{-7}/年等值线内（即图5-33大圈）有高敏感场所（园区内敏感场所有：学校、幼儿园、医院等）；1×10^{-6}/年等值线内（即图5-33小圈定的区域）有居住类高密度场所（如居民区、宾馆等）、公众聚集类高密度场所（如饭店等）。

以上工业园区内的部分村庄、学校、商店、宾馆等场所，风险不可接受，进行搬迁。具体情况如表5-23所示。

表5-23 工业园区内个人风险不可接受情况一览表

序号	等值线	等值线内涉及的敏感场所	备 注
1	大于3×10^{-7}	高敏感场所：学校（A中学；B小学、C小学、D小学、E小学、F小学）；医院（G医院、H医院）；幼儿园（I幼儿园）； 重要目标：无； 特殊高密度场所：无	参照《危险化学品重大危险源监督管理暂行规定》要求
2	大于1×10^{-6}	居住类高密度场所：居民区（J村、K村、L村、M村、N村、O村、P河村、Q村）；宾馆（凤凰宾馆、天阳宾馆）； 公众聚集类高密度场所：饭店（祥和饭店、永兴饭店等）	
3	大于3×10^{-6}	特殊高密度场所（人数≥100人）：居住区（R村、S一村、S二村、T村等）	参照《危险化学品生产、储存装置个人可接受风险标准》的要求（现有装置）
6	大于3×10^{-7}	高敏感场所：学校（W小学）； 特殊高密度场所（人数≥100人）：居住区（X村）	参照《危险化学品生产、储存装置个人可接受风险标准》的要求（新建装置）

（2）企业发展的风险预测。

随着园区入驻高风险企业的增多，园区个人风险值等值线范围会随着危险源的增多而扩大，相关说明如下：

① 新增加危险源，则会造成园区个人风险大幅增加，建议园区后续引进企业时，涉及光气、氯气、氨气、硫化氢等毒性较大的物质及氢气、煤气、液化烃等爆炸危险性较大的物质时应重新对园区进行风险评价。

② 园区周边不应布置风险较高的企业，以避免对园区外构成影响。

6 城市防灾规划

随着我国城市进程的加快以及工业集中、人口增长的压力，城市范围不断扩张，城市遭受突发性自然灾害的破坏性越来越大，为了城市居民的安全和城市经济的稳定发展，实现城市的可持续发展，有针对性的防御城市所面临的自然灾害风险必须制定城市防灾规划。

根据各个城市的自然灾害风险的具体情况和各城市的经济发展情况，建立并逐步完善城市防灾体系，把城市防灾规划作为一种原则和指导思想贯彻到城市规划与建设的始终。

本章将主要探讨城市防灾规划的具体实施步骤，旨在为制定城市防灾规划提供参考。城市防灾规划主要可划分为四部分，分别是：规划准备；对特定城市的自然风险的识别和分析；根据风险分析结果编制相对应的规划；规划的实施和更新。

6.1 规划准备

6.1.1 规划支持

需从多方面了解规划区域的情况，并以掌握的信息为依据制订防灾规划。对规划区域的信息了解越多，制订规划的价值越大。

规划准备过程的第一步就是衡量可用于规划的资源的来源及数量；规划准备过程的第二步是建立规划团队并确定规划组织框架；规划准备过程的第三步是确定公众参与和开展公众教育。规划准备的具体流程，如图 6-1 所示。

1. 确定规划区域

确定规划区域时，规划团队应与政府协商。一般来说，规划区域应将政府管辖范围内的市、县、乡及社区包括在内。然而，很多案例表明大尺度的规划更有利于带来额外的资源，如人员和技术等，这有助于减缓规划区域之外的灾害。对于多数规划区域来说，大尺度的规划是一种更为贴近实际且节约成本的风险减缓方法，特别是对那些危险和脆弱性很相似的大区域。例如，位于同一地震断裂带或水系的多个规划区域，可实行大尺度的规划。

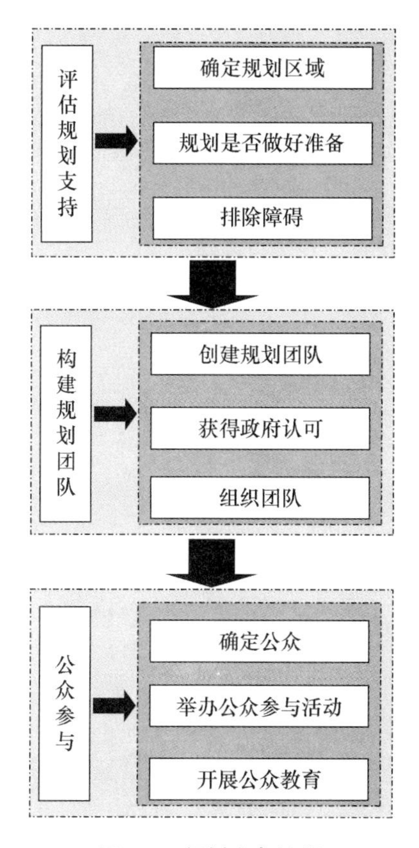

图 6-1 规划准备流程

较小的规划区域可能因与其他区域合作而受益，得到更多的资源和技术。规划团队应考虑和现有规划机构或其他地区规划组织合作。多区域合作的方式增加了规划冲突的可能性，如果有选择合作区域的机会，那么选择有相似特点和规划目标的区域进行合作。之前合作过的区域及邻近区域是实施区域规划的最佳选择。

2. 是否为规划做好准备

对灾害的认识、对规划的支持和可用于防灾规划的资源，是规划能否顺利实施的关键因素。知识、支持和资源是确定规划是否准备充分的关键因素，下列问 有助于确定应关注哪些因素，以确保规划的顺利实施。

(1) 对灾害的认识。

思考以下问 有助于了解规划区域的防灾规划和风险减缓的认识：社区可能受到哪些灾害的影响？影响的范围有多大？带来的损失多严重？如何有效地减缓这些灾害给社区带来的影响？实际风险和可感知风险之间有什么区别？

(2) 对规划的支援。

思考以下问　有助于了解对防灾规划和规划实施的支持力度，如果政府和居民不知如何支持规划，那么应提出相应的策略来提高对规划的支持力度。

① 政府是否任命相应的官员支持防灾及应急管理；

② 防灾规划是否可以解决规划区域内居民不满意的事情，如经济发展和交通问等，以使防灾规划和其他规划相协调；

③ 当地居民、组织及商业活动愿意为防灾规划做贡献的可能性有多大；

④ 采取什么方式能确定或招聘规划团队的领导；

⑤ 是否有现存的洪水或其他专项规划；

⑥ 是否有规划机构或规划工作人员；

⑦ 是否有土地规划图、地理信息系统、等高线图、土壤分类图、地形图及其他可用于了解规划区域内灾害的信息。

(3) 可用于防灾减灾规划的资源。

政府和社区是否为防灾规划拨专项资金，企业及其他组织是否愿意为防灾规划提供人力及资金支持。若已经确定规划区域并为规划做好准备，那么开始构建规划团队。否则，要排除以上两条中的障碍，然后再构建规划团队。思考以下问　有助于确定规划区域内的可用资源和防灾能力。

① 是否意识到其他规划有助于防灾规划的制订。

② 谁是防灾规划的主要参与者，商业机构和组织是否愿意参与防灾行动。

回答上面这些问　也许会有些困难。如果是这样的话，可以提前构建规划团队，然后返回来再考虑规划过程中所需的知识、支持及资源。这些问　的答案应包括在防灾规划的文本当中，特别是在编写规划中的能力评估部分。

3. 排除障碍

防灾规划的障碍涉及对灾害的认识、对规划的支持及规划可用资源等方面，例如对灾害认识不足及资金缺乏可通过以下途径解决：向政府工作人员宣传防灾规划对减少灾害损失的益处以及不制订防灾规划的成本，使其确信防灾规划的重要性；寻找成功制订或实施的防灾规划，从中学习经验和技术。

(1) 灾害认识的不足。

① 向政府工作人员宣传灾害及其风险。根据最近灾害的统计资料，说明最近灾害对民居房屋的破坏数量、关闭的厂房以及因灾害而导致旅游人数的下降。强调防灾规划的益处，为获得各方支持，要突出强调防灾规划如何实施目标，特别是经济利益。应提供尽可能多的防灾规划在降低灾害损失方面的信息以及其他规划区域成功的案例。

② 宣传灾害减缓和防灾规划的好处。防灾规划的好处有很多，可以从成本—效益分

析及技术可行性来说明。灾害的减缓有助于实现区域的可持续发展,从而吸引新的居民和商机,近而提升区域的整体经济实力。

③ 实现区域的可持续发展。可持续发展的目的是为后代提供满足高质量生活的自然、经济及环境条件。对灾害的抵御能力是可持续发展的重要特点,通过规划降低区域灾害损失,从而提高灾前和灾后的抵御能力。可持续发展综合环境、社会及技术等方面以实现多目标。

④ 灾后快速恢复。灾害发生后,有防灾规划的区域能够较快地开始灾后恢复,应将防灾规划作为综合规划的一部分,而不应将其独立。

(2) 对规划的支持不够。

政府工作人员更关心防灾规划带来的好处,多数人并不关心那些小概率灾害的易损性。保护健康、安全及人民幸福是政府的责任。向政府人员、私人部门、居民、大学及非营利组织说明支持防灾规划的原因,从中所获利益及能为灾害减缓所做的贡献。

① 政府支持。地方政府有责任制定和执行土地利用规划、建筑物法规标准及其他措施来保护人民生命财产安全。同时,也有责任提醒居民哪些灾害对生命财产和环境有影响以及如何采取措施降低灾害带来的损失。政府应尽力使灾害对居民的影响降低,并确保每个居民都有机会参与灾害减缓。

② 私营部门支持。很多企业和私营部门因灾害减缓而受益。

③ 公众支持。公众应采取有效措施保护其生命、财产安全免受灾害的影响,通过减缓措施降低灾害带来的损失,购买灾害保险就是一种有效途径。

④ 学术机构支持。多数学术机构拥有应急反应和行动计划,以确保教师、学生及工作人员的安全。然而,这些机构对影响灾害的设施并不熟悉,而且没有可用于减缓灾害的措施。另外,学术机构可为灾害减缓提供可用资源,如技术支持、会议室、灾后服务、避难场所及劳动力。

(3) 可用于防灾规划的资源不足。

技术、资金及人力是防灾规划的三类主要资源。

① 技术资源包括经济、社会、工程、制图及规划方面有关的专业知识。为了得到充足的信息,制订防灾规划需多个学科的专业知识。规划人员应明白需要哪些专业知识以及如何获取,同时,技术资源也包括实现风险分析和决策所需的基础数据。

② 资金资源对于规划的实施及获得技术支持至关重要,资金的来源是多方面的,如政府、私营部门、个人等。灾前资金用于实施灾害减缓措施,以降低灾害造成的人员及经济损失;灾后资金用于灾后应急和恢复等。

③ 居民、商家、机构成员及其他愿意为灾害减缓做贡献的人,都可为防灾规划提供人力及技术资源。

6.1.2 组建规划团队

确定规划区域并为防灾规划做好准备之后，开始组建规划团队。规划团队成员应包括技术人员、社区领导、政府机构代表、企业管理者、市民及其他对防灾规划感兴趣的人。规划团队成员的多样化有助于规划的全面性及合理性，同时也有利于争取和获取规划所需的资源。

1. 组建规划团队

规划团队尽可能在现有的组织和机构中选择，并欢迎任何愿意为规划贡献的个人和团体参与。如果规划中遇到大量需要解决的问 ，可以把规划团队分为多个小组。

(1) 确定团队领导。

经验丰富的领导有助于解决团队组成、成员冲突及任务的时间安排等问 。

(2) 确定利益相关者。

受灾害影响的个人、组织及机构都可视为利益相关者，在灾害减缓的不同过程中利益相关者不断变化。头脑风暴法是一个确定潜在利益相关者的好方法。

(3) 利益相关者代表。

政府可为灾害减缓提供资金、人力及政策等方面的支持。另外，公共安全及火灾等政府部门的代表可为规划团队提供专业技术知识。政府工作人员有助于加快立法及资金预算。

(4) 商业机构。

商业机构对地方经济的健康发展起着至关重要的作用。

(5) 学术机构。

学术机构可为防灾规划提供有用的信息，例如专业知识及数据等。

2. 规划团队获得政府认可

规划团队应获得政府认可，使得规划结果为官方采纳并实施。官方认可有助于获得更多的资源，同时也极大地增加了规划被采纳的可能性。

3. 组织团队

(1) 确定规划目标。

规划团队应确定规划目标，以描述防灾规划要达到的总体目标。首先确定总体规划目标，然后确定具体规划目标，并通过减缓措施实现制定的规划目标。

规划目标有助于团队了解规划最终要达到的目的，就规划的目标达成一致共识。规划宗旨应考虑的问 ：制订规划的原因是什么；规划用来干什么；规划服务的对象是谁，在哪里实施；规划如何实施。

（2）明确责任。

规划成员应对其在规划中的角色和任务有明确的了解，成员需考虑的问 ：怎么对自己的角色和责任是如何看待的；需要哪些因素，能够确保完成目标；能为团队带来什么；规划能为区域带来多少好处？

（3）定期举行会议。

规划团队通过定期举行会议，加强交流并增加成员间的协调性。对取得的进展及面临的困难进行讨论，分配任务并确定下一步工作计划。规划团队确定制订规划的时间表，以确保按时完成规划。

6.1.3 公众参与

尽管规划团队包括各部门的代表，若使更为广泛的人群参与到防灾规划中是十分重要的。对于那些未进入规划团队的利益相关者，让其参与到灾害减缓的不同阶段。同时，对公众进行培训和教育有关灾害减缓、规划过程及能用于防灾规划的相关知识。

部分利益相关者不能定期参加规划过程，但是其关心防灾规划及实施。这部分利益相关者包括政府官员、机构负责人、民委会、民间团体、商业协会及个人等。

上述利益相关者的加入有助于规划的制订及实施，然而，要得到这些利益相关者的支持是比较困难。主要有两大障碍：第一，多数人不关心区域内灾害的风险；第二，多数人对防灾规划不了解，也不明白如何能实现灾害减缓。因此，对这些人进行培训和教育关于规划过程及好处是至关重要的。这些有助于确定潜在的利益相关者、组织公众参与活动及将公众反馈信息融入防灾规划中。

1. 确定公众

查看规划准备阶段时规划参与者的列表，选择可能会参与防灾规划的人并与之联系，根据以上信息确定可能参与灾害减缓的公众。另外，寻找社区、政府、企业、市民及其他对防灾规划感兴趣的人。就可能产生的灾害种类、应采取的减缓措施及对社区的影响等方面对公众进行培训和教育，并给公众提供充分表达自己意见的机会，最后将公众的反馈信息融入防灾规划中。

2. 举办公众参与活动

（1）安排公众参与活动。

查看规划团队举办会议的时间，确定哪些会议的决策需要加入公众意见，进而安排公众参会并发言。邀请公众参与灾害风险分析和损失评估结果的讨论，使公众有机会了解规划区域的易损性，并根据公众反馈意见设置防灾目标。草拟防灾规划后，在正式提交相关部门审查前，邀请公众对规划草案提出建议。

（2）对不同类型的利益相关者采用不同的参与方式。

举办研讨会、建立热线电话、进行采访及发放调查问卷等都可以作为公众参与规划的方式。在规划过程中的不同进展阶段，可以举办研讨会讨论规划中存在的问　及取得的进展，并提出解决的方法。

(3) 定期举办会议。

通过举办会议，提出问　并讨论，最后提出解决办法。

(4) 建立热线电话。

使公民有机会将自己在防灾规划方面关心的问　、评论及建议表达出来，热线电话的联系方式应以通信、新闻发布及会议通知等方式得以宣传。

(5) 进行访谈。

通过访谈关键人物，收集从其他途径难以得到的重要信息。访谈的对象包括：政府代表或领导，民间团体代表及受防灾规划影响大的人群等。

(6) 问卷调查。

根据实际需要确定问卷调查的内容，通过问卷调查收集有关公众对灾害的认识、可采取的防灾措施及防灾规划的好处等信息。

(7) 分析规划公众意见。

团队应有专人负责整理公众反馈的意见，包括会议记录、确定的关键问　及反馈的信息。可以根据主　类型、规划区域或评价的正反面等方面对反馈信息进行分类。规划团队应对公众意见进行分析、规划，并将其纳入到规划文本。

(8) 反馈结论。

反馈结论是对公众反馈意见分析、评估及融入规划中的重要组成部分。公众的意见都应被记录，不管是什么类型的意见及其来源。决策者使用公众意见以确保问　在规划阶段得以解决，规划团队应设专人对公众的反馈意见进行管理。

3. 开展公众教育

(1) 通过新闻媒体。

媒体是提高公众对灾害认识非常有效的途径，通过网络、报刊、广播及电视宣传近期国家及地区发生的灾害及其带来的损失，以提高公众对灾害的了解。同时，通过媒体对防灾规划的必要性，规划的目标等方面进行说明，鼓励公众积极参与防灾。

(2) 艺术节、博览会宣传推广。

艺术节、博览会等为规划团队提供非常好的机会，团队成员和公众可以在轻松的环境下交流，也可以通过发放小册子、传单等方式向公众宣传灾害的特点及其带来损失。

(3) 网络宣传。

随着网络的普及，互联网是获取信息资源的重要手段。规划团队可将灾害特点、发生的地点、带来的损失、对规划区域的影响、灾害的减缓措施、团队会议的时间安排等信息制作成网页，公众可随时查看网页并在线提交反馈信息。

6.2 风险分析

风险分析是防灾规划的核心，主要确定灾害发生的可能性及导致的后果，通过人员、建筑物及基础设施的易损性评估得到人员伤亡、经济损失和财产破坏情况。

风险分析主要关心哪些人群和设施易受灾害的影响以及人员和财产所受影响的程度。通过风险分析可得到：规划区域易受哪些灾害的影响；灾害给规划区域内的基础设施、环境及经济带来哪些影响；哪些区域易受灾害的影响；灾害造成的损失和通过防灾措施而避免的损失。通过识别可能发生的灾害及其带来的损失，风险分析也可为应急管理提供信息，以提高防灾资源的利用率。

6.2.1 风险识别

规划区域内可能受哪些类型灾害的影响，这是风险分析的首要问题。确定规划区域内可能发生的所有灾害，然后将发生可能性较大的灾害列出。切记，近些年未发生的灾害不等于将来不发生，要充分考虑规划区域内可能发生的灾害种类。

1. 列出可能发生的灾害

没有标准的方法用于确定规划区域受何种灾害影响，以下内容作为识别危险的参考方法。

(1) 新闻报道和历史记录。

这些记录可能包含灾害发生的日期、程度及造成的损失等信息。另外，当地的图书馆也是一种了解灾害信息的来源。

(2) 回顾现有规划。

为确保规划区域可能发生的所有灾害，充分利用现有规划和报道等资料。规划区域可能有和自然灾害有关的各种规划文本，甚至是风险分析报告。交通、环境和土地规划报告等或许包含与灾害相关的信息，虽然这些报告没有详细的灾害风险分析，但可为灾害风险分析提供有用信息。

回顾现有规划，从中查找过去发生过以及将来可能发生的灾害。综合规划、土地使用规划、环境规划及建筑法规等可能包含着灾害的相关信息，从中确定规划区域可能存在的危险。

(3) 征求专家意见。

政府、学术机构及私人部门有大量有关灾害的信息。参与过以往自然灾害事件的人员是获取灾害信息的来源，如警察、消防及应急管理人员。此外，与自然资源、地质调查及应急管理等有关的政府机构，拥有灾害种类及程度的详细资料。与规划、地理及工程有关的科研机构可能有灾害的分区地图，许多商业机构可提供与灾害相关的服务。

通过咨询专家得到灾害的相关信息，如规划区域内灾害发生的可能性、影响的范围及造成的后果。

(4) 从互联网收集信息。

有些网站公布灾害的特点，如灾害发生的可能性、严重性及历史记录等。还有些网站记录某地区灾害发生的信息。

2. 关注常见灾害

之前的信息确定了规划区域可能发生灾害的种类。如果规划区域内近几年未发生灾害，但有迹象表明很可能发生某种特定灾害，那么应给予高度关注。

在指定网站查找重大危险源是否对规划区域造成威胁；在地图上找到规划区域的大概位置；从地图上查看规划区域是否位于灾害高风险区域；由以上信息可以删去列表中的一些灾害。然而，如果不确定灾害发生的可能性，最好将各种潜在的灾害都列出，直到确定可以删去为止。

3. 常见的自然灾害

(1) 洪水。

洪水是较为常见的灾害。确定洪水易发区域，并查找洪水发生的历史记录、带来的后果及其他信息。

(2) 地震。

利用国家地震区划图查找地面最大峰值加速度，以确定规划区域是否位于地震危险区域。如果规划区域的地表峰值加速度小于 0.02 g，那么地震风险低，无须进行地震风险分析。否则，需分析地震带来的危险。

(3) 海啸。

查找有关海啸风险的研究，确定规划区域所在地区的大概风险。若规划区域沿海岸线、沿海河口或受潮汐影响大，那么需分析海啸带来的危险。否则，无须分析海啸风险。

(4) 飓风。

查找飓风发生记录及影响范围，确定飓风影响的大概区域。若规划区域远离以上划分的区域，那么无须分析飓风的风险。否则，应分析其带来的危险。

(5) 风暴。

查找以往发生沿海风暴的记录，确定风暴发生的可能性及危险区域。若规划区域远离危险区域，那么无须分析沿海风暴风险。否则，应分析其带来的危险。

(6) 滑坡。

查找国家或区域性的滑坡危险区域图，以确定规划区域所受滑坡的影响。

(7) 火灾。

通过消防规划图及火灾发生的记录，确定规划区域内火灾发生的可能性及火灾多发区。从天气、可燃物、湿度及人为因素等分析引发火灾的原因，并以此了解火灾发生的危险性等级。若规划区域内树木茂密或草地广阔，而且天气较为干燥，那么应给予高度重视。

4. 常见的人为灾害

可将人为灾害归纳为两大类：恐怖袭击，属故意行为；技术灾害，属偶发事件。相对于自然灾害来说，恐怖袭击和技术灾害有其特殊之处。

(1) 恐怖袭击类型。

常规炸弹；

简易爆炸装置；

释放生物剂；

释放化学剂；

核弹；

燃烧弹攻击；

放射性物质；

网络恐怖主义；

故意释放有害物质。

(2) 技术灾害类型。

因固定设施而导致的事故 ；

因交通而导致的事故；

监控故障；

基础设施故障。

以上所列灾害之间差异极大，这是人为灾害和自然灾害的重要区别。自然灾害的类型、频率、发生地点在多数情况是可识别的，甚至可预测，因为自然灾害受到自然规律的控制和约束。然而，多数的人为灾害是无法精确预测的，可在任何地方发生。规划团队专家应将规划区域内可能发生的各种人为灾害逐一列出。

通过以上信息，可列出规划区域内可能受到灾害的种类。只需了解可能发生哪些灾害，现在对灾害的其他信息不作分析。收集到的规划、报道、网站、文章及其他资源可用于灾害的危险分析。确定规划区域内可能发生的灾害类型，并明确常见的灾害。下一步就是利用这些收集到的信息来确定灾害的危险。

6.2.2 灾害概况

明确规划区域可能发生的灾害种类后，接下来确定这些灾害带来的损失。每类灾害都有其独特的特点，并以一定的方式对区域产生影响。例如，因地震引起地面震动和因飓风对规划区域产生的影响有极大的差别。另外,同类灾害因其强度、持续时间和人口分布等的不同而对规划区域产生不同影响。

将规划区域内洪水、风暴、火灾、海啸和滑坡等灾害影响的范围以地图的形式可视化表达,从而确定易受灾害影响的区域。其他灾害,如飓风,只需简单记录其最大风速。收集、记录灾害信息,并将其用于评估灾害对规划区域的影响。

1. 创建底图

描述灾害时,应创建底图以显示易受灾害影响的区域,底图应尽可能完整和精确。建筑物、道路、河流、海岸线及地名等尽可能简洁,用现有地图或图像作为参考,以节约成本。地图可用于描述易受灾害影响的区域,同时显示对人员和财产的影响。

2. 描述灾害信息

查找与灾害相关的地图或其他信息。一般而言,对于特定的研究区域,考虑单一灾害并确定灾害影响的地区、严重度及可能性。

3. 记录灾害信息

记录每类灾害的信息,如地图的来源、灾害相关的统计数据等。完成这一步后,将得到易受灾害影响区域的地图或能表征灾害特点的数据。

(1) 自然灾害信息。

① 洪水。描述并记录洪水灾害信息。从官方或科研机构获得洪水灾害信息,从而得知易受洪水影响的地区以及洪水影响的程度。得到受100年一遇洪水影响的区域及河流的水文特征、基本洪水高程、截面线、影响范围及高程基准等。

考虑到易受洪水影响区域内是否有重大建设项目;规划区域内是否有良好的防洪设施及工程是地貌是否发生变化等因素,洪水灾害信息需做调整以保证其实用可靠。

将所获洪水信息纳入到底图,并将洪水高程显示在底图上。

② 地震。描述并记录地震灾害信息。确定规划区域的位置,查找该地区50年内在一般场地条件下可能遭遇的超越概率为10%的地震烈度值。明确给定区域内发生特定烈度地震的概率及其严重度。确定规划区域的位置,并确定地表峰值加速度。

记录得到的地表峰值加速度,并将其在地图上可视化表达出来。将以上得到的地表峰值加速度图纳入到底图中。

③ 海啸。描述并记录海啸灾害信息。获得海啸淹没区划图,用于显示易受海啸影响的低洼地区。收集海啸发生的次数、影响范围及淹没的深度等信息。

将得到的海啸影响区域图纳入到底图中。

④ 飓风。描述并记录飓风灾害信息。查找规划区域的设计风速,一般只需确定规划区域是否受到飓风的影响。根据以往发生飓风的地方及其强度,大概预测飓风影响的范围。

将设计风速及飓风区划图纳入到底图中。

⑤ 风暴。描述并记录沿海风暴灾害信息。内陆地区最为关心风暴带来的暴雨，沿海地区应确定由风暴导致的最大风速、风暴潮及侵蚀。风暴潮或沿海侵蚀的历史记录可为了解风暴提供相关信息。

确定易受风暴影响的区域。沿海风暴可能使海岸线发生变化，也可能导致洪水影响区域发生改变。向相关机构咨询，并更新沿海风暴信息。

向环保或水资源部门咨询海岸线的年侵蚀率，用年侵蚀率乘以规划的年数，可得到侵蚀的量，并将其标记在地图上。查找相关标准和文件，得到规划区域的设计风速。

将受风暴影响区域在底图上标明，将洪水高程及风速区划图纳入到底图中。

⑥ 滑坡。描述并记录滑坡灾害信息。滑坡灾害在同一地区往往多次发生，分析过去滑坡灾害是预测滑坡发生的有效方法。滑坡和其他地质灾害一样，机理非常复杂，需地质专业人员进行岩土工程学的研究。了解规划区域的地质条件及过去发生的滑坡灾害，得到滑坡的引发原因、损失、伤亡人数及影响范围。向地质部门或地质专家咨询过去发生的滑坡事件，以得到滑坡灾害信息。

在地图上标记滑坡高风险地区，确定可能发生的滑坡或以往发生过的滑坡。规划区域是否在斜坡上，是否在小型的排水洼地上，是否在填土的斜坡顶部，是否在陡峭的路堑边坡顶部。

从地质部门等机构得到地形图，在图上标记陡峭的斜坡。陡峭的斜坡容易发生滑坡。地质条件对于滑坡的发生起了重要作用。除了坡的角度外，土壤及岩石的类型对边坡的稳定性影响较大。咨询地质专家或地质部门，以得到更为详细的信息。

在底图上标记易受滑坡影响的地区。

⑦ 火灾。描述并记录火灾信息。可燃物数量、气候条件和风速等因素决定火灾的发生。火灾区划图显示过去发生火灾和易发生火灾的地区。

将可燃物进行分类并在地图上标记。一般来说，陡峭的地形能使火蔓延的速度加快。根据地形图，确定规划区域内坡度小于40%、位于41%～60%以及大于61%的地区，将火灾燃烧速度分别定义为低、中、快速。低湿度和高风速容易诱发火灾且难以控制，严重危害人员安全。从气象部门等机构得到过去气候信息，加以分析利用。根据坡度大小、可燃物类型及气候条件，确定火灾危险等级，并在底图上标记火灾危险区域。

(2) 人为灾害信息。

在灾害的危险性方面，自然灾害和人为灾害有着显著差异，特别是恐怖袭击。更为重要的是，恐怖分子可根据需要选择袭击目标和战术，设计攻击能力以最大限度地达到其目的。类似地，工业事故和系统失效等人为灾害也是不可预见的，这些特点使确定人为灾害发生的方式及地点变的较为困难。尽管预测人为灾害发生的可能性较为困难，但其产生的后果可分为：人员伤亡、环境污染、建筑物破坏等。很多资料都可提供灾害的详细信息，防灾规划最为重要的是明确灾害对规划区域的影响及如何减缓灾害带来的影响。

不论是有意还是无意，人为灾害对规划区域都会造成多种影响。这些影响包括：污染，化学、生物、放射性及核物质;能量,爆炸物、纵火、电磁波;服务中断,基础设施崩溃、运输服务中断。规划团队应将规划区域内可能发生的人为灾害列出,并说明灾害发生的方式。

下面为恐怖袭击和技术灾害的概况,这有助于规划团队了解灾害发生的方式及对规划区域的影响。

① 应用模式。描述人类行为或偶然事件所导致灾害发生的方式。

② 持久性。指灾害对承灾体影响时间的长短。如飓风影响的时间为几分钟;而化学剂,如芥子气影响数天。

③ 动态或静态特性。用于描述灾害的趋势、影响、转移、时空限制等。例如,由地震导致的建筑物破坏一般仅限于地震发生的地点;相反,若有毒气体从储罐中泄漏,会随风扩散,并随时间推移而降低其危险性。

④ 减缓条件。指能够降低灾害带来损失的环境条件。如,堤坝有利于减缓炸弹的破坏力;太阳光有助于某些化学剂的分解,从而降低其危害性。相反,有些条件会加重灾害的破坏力,如,低洼地区不利于有毒重气扩散,从而加剧灾害的影响。

恐怖袭击和技术灾害概况如表 6-1 所示。

表 6-1　恐怖袭击和技术灾害概况

灾　害	应用模式	危险持久性	静态或动态影响	减缓或加剧条件
常规炸弹简易爆炸装置	通过人体、车辆或抛射方式,引爆目标或其附近的爆炸装置	瞬间。另外,二次影响的持久性会延长,直到攻击点被清理干净	损害程度取决于炸药类型和数量。影响一般是静态的	特定地点的超压和其距爆炸点距离的立方成反比,地形、植被及建筑物都可作为减缓爆炸冲击波或碎片的方式
释放化学剂	液体或喷雾污染物可由喷雾器或气溶胶发生器喷射	化学剂可产生数小时,甚至几天的威胁,这取决于化学物质本身性质及大气条件	污染物在人员、车辆、水和风的作用下可转移出袭击目标,其危险性并随距离和时间而减弱	空气温度影响气溶胶蒸发,地面温度影响液体蒸发,温度能使气溶胶粒子放大,从而降低人体吸入的危险性。风能加速气体扩散,从而使影响区域变得动态化
纵火燃烧弹攻击	通过直接接触或远程投射方式点火	几分钟到数小时	损害程度取决于可燃物的类型和数量。影响一般是静态的	减缓方式包括内置火灾探测、保护系统和建筑结构耐火技术。安全措施的缺乏容易产生火灾隐患,并导致目标受损
武装袭击	从远程位置的机动突击或狙击	数分钟到数天	产生的后果主要取决于肇事者的意图和能力	全措施的缺乏容易产生隐患,使目标易被袭击

续表

灾　害	应用模式	危险持久性	静态或动态影响	减缓或加剧条件
释放生物剂	液体或固体污染物可通过喷雾器或气溶胶发生器喷射，也可通过点源或线源的方式实施	数小时到数年，这取决于生物剂本身的性质及大气条件	污染物可借助于风和水扩散。也可通过人体或动物传播	释放点高度会影响扩散，阳光对很多细菌及病毒有破坏性。微风和中度风速有助于扩散，但大风会破坏气溶胶云团。因建筑物和地形产生的微气象对扩散也会产生影响
网络恐怖主义	使用电脑去攻击其他电脑或系统	几分钟到数天	一般来说，对建筑环境没有影响	安全措施的缺乏使得系统计算机易被攻击
农业恐怖主义	将污染物或病虫害引入到农作物和牲畜	几天到数月	事故间的差异极大。食品污染事件可能局限于某几个点，而病毒和虫害可能广泛分布。一般来说，这些灾害对建筑环境没有影响	安全措施缺乏使得农作物、牲畜和食品易受病虫害和污染物的影响
放射性物质	放射物可由喷雾器或气溶胶发生器喷射，以点源或线源的方式释放	持续数秒到数年，这取决于放射性物质本身的性质	最初对袭击地点产生影响，而后可能是动态的。这取决于放射性物质的性质及大气条件	暴露时间、距放射源距离及保护装置数量是影响暴露剂量的主要因素
核弹	引爆地下、地面及空中核设施	爆炸带来的冲击波、光、热持续数秒，核辐射可持续数年。高空爆炸所产生的脉冲波对电子系统的损伤较重	冲击波、光、热的影响是静态的，而核辐射带来的污染是动态的，且和气象条件有关	减少暴露时间是降低核辐射影响的重要途径。光、热及爆炸能量随距离呈对数函数降低。地形、植被、建筑物等都可有效减缓辐射的影响
释放有害物质	固、液、气态污染物可从固定或移动的容器释放	数小时到几天	化学物质多具有腐蚀性，火灾和爆炸是常见的后果。污染物可由人员、车辆、水体及空气转移	像生化武器一样，气象条件可直接影响危险的程度及发展状况。由建筑物及地形所产生的微气象环境可影响危险物的扩散与迁移。危险源周边的安全保护措施可有效减缓人员伤亡和财产损失

6.2.3 财产目录

规划区域内哪些财产受到灾害的影响，这是风险分析第三步要回答的问题。财产清单有助于了解各灾害对规划区域的影响。首先制作规划区域内财产清单图，然后确定受灾害影响区域内的财产数量，如表 6-2 所示。

表 6-2 受灾害影响的建筑物数量、价值及人数所占比例

建筑使用类型	建筑物数量			建筑物价值			建筑内人数		
	规划区域	危险区域	危险区域比例/(%)	规划区域	危险区域	危险区域比例/(%)	规划区域	危险区域	危险区域比例/(%)
居民									
商业									
工业									
…									
总计									

财产的详细清单包括受灾害影响的基础设施、商业、历史、文化及自然资源等。收集受灾地区建筑物使用功能、数量、价值及人数等信息，并确定是否需要基础设施、生命线工程等其他财产的数据。以洪水为例，说明其受灾地区财产的详细清单，如表 6-3 所示。

表 6-3 收集受灾害影响财产的详细清单

财产名称	信息来源	基础设施	暴露人群	历史文化	其他资产	建筑物面积/平方米	更换价值/万元	物品价值/万元	功能价值/万元	置换成本/元/天	备注
		√	√	√	√						
桥梁		√									
污水处理设施		√									
医院		√									
…											

1. 确定受灾地区建筑物数量、价值及人数的比例

(1) 估计规划区域建筑数量、价值及人数。

利用统计数据得到受灾地区建筑物数量、价值及人数的比例。

① 估计规划区域内建筑物总数。将建筑物按其使用功能分类，分为：居民、商业、工业及教育等类型。建筑物数量可通过规划、航拍图、统计数据或实在调查得到。

② 估计规划区域内建筑物的价值。确定规划区域内建筑物总的置换价值。通过统

计数据或评估方法，得到区域内建筑物的置换价值。

③ 估计规划区域内的人数。估计规划区域内的人数。通过统计数据明确规划区域内的人口数量，并确定人口数量是否随白天、黑夜及季节有大的变化。

(2) 估计灾区建筑物数量、价值及人数。

将各灾害的影响区域进行叠加，并通过 GIS 或地图可视化，从而确定易受影响的建筑物数量、价值及人数。

① 确定灾区建筑物总数。将建筑物按其使用功能分类，并估计其数量。建筑物总数可通过航拍图、统计数据或实在调查得到。

② 确定灾区建筑物价值。通过统计数据或评估方法，近似得到灾区建筑物的置换价值。

③ 确定灾区人数。利用统计数据或评估方法，得到灾区人口数量，并确定人口数量是否随白天、夜晚及季节而变化很大。

(3) 计算灾区财产所占比例。

确定灾区建筑物数量、价值及人数占规划区域的比例。用灾区建筑物数量、价值及人数除以规划区域内建筑物的数量、价值及人数，可分别得到相应比例。

(4) 确定规划区域内经济快速增长的地区。

查看规划区域的综合规划，或向政府机构咨询，明确规划区域内经济快速增长的地区。并注明该地区是否在灾害影响范围内。

2. 明确是否需要收集更多的财产清单

对于风险分析来说，是否需要收集更多的财产清单是极为关键的。明确灾区建筑物的数量、价值及人数后，可能就此而止。也可能会继续收集更加详细的信息。

(1) 自然灾害财产清单。

明确灾区建筑物的数量、价值及人数后，可对灾害带来的损失有大概的了解。在时间、资金或其他资源不充分的情况下，这样的评估有助于大概了解灾害对规划区域的影响。对于确定特定灾害带来的损失，这些信息对决策者来说是至关重要的。然而，这些数据不能确定哪些建筑物的风险最大，因而在采取防灾措施时难以确定防灾优先措施。收集更加详细的信息有助于确定灾害给财产带来多大程度上的破坏，以得到更为精确的损失评估结果。

对于某种灾害来说，是否需要收集更加详细的财产信息是主观选择。可从特定灾害的需求、特定灾区的特点、考虑制定防灾措施等多方面因素考虑，从而做出决定。决策时，考虑是否有足够的数据可确定哪些财产遭受的损失最大；是否有足够的数据可确定哪些元素易受灾害影响；是否有足够的数据可确定历史、环境、政治及文化等领域易受灾害影响；是否有灾害因其严重性、代表性及发生的可能性而受到关注；收集更加详细的数据需花费多少资金。

可能收集各种潜在灾害、特定灾害或某特定地区的详细损失信息，也可能收集基础设施或学校、医院等敏感单位的详细损失信息。另外，若将损失信息用于确定防灾措施的优先顺序，为了使用成本—效益分析法，收集详细的信息是十分必要的。

(2) 人为灾害财产清单。

在预测人为灾害发生的概率时，不像预测自然灾害那么精准。另外，相对自然灾害来说，恐怖袭击和技术灾害在区域内的分布较广泛。因此，将人为灾害的危险概况用地理空间信息表达是非常困难的。规划团队可使用对特定资产进行处理的方法，识别规划区域内的关键设施和系统，并将其列表。对以上设施和系统进行优先排序，将重要资产进行优先保护。然后，针对不同灾害，对各资产及系统的易损性进行评估。

扩大现存资产清单时，规划团队应参考规划区域的城市规划和应急规划等，以识别关键设施、系统或可能受到袭击的地点。在此过程中应考虑人为灾害的动态特性，部分灾害所产生的物理破坏只局限于某一地点，而有些灾害的后果会扩散并超出事发地点。

关键设施就是指那些对国家经济和国防影响巨大的系统，包括：农业、食品、水、公共健康、军事基地、应急服务、通信、能源、交通、银行、化学危险物质、邮政、航运。可将关键设施分为五大类型：① 信息与通信类包括通信、电脑、软件、互联网、卫星、光纤；② 物流配送类包括铁路、空运、海事、管道；③ 能源类包括电力、天然气及石油的生产、运输与储存；④ 金融类包括金融交易、股票债券市场；⑤ 服务类包括水、应急服务、政府服务。

关键设施的威胁来源于国外势力或国内民众恐怖分子和黑客是常见的破坏者。

3. 收集灾害可能导致损失的清单

确定受灾害影响区域内更为详细的财产清单及其特点，收集这些数据有助于确定不同灾害带来的财产损失。

(1) 确定优先顺序。

对于财产密集的地区，合理选择财产的信息至关重要。以下信息有助于确定财产优先顺序，确保将时间及资金利用最大化。

① 确定对区域影响大的基础设施。

② 确定易受影响的人群，如老人、小孩或需要特殊关照的人。

③ 确定经济因素，如区规划地区的经济中心和能极大影响地区经济的企业。

④ 识别那些需特殊考虑的地区，如高密度的居民和商业区，受灾害影响时可能导致大量人员的伤亡。

⑤ 确定历史、文化和自然资源地区。

⑥ 确定灾后能使生产、生活尽快恢复的机构，如政府、银行、交通和生命线机构等。

(2) 收集与建筑相关的财产信息。

以下信息列表有助评估各灾害带来的损失。

① 建筑物面积。建筑物面积用来估计置换价值和功能价值，可通过规划、统计数据或实地调查获得建筑物面积。

② 置换价值。置换价值通常以每平米建筑物的花费表示，可反映建筑物的劳动力和物质成本。通过统计数据或相关资料查阅不同类型建筑物的置换价值。将每平米建筑物的花费乘以建筑物面积可得到建筑物的置换价值。

③ 物品价值。确定建筑物的类型和物品置换的比例，并估计物品价值。

④ 功能价值。若建筑物被损坏，则其应有的功能受到影响，从而导致一系列的损失。一般来说，功能价值大于建筑物建筑破坏带来的损失。用单位面积单位时间内建筑物的功能损失乘以建筑物面积和影响时间，则得到建筑物的功能价值。

(3) 收集灾害的特定信息。

对于不同的灾害，收集的信息是不同的。回顾规划区域可能遭受的灾害，然后决定要收集数据的类型。不同灾害所需的数据类型，如表 6-4 所示。

表 6-4 所需建筑物数据类型

建筑特点	洪水	地震	海啸	飓风	风暴	滑坡	火灾
建筑物类型	√	√	√		√		
建筑规范设计水平/时间	√	√	√	√	√		√
屋顶材料				√	√		√
屋顶建筑				√	√		√
植被							√
地形	√				√	√	√
离危险区域的距离	√		√		√	√	√

① 收集受洪水影响财产的清单。确定优先收集的信息，若规划区域面积较大，则选择那些受洪水灾害影响较大的地区，优先收集该地区的信息；优先考虑老建筑、基础设施及离洪水灾区近的地区财产；洪水灾害给木建筑或有贵重物品的建筑物带来的损失更大。

收集建筑物的信息，包括面积、置换价值、物品价值和功能价值。另外，收集建筑类型、建筑抗震设计规范、地形、距危险区域的距离。

收集灾害信息，包括用于估计洪水易损性的建筑物基地高程和洪水标高线。建筑物基地高程，可通过政府机构、建筑许可证或实地调查等获得洪水影响区域内的建筑物基地高程；洪水标高线，是指大于或等于 100 年一遇洪水的水位高度，可通过政府机构、研究报告等获得洪水标高线。

② 收集受地震影响财产的清单。确定优先收集的信息，应考虑地震的烈度。例如，砖石建筑物在地震中极易受到破坏。另外，低于建筑规范设计的建筑物在地震时也易受到破坏。通过建筑物的抗震鉴定估计其风险，从而确定优先收集的信息。

收集建筑物的信息，包括面积、置换价值、物品价值和功能价值。另外，收集建筑类型、建筑抗震设计规范。

收集灾害信息，建筑抗震设计规范有助于确定地震易损性，建筑物的设计是影响其易损性的主要因素，未设防和低设防建筑物的地震易损性远大于那些高设防建筑物的易损性。通过政府机构、规划、文献资料或实在调查确定规划区域内建筑物的地震设防等级。地震烈度、地表峰值加速度和震感的关系，可通过 HAZUS 技术手册获得。

③ 收集受海啸影响财产的清单。确定优先收集的信息，如果规划区域内只有一小部分地区受飓风影响，那么清点受海啸影响地区内的所有财产；若区域内的大多数地区或有大量的建筑物受海啸影响，那么优先考虑离海岸线近的财产和重要的基础设施。

收集建筑物的信息，包括面积、置换价值、物品价值和功能价值。另外，需收集建筑物类型、建筑抗震设计规范、距危险区域的距离。

收集受海啸影响区域内的财产信息，并将其列表。

④ 收集受飓风影响财产的清单。确定优先收集的信息。飓风影响的范围较广，为了节约时间和资金，优先选择易受飓风影响的地区。最好选择那些对公众安全、历史、经济和环境有重要影响的财产。对于不能够承受设计风速或在飓风中极易受破坏的财产，应记录其建造时间。例如，未按设防要求建造的建筑物。

收集建筑物的信息，包括面积、置换价值、物品价值和功能价值。另外，需收集建筑物建计规范、建造日期、屋顶材料和建筑。

收集受飓风影响区域内的财产信息，并将其列表。

⑤ 收集受风暴影响财产的清单。确定优先收集的信息，除了基础设施外，需进一步优选建筑物、离风暴影响区域近的财产或易受洪水及潮汐影响的地势低洼处的财产。

风暴影响范围较广，为了节约时间和资金，优先选择易受风暴影响的地区。因此，识别那些极易受风暴影响的单个建筑物或地区。建筑和材料是影响风暴对建筑物易损性的主要因素。确定易受风暴影响区域的财产，例如，低洼封闭地区易受洪水和风暴灾害的影响。

收集建筑物的信息，包括面积、置换价值、物品价值和功能价值。另外，需收集建筑类型、建筑设计规范、建造日期、地形、距危险地区的距离、屋顶材料和建筑。

收集灾害信息，收集以下信息包括有助于确定风暴易损性：最低点高程和洪水标高线。确定风暴影响区域内最低点的高程，可通过政府机构、建筑许可证或实地调查等获得最低点高程；洪水标高线，是指大于或等于 100 年一遇洪水的水位高度，可通过政府机构、研究报告等获得洪水标高线。

⑥ 收集受滑坡影响财产的清单。确定优先收集的信息，滑坡常影响道路、桥梁等基础设施，同时对建筑物及商业影响较大。如果规划区域内只有一小部分地区受滑坡影响，那么清点受滑坡影响地区内的所有财产。若区域内的大多数地区或有大量的建筑物受滑坡影响，那么优先考虑基础设施。

收集建筑物的信息，包括面积、置换价值、物品价值和功能价值。另外，需收集地形、距危险地区的距离。

收集受滑坡影响区域内的财产信息，并将其列表。

⑦ 收集受滑火灾响影财产的清单。确定优先收集的信息，如果规划区域内只有一小部分地区受火灾影响，那么清点受火灾影响地区内的所有财产。若区域内的大多数地区或有大量财产受火灾影响，那么优先考虑基础设施。优先考虑火灾严重区域的财产，再考虑火灾中等区域的财产。

收集建筑物的信息，包括面积、置换价值、物品价值和功能价值。另外，物建筑设计规范、建造日期、屋顶材料和建筑、植被、地形、距危险地区的距离。

收集受火灾影响区域内的财产信息，并将其列表。

6.2.4 损失评估

灾害对规划区域内财产有多大的影响，这是损失评估要解决的问题。已确定规划区域内可能遭受灾害的种类，描述灾害带来的影响，可能受到影响的财产。接下来，结合上述所得信息，评估灾害给人员、建筑物及其他重要财产带来的损失。部分建筑物和基础设施由于其建筑及施工情况等不同，在灾害发生时的易损性相差较大。

风险分析需考虑多种灾害，而不是仅分析某类型的灾害。应当注意的是，综合损失评估应包括财产本身的价值及其功能损失的价值。为了完成损失评估，首先确定灾害对财产造成的破坏率，包括建筑、物品和功能损失的百分数；然后，将财产价值乘以破坏率，从而得到潜在的损失。

1. 自然灾害损失评估

(1) 确定损失程度。

估计灾害给财产带来的潜在损失，部分灾害可得到最终损失表格。然而，有些灾害没有提供损失表格，此时可用灾区财产的全部价值或根据过去经验获得。例如，如果规划区域易受火灾的影响，而且获得了区域内财产的详细信息，那么可根据该区域过去因火灾而被破坏财产的信息，来估计现有财产的易损性。

① 估计建筑损失。确定灾害对财产的影响方式及程度，损失以建筑置换价值的百分数来表示。建筑置换价值乘以损失百分数，得到建筑损失值。

② 估计物品损失。物品损失价值可由物品转换价值乘以物品破坏的百分数得到。

③ 估计功能损失。首先，确定停工天数，即受灾害影响后设施非正常运行的天数。如果没有可用的损失评估表格，查找过生发生的灾害并得出平均停工天数。然后，确定日停工损失，将年销售额除以 365 天得到日销售额。由日销售额乘以停工天数，得到停工损失。

④ 估计人员伤亡。评估灾害造成人员伤亡的方法有多种。对于风险分析来说，人员伤亡的概率和程度取决于灾害的特点及人所处的环境。

(2) 计算各类灾害损失。

①计算各财产损失。确定规划区域受灾害影响严重的财产，计算其建筑、物品和功能损失，然后将各类损失求和即为财产损失值。

② 计算各灾害损失。确定造成规划区域经济损失较大的灾害种类，并计算各类灾害造成的损失。接下来计算财产受灾害影响的百分比，用财产损失值除以财产总的价值，可得财产损失的百分比。

③ 创建灾害综合风险图。将不同规划区域内各灾害风险的区域图叠加，可得灾害综合风险图。由图可看出规划区域内各地区受灾害影响的程度。

④ 确定洪水影响范围。损失表格提供的信息较为粗劣，为了对洪水灾害带来的损失有更为精确的了解，需进一步研究。

a. 计算建筑物损失。

评估易损性时，首要解决的问题是确定哪些建筑在洪水中遭受损失。美国联邦应急计划署给出了洪水深度和影响范围的统计关系。另外，有些易损性曲线也能得出类似关系。

使用之前收集到的洪水信息，由基本洪水高程减去最低点高程得到规划区域的洪水深度。洪水深度和建筑物损失的百分数可查 HAZUS 手册获得。

b. 计算物品损失。

洪水深度和物品损失率的关系可查 HAZUS 手册获得。明确洪水区域内建筑物的类型，根据洪水深度得出物品损失的百分数。

c. 计算功能损失。

洪水深度和停工天数的关系可查 HAZUS 手册获得。明确洪水区域内建筑物的类型，根据洪水深度得出停工天数。

d. 考虑人员伤亡。

若规划区域易受山洪影响且无有效的预警系统，那么地势低洼处建筑内可能有人员伤亡，特别是山洪发生在夜间时。

⑤ 确定地震影响范围。发生地震时，影响建筑物易损性的因素很多。建筑物建筑对易损性的影响较大，建筑材料、高度和地质条件等也是影响因素。评估建筑物建筑的易损性时，脆弱性是最为重要的因素。一般来说，脆弱性越大，建筑的易损性越大。

a. 计算建筑物损失。

美国联邦应急计划署给出了地表峰值加速度和建筑物破坏的统计关系。确定规划区域内建筑物类型和地表峰值加速度，查表得其建筑破坏的百分数(建筑破坏百分数=修复费用/置换费用)。

b. 计算物品损失。

建筑物内物品易受地震影响而遭受破坏，应将物品损失作为风险分析的一部分。根据建筑物的置换价值，计算物品可能遭受的损失值。一般来说，物品损失值按建筑物损失值的50%计算。

c. 计算功能损失。

地震造成建筑物破坏直接影响其正常功能，估计因地震而造成建筑物修复和重建的天数。美国联邦应急计划署给出了建筑物平均修复和重建的天数。确定规划区域内建筑物的类型和地表峰值加速度，查表得其修复和重建的天数。

d. 计算人员伤亡。

建筑物倒塌是地震造成人员伤亡的主要因素，计算建筑物内人员数量及伤亡的概率，从而得到人员伤亡的期望值。

⑥ 确定海啸影响范围。确定海啸影响区域内易损性时，最重要的是确定哪些建筑物易受海啸的影响。

a. 计算建筑损失。

没有通用的评估海啸造成建筑物损失的数学模型，大多依靠经验或统计数据得出海啸带来的损失。一般来说，主要考虑海岸线附件建筑物的易损性。

b. 计算物品损失。

根据经验、统计数据或建筑物损坏程度估计物品的损失

c. 计算功能损失。

没有可用的数学模型，可根据经验、统计数据或建筑物损坏程度估计建筑修复和重建的天数。

d. 计算人员伤亡。

根据过去海啸导致人员伤亡的数据，进行统计分析，以估计将来发生海啸时带来的人员伤亡情况。

⑦ 确定飓风影响范围。建筑物受飓风影响时，其易损性主要由建筑物建筑、风速及飓风的路径决定。

a. 计算建筑物损失。

没有通用的评估飓风造成建筑物损失的数学模型，大多依靠统计数据或设计风速估计建筑损失程度。

b. 计算物品损失。

根据飓风造成建筑物损失程度，估计物品损失值。

c. 计算功能损失。

没有可用的数学模型，可根据经验、统计数据或建筑物损坏程度估计建筑修复和重建的天数。

d. 计算人员伤亡。

根据过去飓风导致人员伤亡的数据，进行统计分析，以估计将来发生飓风时带来的人员伤亡情况。

⑧ 确定风暴影响范围。受风暴影响区域内，建筑物易损性的影响因素很多。暴雨、侵蚀、冲刷和强风是影响建筑物易损性的主要因素。

a. 计算建筑物损失。

评估建筑物易损性时，首要的任务是确定哪些建筑物易受洪水、侵蚀、强风和碎片的影响。洪水深度和建筑物损坏百分数之间的关系可查 HAZUS 手册获得。

b. 计算物品损失。

受风暴影响区域内，建筑物易受强风和暴雨影响。风险分析时应考虑强风和暴雨两方面带来的损失。洪水深度和物品损坏的关系可查 HAZUS 手册获得。

c. 计算功能损失。

风暴造成建筑物破坏直接影响其正常功能，估计因风暴而造成建筑物修复和重建的天数。美国联邦应急计划署给出了因风暴而导致的建筑物平均修复和重建的天数。

d. 计算人员伤亡。

随着沿海地区人口的增加，飓风与风暴的风险也随之变大。值得庆幸的是，对飓风和风暴灾害预报的精度度越来越高，使预警时间变长。

⑨ 确定滑坡影响范围。评估易损性时，首要的任务是确定哪些建筑物易受滑坡影响。地形对建筑物易损性影响较大，特别是斜坡底部或顶部、山谷里的建筑物极易遭受滑坡灾害。

a. 计算建筑物损失。

大多依靠统计数据估计滑坡造成建筑物损失。

b. 计算物品损失。

根据滑坡造成建筑物损失程度，估计物品损失值。

c. 计算功能损失。

没有可用的数学模型，可根据经验、统计数据或建筑物损坏程度估计建筑修复和重建的天数。

d. 计算人员伤亡。

根据过去滑坡导致人员伤亡的数据，进行统计分析，以估计发生滑坡时带来的人员伤亡情况。

⑩ 确定火灾影响范围。评估易损性时，首要的任务是确定哪些建筑物易受火灾影响。

a. 计算建筑物损失。

考虑建筑物的建筑、材料的耐火性、消防力量及易燃物等因素，进行火灾风险分析。在此基础上计算建筑物损失值。

b. 计算物品损失。

根据建筑物损失程度与物品损失的统计关系，得出物品损失值。

c. 计算功能损失。

建筑物功能中断时间与其受损程度密切相关,可根据统计数据估算修复和重建天数。

d. 计算人员伤亡。

根据过去火灾导致人员伤亡的数据,进行统计分析,以估计发生火灾时带来的人员伤亡情况。

2. 人为灾害损失评估

对于特定设施、系统、地点及资产的易损性,可采用两种不同但可互补的方法进行分析。一方面,任何给定地点都有一定程度的固有易损性,如足球场馆可聚集成千上万人,恐怖分子可能认为这是非常有吸引力的攻击目标。固有易损性的分析应评估每项资产,以确定其脆弱性。另一方面,安全措施、设计和其他减缓措施决定了战术易损性,如,空调系统内部化学物质不可见且装有摄像头,那么恐怖分子不大可能将其作为释放有毒气体的工具。战术易损性评估就对每项资产进行分析,以确定其保护程度。

(1) 固有易损性,规划团队可通过以下信息确定资产的固有易损性。资产可见性,公众对设施、地点、系统存在性的关注和了解;目标吸引力,设施、地点、系统对恐怖分子的吸引程度;资产可及性,公众如何接近这些设施、地点及系统;资产移动性,资产是固定的还是移动的,如果可移动,移动的频率是多少;危险物质的存在性,是否有易燃、易爆、生物、化学、放射性物质;二次影响,若资产被袭击,它给周边带来的二次影响有哪些。

设施固有易损性评估矩阵用于记录各项资产的易损性,如表 6-5 所示,有助于规划团队比较各资产的相对脆弱性。对每项资产进行易损性评分,然后将各资产的评分按大小进行排序。

表 6-5 设施固有易损性评估矩阵

标准	0	1	2	3	4	5	评分
资产可见性	—	几乎不了解	—	部分人了解	—	多数人知道	
目标吸引力	无	非常低	低	中等	高	非常高	
资产可及性	位置偏远,武装警卫,严格控制	围栏,警卫,控制	控制进入,进入受保护	控制进入,进入不受保护	开放,限制	开放,无限制	
资产移动性	—	移动或经常动	—	移动或偶尔动	—	固定在一个地方	
危险物质存在性	无危险物质	少量危险物质	中等量,严格控制	大量,部分控制	大量,少数控制	大量,非工作人员可接触	
二次影响	无风险	低风险,局限于受影响区域	中等风险,局限于受影响区域	中等风险,1 英里范围内	高风险,1 英里范围内	高风险,超出 1 英里范围	
影响人数	0	1～250	251～500	501～1000	1001～5000	＞5000	

(2) 战术易损性,以下信息有助于规划团队确定战术易损性。

① 场地周边。

场地规划和景观设计:设施是否考虑安全保护措施;

停车安全:车辆的出入及停车管理是否合理。

② 建筑围护结构。

建筑工程:建筑周围是否设施围护结构,是否可有效保护生物、化学及辐射物的破坏。

③ 设施内部。

建筑和室内空间规划:公众和私人区域是否有安全屏障,关键设施和行为活动是否分开;

机械工程:公用设施和暖通系统是否设计有冗余系统;

电气工程:应急电源和通信系统是否可用,报警系统是否可用,电量是否充足;

消防工程:建筑物的灭火和供水系统是否充足,消防人员的培训是否合理;

电子和组织安全:是否有系统和人员监测及保护设施。

与自然灾害损失评估类似,人为灾害造成的损失可分为三类:人员伤亡,财产损失,功能受损。然而,恐怖袭击和技术灾害在损失评估方面呈现出其特殊性,主要是人为灾害发生的频率难以确定。

对于一些灾害来说,可用最坏情景来表述其损失。例如,根据铁路位置及其运输危险物质的类型和数量,利用数学模型确定危险物质泄漏后的各种事故场景,由风向、风速及污染物的性质,可得出需要疏散的人员数量。

对于其他的人为灾害,如炸弹爆炸的损失评估仍在不断发展,尚未形成合理可用的评估方法。可用软件模拟爆炸对建筑物产生的影响,但软件本身无法得到当时灾害的减缓目标。对于这些难以定量化描述的灾害来说,规划团队可根据最坏情景来进行损失评估,在此基础上制订规划目标。根据易损性分析和损失评估结果,可制订防灾目标并确定防灾措施。

6.3 编制规划

确定规划目标、制定减缓措施、确定实施策略及草拟防灾规划是城市防灾规划编制的四个步骤。具体流程如图 6-2 所示。

6.3.1 确定规划目标

1. 规划目标确定的原则

(1) 与城市性质功能一致。城市的性质功能是由城市建设总体规划规定的,国家对

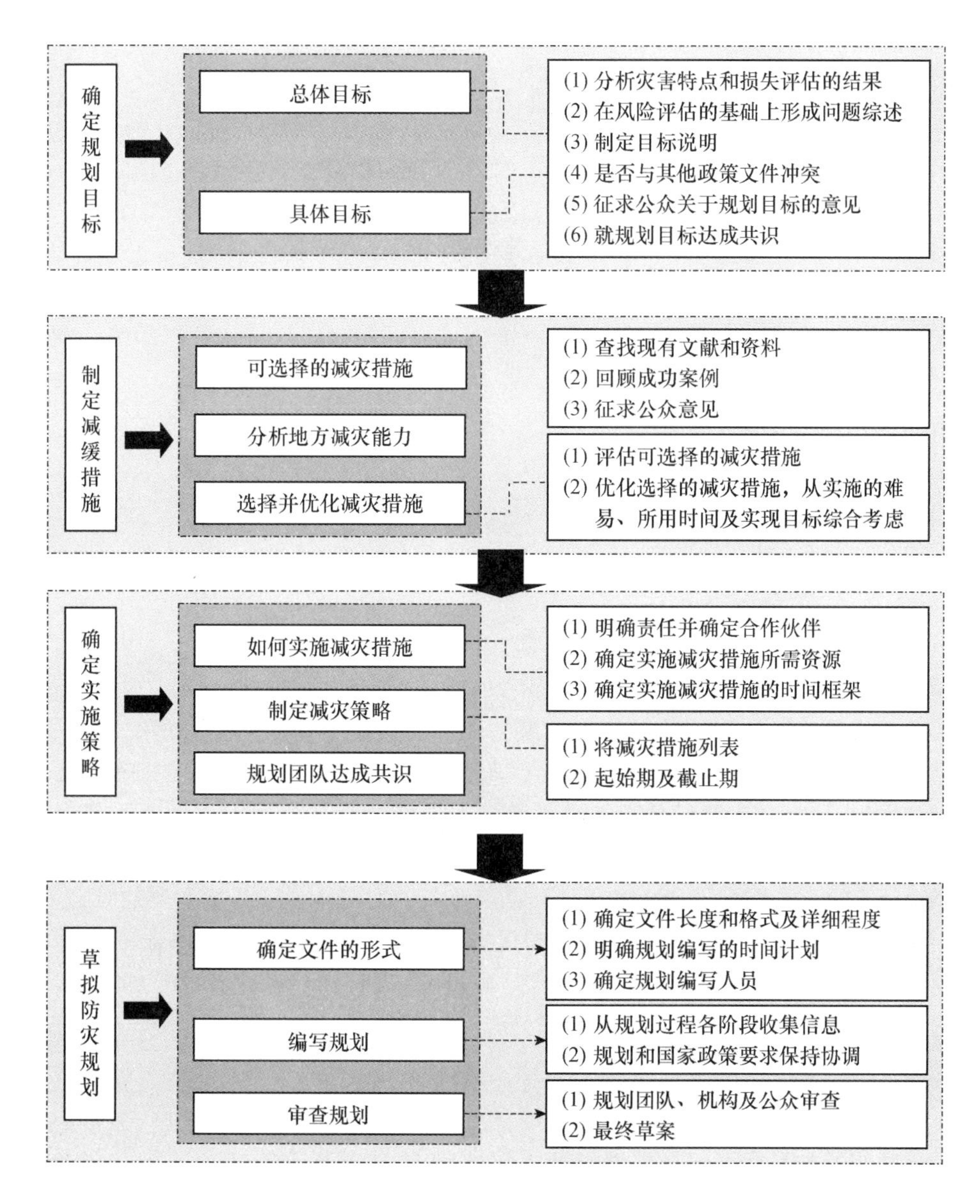

图 6-2 规划编制流程

不同性质功能的城市都有相应的要求。同样对于不同城市的公共安全水平要求也不一样，如政治经济中心以及风景旅游区的公共安全水平要求就比其他地区要求高。

（2）满足人们生存和发展对安全的要求。人们生活在社会上，要有一个最低的安全保障，而且只有保证人身安全，才能从事其他活动。并在此基础上，满足人们更高层次的安全要求。

（3）与经济技术发展的现实水平协调。规划目标的确定应该从安全与经济发展两方面同时考虑，以二者的协调发展为主要依据，如果规划目标过高，脱离目前的经济技术发展水平使目标无法达到；如果规划目标过低，将制约和限制城市经济技术的发展。二者都应该调整规划目标，城市综合防灾规划总是在一定的经济技术条件支持下才能实现。不同的城市，经济技术条件不同，但都应在现有和可能有的经济和技术条件下确定规划目标。

（4）与环境规划相协调。在城市综合防灾规划中，必然要涉及城市环境问题，而且目前城市环境对灾害后果的影响也比较大。要想做好城市防灾规划，就需要与城市环境规划相结合，确定合理的城市综合防灾规划目标。

（5）规划目标要求做时空分解、定量化。无论定性目标、还是定量目标，都要把目标具体化，在时间上和空间上分解细化目标，形成易于操作的指标和具体要求，便于安全规划方案的执行和管理。

2. 规划目标的基本要求

（1）具有一般规划目标的共性。城市防灾规划目标必须有时间限定和空间约束，可以计量，并能反映客观实际，而不是按决策者的主观要求和愿望进行规划。

（2）与城市经济发展、社会进步的目标协调。城市防灾规划的根本目的是为了减少城市事故灾害，保障城市经济和社会的持续发展。规划目标应集中体现这一方针，应与城市经济发展、社会进步目标进行综合平衡。发展经济与安全投入两种目标都应达到，是一种协调型的规划。

（3）目标的可行性。可行性主要指技术经济条件的可达性及目标本身的时空可分解性，并且便于管理、监督、检查和实行，要与现行管理体制、政策、制度相配合。

（4）目标的先进性。规划目标应能满足城市经济社会健康发展对安全的要求，保障人民的正常生活。同时，应考虑技术进步因素，参照国内外现状，在现存安全水平上有所提升。

3. 规划目标的类型和层次

城市防灾规划目标可根据规划管理工作的要求，按照国家或地方的统一部署，分为不同的类型和层次。

（1）按管理层次分。按管理层次分为宏观目标和具体目标。宏观目标，是对城市在规划期内应达到的规划目标总体上的规定；具体目标，是按照事故类型在规划期所作的具体规定。

（2）以目标的高低划分。依据风险分析和评价结果，可以将规划目标划分为两个层次，即可接受水平目标和理想目标。可接受水平目标是在现实风险水平的基础上对规划目标所确定的最低要求,是城市的生产生活对公共安全的最低要求,是城市经济发展、社会进步对公共安全的最低要求,因此,可接受水平目标是必须要达到的目标。理想目标反映的是城市系统最佳防灾状态,是城市经济社会活动、居民生活对公共安全的最高要求,是防灾最终的奋斗目标。

(3) 时间上划分。防灾规划目标按规划时间可分为,短期目标,按年度计算;中期目标,5~10 年;中长期目标,10 年以上。对于短期目标一定要准确、定量、具体,体现出很强的可操作性;对中期目标包含具体的定量目标,也包含定性目标;对于长期目标主要是有战略意义的宏观要求。从关系上看,长期目标通常是中、短期目标制定的依据,而短期目标则是中、长期目标的基础。

(4) 从空间上划分。防灾规划目标从空间上可划分为国家防灾规划目标,省市自治区防灾规划目标等。从城市来说,可分为城市总体防灾规划目标,城市分区防灾规划目标。

(5) 按灾害类型划分。由于灾害各自的特点,规划目标物理意义可能相差很大,如自然灾害规划目标和人为事故灾害目标,如洪水规定为五十年一遇、100 年一遇;而人为事故灾害目标如个人风险水平在 10^{-6} 范围内。

4. 确定规划目标的步骤

规划目标包括减灾总体目标和针对具体灾害的减灾具体目标。总体目标,即规划的纲领,大多是政策性的描述,需长期努力才能达到。例如,未来社会经济活动将不再受到洪水事件的威胁;将城市火灾造成的损失最小化;灾害不会显著影响政府工作的正常运行。总体目标系统包括社会目标、经济目标、管理目标和环境目标等四项目标;在防灾规划的实施过程中,涉及多个部门、多个方面的关系。具体目标是为达到总体目标而制定的策略或实施步骤,是具体的。例如,保护市中区的建筑使其不受洪水威胁;教育公众有关火灾防御知识;为灾后重建制定规划和创造所用资源。

减灾目标的制定要与城市总体规划相协调,要考虑到城市当前的经济发展水平和今后的经济发展目标。在目标设定方面,就是显著降低自然灾害和人为灾害所导致的人员伤亡及财产损失。在风险分析的基础上制定规划目标,进而确定风险减缓措施来降低灾害风险,实现规划目标。

减灾总体目标是尽可能的保护人民生命财产,减少救灾及恢复成本,使得灾害造成的损失最小化。总体目标不必确定具体减灾行动,但要明确想要达到的综合效果。

确定减灾总体目标后,还需确定减灾具体目标。具体目标比总体目标更为具体和狭窄,它提供更为详细的方式来实现总体目标。在确定具体目标时,规划团队应充分考虑公众意见。制定合理可行的具体目标非常重要,进而为确定减灾措施提供依据。

总体目标和具体目标不仅根据损失评估的结果而确定,同时也要考虑社会、环境、政治、历史保护及资金等。例如,评估区域以旅游业为主导,那么减灾可能更加关心对历史文物和商业财产的保护,而不是保护那些脆弱性高的财产。

为达到总体目标和具体目标就必须采取相应的具体措施,即防灾行动,结合风险分析结果制定减灾总体目标和具体目标,通过分析风险确定灾害的类型、可能的发生地点,对基础设施、建筑物及人群造成的影响。最终,通过选择合适的减灾行动实现规划目标。

5. 规划目标的可达性分析

城市防灾规划目标确定后,还要对规划目标进行可达性分析并及时反馈,对目标进行修改完善,以保证目标的可行性。

防灾规划目标一旦确定,各项安全投入所需资金也就相应确定。在留有余地的前提下得出总投资预算,将总投资预算与城市政府的计划投入的防灾专项基金两相比较得出结论。过高、过低或持平都须反馈,对目标重新修正调整,保证在投资范围内充分利用资金进行安全工作。除了安全投资分析还需要防灾管理分析和事故灾害防治技术分析。

(1) 防灾管理分析。管理的加强使防灾安全管理逐渐走向科学化、现代化。现有的管理已由单一的定性管理转向定性、定量的综合管理,管理水平的提高为安全目标的实现提供了强有力的技术支持。管理分析用以确定规划目标是否具有可行性,以确保目标的准确性,保证规划的有效性。

(2) 事故灾害防治技术分析。迅速发展的科学技术推动灾害防治技术的进步。随着事故灾害防治技术的发展,将促进防灾规划目标的实现。

在防灾规划目标的可达性分析中,还涉及公民素质分析。经济落后、生产方式传统、旧观念作祟,加之教育上不去的现实,决定有些公民素质不高,安全意识淡薄,直接影响安全目标落实的难度。此外其他一些影响措施、控制对策、法规执行程度等因素也应当加以分析,要综合分析防灾目标的可行性。

6.3.2 识别并确定优先防灾措施

通过识别、评估并优化防灾措施实现规划的总体目标和具体目标。防灾措施是防灾规划的关键,为达到公众和政府部门的支持,使防灾措施成为应对灾害的有力工具,评估各种防灾措施优点和当地的防灾能力至关重要。

防灾行动可分为工程性和非工程性的。工程性防灾措施,如建造避难场所、加强现存建筑物来抵抗洪水、风暴和地震的影响;非工程性措施,如以宣传教育和法律的形式提高对灾害的认识,降低灾害影响。

防灾行动可归纳为以下六大类:

(1) 预防。通过政府行政、规则行为和公众参与都可降低灾害损失,如规划、建筑物条例,保护开放空间和管理条例。

(2) 保护财产。通过改变现有建筑物结构降低灾害损失,或者使其远离危险地区。如搬迁和改造。

(3) 公众教育和意识。对公众和政府人员宣传灾害潜在的危险及防灾措施。

(4) 保护生态系统。防灾措施不仅要最大限度地减少危害损失,也要保护生态系统功能。这些措施包括,控制水土流失、流域管理、森林和植被管理、湿地修复和保护。

(5) 应急服务。灾害发生后应立刻采取行动来保护生命和财产的安全,服务包括:预警系统、应急反应和关键设施的保护。

(6) 结构工程。建筑结构抵御灾害并降低灾害的影响。包括:大坝、防洪堤、防洪墙、海堤和挡土墙。

综合比较各防灾措施的优点、缺点,评估、优化防灾措施,并将其纳入防灾规划中。规划需考虑:防灾措施能实现哪些防灾目标;实现这些防灾措施需具备哪些能力;实施这些防灾措施对当地有什么影响。

1. 识别可选择的防灾措施

识别能达到防灾目标的各种可能的防灾措施。回顾防灾总体目标和具体目标,查找资料,识别并列出适合当地的防灾措施。

(1) 回顾现有文献和资料。以防灾目标为基础,识别能达到防灾目标的防灾措施。规划团队应考虑防灾措施是否可实现防灾目标及其对社会、环境和经济的影响。现有文献可用来识别防灾措施,大量的出版物、网站及其他信息资源可提供防灾措施特点、步骤及大概成本。可选择的防灾措施有:根据已知灾害,利用土地规划政策;鼓励公众购买灾害保险;将建筑物远离灾害多发区;改造建筑物,提高抵御灾害的能力;制订、采纳并执行建筑物规范和标准;新建筑中使用阻燃材料等。

(2) 回顾成功案例。其他地方可能遇到相似的问题并且采取了解决措施,规划中可借鉴成功案例中的措施。

(3) 征求公众意见。问卷调查是征求可用防灾措施意见十分有效的方法,通过调查不仅可收集有价值信息,而且易于得到公众的支持。

2. 识别并分析地方防灾能力

回顾和分析地方的政策、法规、资金及目前防灾措施的实施;如何监管灾害易发地区建筑和基础设施的建设;专业人员如何开展防灾行动或提供技术支持。以上分析通常称为能力评估,考虑可用于帮助实施防灾措施的政策、资金和技术资源,通过能力评估确定当地是否能够实施特定的防灾行动。

(1) 回顾政府的防灾能力评估。当地政府的防灾能力评估为制订防灾措施提供有用信息,回顾政府能力评估中的以下信息:政府是否能提供足够的资源(资金、技术或政策)用于实施特定的防灾措施,如提供技术人员或资金用于评估受自然灾害影响的关键设备的易损性；国家政策、倡议及规定是否对当地实施防灾措施有负面影响。

若没有可用的能力评估，则利用相应政府机构功能及其对防灾措施的影响完成防灾能力评估，以便更全面地了解地方政府的规划、政策及资金等这些资源对地区防灾的影响。

（2）完成当地的防灾能力评估。制订防灾措施需考虑技术、法律及资金的可行性，各政府机构需明确其职责及可提供的资源。列出对防灾措施有影响的政府机构及其职责，特别要明确负责规划、建筑法规、测绘、资产管理及应急管理等对防灾措施有直接影响的机构。同时，也应列出对灾前和灾后环境影响大的非政府及非盈利组织，如慈善机构、教会、红十字会、关键设施的运营商及高校等。分析现有措施对防灾的影响及存在的不足之处，根据分析结果确定哪些防灾措施需要改变，哪些新的措施需要增减。

3. 评估、选择并优化防灾措施

（1）评估可选择的防灾措施。

在完成能力评估的基础上，评估现有和潜在的防灾措施是否能达到防灾目标以及这些防灾措施是否合适于本地区。可用于评估的方法有多种，下面介绍一种系统的评估方法，该方法综合考虑社会、技术、行政、政策、法律、经济和环境等因素。

将列出的各种问题作为评估过程的一部分，对可选择的防灾措施进行排序。评估结果作为规划团队权衡不同防灾措施对实现防灾目标利与弊的依据。然而，这一决策并不一定是简单的过程，随地区情况的不同而使得差异很大。

减缓措施评估标准的相关信息，如表 6-6 所示。

表 6-6　减缓措施评估标准信息

评估标准	注意事项	信息来源
社会	社区可接受性	问卷调查 采访政府人员、非营利组织 社区规划 新闻报导
	特定年龄段人群的负面影响	减灾措施实施地区的统计地图，包括种族、年龄、收入等
技术	技术可行性	减灾专家、科学家及工程师的判断 现存有关减灾措施的文献及研究
	持久性	减灾专家的判断 现存有关减灾措施的文献及研究
	二次影响	减灾专家的判断 现存文献 用地图显示减灾措施实施地区对环境敏感的资源 科学和工程评估

续表

评估标准	注意事项	信息来源
行政	人员编制(人员数量及培训)	能力评估 地区政府机构组织图 地方政府机构可得到的技术支持 对部门负责人及相关人员的访谈
	拨款	能力评估 年度经营预算 对部门负责人及相关人员的访谈
	维护或作	能力评估 现有文献的维修费用 对部门负责人及相关人员的访谈
政治	政治支持	问卷调查 访谈官员 新闻报导
	规划倡议者	问卷调查 规划过程中访谈官员、社区领导及私人部门的参与者
	公众支持	问卷调查 采访政府人员、非营利组织和相关织人员 新闻报导 公众集会
法律	国家法律	研究国家法律
	现存地方法律	研究地方法规和条例
经济	减灾措施的益处	效益成本分析方法 专家判断 现存文献 相似减灾措施的案例研究 经济影响评估
	减灾措施的成本	成本估计 专家判断 地方承包商 案例研究
	对经济目标的贡献	专家判断 综合评估社区规划,经济发展规划及其他规划的政策
	外部资金的需求	成本估计 国家和地方拨款估计

续表

评估标准	注意事项	信息来源
环境	影响土地、水体	地图、研究及规划 遵守国家和地方与资源相关的法律和规章
	影响濒危物种	地图、研究及规划 遵守国家和地方与资源相关的法律和规章
	影响有害物质和废物	地图、研究及规划 危险废物数据库 遵守国家和地方与资源相关的法律和规章
	与地区环境目标相协调	土地利用、规划及敏感地区的地图 访谈政府人员 回顾地方规划和政策
	与国家法律相协调	联系政府机构

以洪水防灾措施为例，考虑每项防灾措施，"＋"号表示产生有利影响，而"－"号表示产生负面影响。总体目标：将危险区域内建筑物的损失最小化；具体目标：降低受洪水影响区域内建筑物的潜在损失。防灾规划措施优选如表6-7所示。

表6-7　防灾规划措施优选

评估标准	社会		技术			行政			政策		法律		经济				环境			
注意事项 / 可选择的防灾措施	社区可接受性	影响某年龄段人	技术可行性	持久性	二次影响	人员编制	拨款	维护和操作	规划倡议者	公众支持	国家法律	地方法律	防灾行动利益	防灾措施成本	对经济目标贡献	外部资金需要	土地水体	濒危物种	有害物质和废物	与环境目标协调
受洪水影响建筑	－	－	＋	＋	＋	－	－	－	－	＋	＋	＋	＋	－	－	－	＋	＋	＋	＋
在家园周围建护道	＋	＋	－	－	－	－	－	－	＋	－	＋	＋	－	＋	＋	－	－	＋	＋	＋
提升建筑	＋	＋	－	＋	－	－	－	－	＋	＋	＋	＋	－	－	＋	－	＋	＋	＋	＋

（2）总结推荐的防灾措施。

从经济、技术、法律及环境等多方面考虑，对可选择的防灾措施评估后，规划团队确定合适于社区的措施。

（3）优化选择的防灾措施。

在确定了合适社区防灾措施清单的基础上，对这些措施进行优化。当面对几十种防灾措施可以减缓影响社区的灾害时，确定在什么时间、什么地点、以什么样的方式实施这些防灾行动是十分重要的。回顾规划总体目标和具体目标并确定是否需要解决某一特定灾害，如洪水或地震，通过风险分析和损失估计发现发生频率高且影响严重的灾害。同时，应回顾并考虑合适于特定危险的可选择防灾措施。在给定国家和地方防灾能力的情况下，确定最终实施哪些防灾措施来降低灾害损失，优化选择防灾措施时应考虑易于实施、多目标措施、所需时间等。

规划团队投票是一种常见的防灾措施排序方法。将所有可选择的防灾措施列出，团队的每个成员对防灾措施进行投票，每个成员拥有的票数为防灾措施数量的一半。以表6-8为例，假设规划团队由9人组成，因为防灾措施由4项组成，所以规划团队中每个成员为两票，用于成员选择支持的防灾措施，因此总共有18票。最后，将投票进行统计，得票最多的防灾措施为最优先级，得票第二的第二优先级。

表6-8 防灾措施投票排序

防灾措施	投票数量	优先顺序
提升建筑	3	3
家园周围建护道	2	4
购入易受洪水影响的建筑	8	1
建立公众教育	5	2
投票总数	18	

数值排序是优化防灾措施的另一种方法，规划团队浏览已列出的所有防灾措施。经过仔细评估后，规划团队成员对每项防灾措施排序，最后将排序列出，排序数值最低的为优先级最高的措施。如果有大量的防灾措施及很多人投票，可以取防灾措施排序的平均数而非每项排序。假设规划团队由4名成员组成，每个成员对4项防灾措施进行排序，然后将这些防灾排序求和取平均值。

例如，在表6-9中，这项防灾措施得到3个“1”和1个“2”。将其相加得5，除以投票人数4得到1.25，这和“1”最接近，成为优先级最高的防灾措施。

表 6-9　防灾措施数值排序

防灾措施	排序	排序求和	排序平均值	优先顺序
提升建筑	1,3,4,3	11	2.75	3
家园周围建护道	4,3,4,4	15	3.75	4
购入易受洪水影响的建筑	1,1,2,1	5	1.25	1
建立公众教育	2,3,2,2	9	2.25	2

为了确定优化防灾措施,先列出可选择的防灾措施,然后确定每项防灾措施所对应的总体目标和具体目标,并注明每项防灾措施的来源、评论及存在的问题,如表 6-10 所示。

表 6-10　优化防灾措施

可选择的防灾措施	总体目标和具体目标	防灾措施来源	防灾措施评论
1 购入易受洪水影响区域内建筑	总体目标:将受灾害影响区域内建筑的损失最小化 具体目标:降低河漫滩建筑物的损失	国家防灾规划局	
2 …	…	…	…

6.3.3　确定防灾实施策略

规划团队准备实施防灾措施策略,包括:将防灾措施的实施责任到人,明确分工;用于防灾的资金及其他可用资源来源于补助、预算还是捐赠;防灾措施实施结束的截止日期。防灾措施实施策略是指社区利用已有资源将灾害损失最小化作为防灾目标的方式,它还着重强调参与防灾规划的个人与机构之间的协调,以避免重复工作或导致的冲突。准备防灾实施策略的程序或方法如下:

1. 确定如何实施防灾措施

规划团队明确责任方、资金筹措情况及实施防灾措施的时间框架。表 6-11 为准备防灾措施实施策略,总结实施策略各项子任务所涉及的过程及结果。规划团队将此表应用于各项防灾措施。

表 6-11　准备防灾措施实施策略

任务 1		任务 2		任务 3
明确责任	确定合作伙伴(技术或资金)	明确资源(国家及地方政府、商业赞助、非营利组织)	列出所需物质(仪器设备、车辆、其他物质)	明确实施防灾措施的时间框架
过程	过程	过程	过程	过程

续表

确定社区管理者及相关机构领导的角色和责任	联系实施规划所必要的技术及资金伙伴	准备财务预算，咨询各方意见，确定资金和技术支持	将实施防灾措施所需物质列出来	讨论实施各防灾措施的时间框架
结果	结果	结果	结果	结果
明确支持规划的机构和组织，确定其相应的角色和责任	证实各组织及机构在特定防灾措施中的责任	制定预算、防灾措施分解为若干子任务，列出所需的技术及资金援助	列出实施防灾措施所需物质及必需的物质	实施防灾措施的时间框架

(1) 明确责任并确定合作伙伴。能力评估可用于完成这项任务，规划团队应回顾能力评估中所列出机构及组织的功能，找出在实施策略中所需的机构及组织。

规划团队成员与社区管理者、相关机构领导就防灾措施实施进行交流，讨论防灾措施实施的计划，确定各自责任及合作事项。机构领导应明确防灾措施的任务及相应的人员，否则防灾措施的实施可能会延迟。

(2) 确定实施防灾措施所需资源。资源包括资金、技术支持和物质。规划团队应提供初步成本估计或预算，将各项防灾措施分解为子任务。成本估计有助于规划团队了解各防灾措施的所需资金。同时，应列出实施防灾措施所需的物质(仪器设备、车辆及其他物质)。否则，其他事项容易被忽略。

准备列表时应注意哪些事项的条件已具备，哪些事项需资金花费。另外，规划团队成员应和相应责任机构及组织人员交流，将长期维护所需开支应列入预算中，并明确维护机构的责任。规划团队应通过国家和地方能力评估确定实施防灾措施所需资源，并寻求各方援助。

(3) 确定实施防灾措施的时间框架。规划团队和相应机构应确定社区所采取的各项防灾措施实施的具体时间框架。确定时间框架有利于相关机构的工作人员顺利地实施防灾措施。时间框架应包括防灾措施何时开始实施，何时结束，需要多久全部完成。

确定防灾措施实施的起止日期时，应充分考虑季节气候条件、资金周期、政府机构工作计划及预算等这些影响防灾措施实施的因素。

防灾措施实施日期确定以后，首先实施防灾措施中优先级别高的，并按照优先顺序逐步实施防灾措施。若防灾措施的优先顺序发生变化，应详细说明原因并将其纳入到规划中。为满足社区的需求，实施防灾措施后应定期审查规划及防灾措施。

2. 防灾策略

在完成防灾策略表的基础上，将这些结果保存并确定防灾策略的形式。总体目标、具体目标、防灾措施的确定以及优化防灾策略。实施防灾措施的方式有多种，其中之一是规划团队将防灾措施列表。实施防灾措施时注明长期还是短期，且标明其起始期以及截止期。

3. 获得规划团队共识

规划团队应在防灾措施的时间安排、各政府机构及其他组织责任等方面达成共识。为确保防灾策略的顺利实施，规划团队确认可用的防灾资金及实施时间后，将任务合理地分配给相应的机构和个人。

完成防灾策略前，规划团队应综合考虑所有的防灾措施以确保防灾目标的完成及社区需求的满足，同时，确保防灾措施完成的时间期限。防灾策略达成共识后，接下来就是采纳规划并将其作为其他规划的一部分，用以减缓社区的灾害，降低社区的风险。

6.3.4 草拟防灾规划

防灾规划用于指导社区降低灾害风险和损失。制订或修订现存规划不必等到完成规划的所有细节后才开始，编制防灾规划应在规划过程中逐渐展开，然后对规划作最后的整理。具体的程序及技术如下：

1. 确定规划文件的编写形式、编写时间、编写人员

(1) 确定规划文件的编写形式，使规划文件具有可读性。

① 长度。规划文件的长度没有明确要求，在完成防灾功能的基础上，易于读者阅读是关键。

② 格式。规划文件没有具体的要求及固定格式。规划文本中应包括：规划过程，风险分析，防灾策略及规划维护等信息。详细的技术信息应给出附录并加具体的说明。

③ 语言水平。规划文本所用语言不应太专业、太复杂，也不应太简单。

(2) 确定规划文件的详细程度。确定规划文件中应包含多少信息，是否应将部分信息置于附录。例如，所有灾害的风险分析作为规划文本的主体，还是将其作为附录，详细的风险分析通常放在附录，以确保规划容易阅读和查找。然而，风险分析所用方法及评估结论应放在规划文本中。

(3) 确定规划文件编写时间计划。编写规划文件的时间应包括规划起草和审查的时间。将规划送到地方政府审批前，规划团队应检查规划。如果还没有做这些工作，就要将规划初稿送到各政府机构以便审批。同时，应安排讨论会，给公众提供评价规划的机会。一般来说，国家防灾规划三年更新一次，地方防灾规划五年更新一次。

(4) 确定规划编写人员。规划编写人员应参与规划的整个过程，且具有良好的写作能力及编辑能力。规划团队应包括：顾问、实习生、政府机构工作人员等。如果某一个人编写了规划文本中的几个不同部分，那么应将这些部分负责到底。

2. 编写规划文件

(1) 从规划过程各阶段收集信息。

① 规划过程中的会议记录;

② 风险分析和能力评估的结果及结论;

③ 防灾策略;

④ 其他现存规划、模型及政府对规划的求。

(2) 规划文件和国家要求保持协调。为满足国家要求,规划文件应包括以下内容:

① 描述规划过程。本节主要概述编制规划的程序及确定规划区域;确定参与规划人员及参与方式;确定公众参与的方式;详细说明防灾措施的制订及优选过程。

② 风险分析。包括社区、地区或国家所面临的灾害种类及其风险。使用灾害调查、地图及损失评估图表,总结规划中风险分析的关键因素,并将风险分析作为规划文件的附录。

③ 防灾策略。描述社区或国家在风险分析的基础上如何降低灾害损失;以总体目标和具体目标为指导,选择防灾措施以降低风险;讨论灾前、灾后灾害管理政策,灾害减缓方案及能力评估;确定灾前及灾后防灾行动;按成本效益、环境状况及技术可行性确定防灾措施的优先级别;实施防灾措施的各项资金来源及可用资源。

④ 规划维护。监测、评估和更新规划;将防灾规划的要求列入其他规划中,如综合规划;回顾防灾规划所达到的目标及防灾策略。

3. 审查规划文件

(1) 规划团队审查。规划团队应对规划文件进行审查并提出建议。

(2) 机构审查。参与规划的机构应对规划文件初稿进行审查。

(3) 公众审查。无论是否举办公众会议,公众都应有机会在规划采纳前对其草案进行审查。

(4) 最终草案。收集到各方意见后,对规划文件进行修改并准备最终草案。一旦来自各相关部门意见纳入到规划中,准备下一步,将规划文件提交到当地政府等待审批。

6.4 规划实施与更新

通过规划团队努力及各利益相关者参与,草拟的规划包括风险分析、能力评估、防灾措施、规划目标及对防灾措施的优化等方面。规划的实施是将规划作为降低风险的工具,并加以维护和修正以确保其有效性。

作为综合规划的一部分,防灾规划以简洁的文字和相应的图表,解释规划区域可能遭受灾害的类型、地点及影响程度,可采取的防灾行动及规划目标等。将防灾规划与交通和教育等作为区域可持续发展的一部分。

防灾规划被采纳和实施后，记录所取得的成果、产生的问题及政策的变化等，这些记录的信息对于评估、更新或修改规划至关重要。规划表达特定地区在特定时间内的目标及策略，像其他规划一样，应定期审查防灾规划以确保其有效性。

将更新、修订、新的政策及灾害信息纳入到规划中，一般来说，国家规划每三年修订一次，地方规划五年修订一次。

经过规划准备、风险分析及制订规划三个步骤后，将开始第四个步骤——防灾规划的实施与更新，从而使防灾规划具有法律效力。对规划团队成员来说，规划采纳是规划实施前的最后挑战，规划团队与利益相关者建立的关系在规划采纳中起着重要作用。

6.4.1 采纳规划

规划被采纳，可采用的策略如下：

1. 向政府决策者汇报

定期地向政府决策者汇报可增加规划被采纳的机会，向决策者表明防灾规划已获得广泛支持。定期汇报有助于了解政府领导及决策者所关心的问题，并将其纳入到规划中。

2. 合作伙伴支持

规划是否能得到其他组织认可是政府机构审查时比较关心的。合作伙伴支持是确保防灾规划得到认可并最终通过的一种途径，包括：组织、机构及其他成员。部分组织通过承担特定的责任表明其实施规划的承诺。合作伙伴应提供防灾规划带来益处的相关信息，并使这些信息成为公众听证会记录的一部分。

3. 行政机构采纳规划

防灾规划由政府机构通过法律程序所采纳。根据国家或地方法律，规划采纳后，规划区域应采取一系列防灾措施并出台相应政策来降低灾害风险。

按规划日程安排表的时间进度开展工作，确保能够按时提交防灾规划，并有充足的时间进行正式的采纳程序。

4. 提交规划等待批准

地方政府批准规划后，需将规划提交到上级部门，等待审查规划是否符合国家相关法律及政策的规定。对于多区域的规划，每个区域都需提交其政府采纳的证明。

5. 公布规划的采纳及批准

防灾规划得到批准后，应通过报纸、会议及网络等方式通知灾害的利益相关者，要求政府出台相关政策以实现防灾目标，并划拨专项资金用于实施防灾措施。防灾规划被批准后,应进行下一阶段——实施规划。

6.4.2 实施规划

参与防灾规划的公众和政府工作人员期望看到他们努力的结果,即通过防灾规划的实施降低灾害带来的损失。实施规划主要描述如何按计划实施灾害减缓措施、并将防灾行动融入政府机构的日常工作中,同时应说明如何利用可用的资源实现灾害的减缓。

规划团队确定防灾措施时,应确定实施防灾措施的日期及各相应部门的责任。这些信息有助于规划团队能够按时完成规划目标,并对实施的措施进行评估和监督。

衡量防灾措施实施成功与否的标准很重要,从管理的角度来说,防灾措施是否能够按时完成并获得拨款是主要因素。另一方面,由于防灾措施自身的特点、可用资金的缺乏或其他不可控制的原因,而导致某些防灾措施无法按时完成。那么,这时应看短期内所取得的成果,以此作为衡量实施防灾措施成功与否的标准。在确定防灾措施的有效性之前,应建立防灾措施有效性评估指标。

规划团队应确定监督规划实施的方式,在规划区域内任命官员,使其有责任执行特定的政策及项目。规划团队应向决策者汇报防灾相关信息并组织成员参与防灾措施的实施。同时,规划团队应确保资金到位以实现规划的实施。

频繁地举办会议可能并不切合实际,可以定期地作备忘录通知团队成员实施规划的进展。规划团队年度内部审查是一种较好的监督方法,切记保持交流比交流方式本身重要得多。

1. 明确责任

回顾编制防灾规划时,规划团队所确定实施防灾行动的人员、组织机构及其相应的责任。为了方便与政府机构及其他参与规划的组织联系,最好签订协议书。协议书包括不同机构和个人的责任和义务、灾害减缓的目标及组织结构框架等信息,以帮助评估规划实施的进展。

2. 防灾行动列入政府工作

将灾害减缓目标和防灾行动,列入政府和其他组织的日常工作中。通过现存管理体制快速高效地实施防灾行动,并将防灾行动融入管理体系中。

(1) 使用已有信息。充分利用能力评估中已确定的信息。制定防灾行动时,对社会、技术、行政、法律、经济和环境标准的研究有助于了解与规划区域相关的行政、财政或法律制度。若政府部门和相关组织了解并利用这些信息,这将有利于规划的实施。

(2) 确保资金来源。在编制规划时,已确定实施防灾规划时的潜在资金来源。回顾能力评估的内容,寻找可能的资金来源,如政府机构、商业组织、个人及其他组织等。一旦规划通过审核,即可合法使用防灾资金。

(3) 确定伙伴关系。使防灾行动所用的资金和行政力量最小化，这有助于防灾行动的实施。应设法降低防灾行动的经济成本，鼓励志愿者及非营利组织的参与。

3. 监督并记录防灾措施的实施

规划团队必须持续地监督并记录防灾措施的实施进展，这有助于灾害的减缓。规划团队应询问与防灾有关的机构、部门及个人，防灾措施实施是否按期完成。若防灾项目或措施存在问题，规划团队应及时指出。规划团队应要求责任方就如何解决问题及何时能完成任务给出明确答复。

4. 建立指标以评估有效性

为评估防灾措施的有效性，应建立评估有效性的指标，对于评价防灾措施的有效性至关重要。将指标和防灾总体目标及具体目标紧密结合起来，使指标能代表某几个防灾目标。

6.4.3 评估规划结果

通过评估规划结果，规划团队可检查防灾规划、防灾行动及其实施的结果。评估灾害减缓措施是否有效，是否达到规划目标以及是否需要做出调整。规划团队应定期地检查防灾规划实施的进展，以确保参与灾害减缓的相关责任机构及个人按时完成任务。

通过定期评估，有助于规划团队了解规划进展以及实施防灾措施的有效性。通过以上评估信息来确定是否需要修改规划文本。

1. 评估规划过程有效性

为评估规划结果的有效性，需要回顾规划过程的各步骤，评估规划过程的有效性，是检验防灾规划是否有利于规划区域的好方法。对规划过程的回顾有助于了解防灾规划纳入到日常的行政管理的程度，并确定哪些措施需强化或改变。

规划的年度审查能较好反映规划过程中哪些措施应强化，是否需要寻找新的合作伙伴。规划团队应充分利用年度审查结果，以鼓励公众参与、获得资金支持以及优化灾害减缓措施。

(1) 规划团队讨论。召集规划团队成员是评估规划过程有效性的第一步。事实上，对于制定防灾规划来说，规划团队是长久不变的。即使是防灾规划被采纳后，规划团队成员也应至少每季度见面讨论防灾规划实施的进展。

(2) 回顾规划进展。规划团队首要的任务是评估规划过程有效性。经过一段时间的努力，规划团队应回顾规划过程的各个步骤，检查规划过程中的关键因素，如建立规划团队、公众参与、风险分析及能力评估中的数据收集、与其他机构的合作情况等。

① 建立规划团队。在建立规划团队时，是否有人员的遗漏？是否有必要再次明确规划团队成员的责任？是否举办过会议？是否进行了规划的实施、监督及评估？参与灾害

减缓的人员是否完成了规划的任务?

② 公众参与。了解公众参与情况时,应调查公众对于防灾规划的认识,以确定利益相关者及公民是否有足够的机会表达自己的想法并能参与灾害的减缓,对灾害的了解程度以及对灾害减缓的意愿,对防灾规划进展的看法,期待防灾规划达到的效果。多数情况下,公众最为关心的是受哪些灾害的影响,如何能够消除灾害带来的影响。

③ 数据收集与分析。是否收集到与灾害风险分析及能力评估相关的数据?规划团队成员是否提供研究结果?是否有更为有效的数据收集方法,并保持信息的快速更新?

④ 与其他机构协调。与其他机构的合作是否顺利,相关机构是否有充足的时间审查规划草案,对防灾规划是肯定还是否定。

2. 评估防灾行动的有效性

如果实施防灾措施需要的时间较短,那么防灾措施实施结束后评估其有效性。另外,评估因防灾措施实施而带来灾害损失的减少。然而,由于资源和条件的限制,多数防灾项目是逐步开展的。通过项目实施的进展,确定其是否能在近期完成。收集数据评估进展以达到具体防灾目标,最后应达到防灾的总体目标。应定期评估项目进展并提交评估报告,从而使规划团队了解防灾措施的有效性。

(1) 防灾行动是否达到规划目标。回顾防灾规划总体目标和具体目标,明确实施防灾行动是否达到预期的目标。有时防灾行动能取得意想不到的结果,如有利于规划区域环境、社会及经济等方面需要。

(2) 防灾行动是否通过成本—效益分析,是否有助于潜在损失的降低。对防灾行动来说,最大限度地降低灾害带来的损失决定其有效性。评估防灾行动有效性最重要的指标就是因采取防灾行动而避免的损失,应采用调查或陈述的方式说明防灾措施的有效性及其达到的防灾目标。

规划团队根据成本—效益分析法评估防灾措施的有效性,通过调查也可以及确定防灾措施的有效性。将评估结果向公众及相关机构公布,使其了解资金投入的回报。

(3) 记录不能立即开始的防灾行动。讨论那些不能立即开始、长期能实现以及未能完成的防灾行动,应从防灾行动名单中删掉或移除。

3. 确定防灾行动实施或未实施的原因

确定防灾行动是否能落实后,规划团队应记录落实与否的原因。如果防灾行动只执行了一部分就停止,分析其失败的原因;另一方面,对那些成功实施的防灾行动,记录并分析其成功的原因。了解能促使防灾行动成功实施的因素,并加大宣传和推广力度。确定防灾行动实施与否的原因有:可用的资源;支持或反对防灾行动的政策;参与防灾行动各方的责任;实施防灾行动需要的时间。

4. 鼓励各方参与防灾行动

防灾行动的实施是各组织机构及个人辛勤付出的结果，规划团队应通知各利益相关方防灾规划的进展。参与的方式包括举办活动或利用媒体的优势宣传防灾规划取得的成果。

6.4.4 修改规划

确定是否需要修改规划是防灾规划的最后一步，对减缓策略进行风险分析和能力评估。根据防灾进展及减缓措施实施的评估结果，决定是否需要修改或更新防灾规划。防灾行动评估的频率取决于灾害变化的强度和速度，如果规划区域正在经受灾害的快速增长，那么需要评估的次数要多一些。

规划是一个持续的过程，随着规划区域内灾害等因素的变化而改变，因为规划区域内各因素的改变影响易损性。定期记录可用的数据、土地使用和发展、技术及其他因素。确定规划过程中哪些因素需调整，并记录这些变化。回顾规划的各过程并对其评估，从而决定是否需要修改。

1. 影响规划内容的因素

评估下列因素有助于确定规划中的哪些需要改变，这些影响因素的变化可能对规划有较大的影响。

(1) 回顾风险分析。回顾风险分析结果并将其纳入到成本估计、规划区域的新数据、灾害影响的区域、增长模式的变化、特别是因实施防灾行动而降低的易损性。

① 发展模式的转变。规划团队应确定规划区域的发展模式是否发生变化以及因发展模式改变而导致区域内灾害风险的变化。

② 最近发生灾害的影响区域。最近发生灾害对区域的影响，可以为规划提供新的信息。

③ 新研究或技术。规划区域在水文、交通及人口等方面是否有新的研究，是否有新的技术或方法可供规划团队提供新的信息。

④ 损失再评估。对于未完成的防灾行动，规划团队用掌握的已有信息对其进行成本—效益的再评估。

(2) 回顾能力评估。回顾能力评估结果，以确定法律、政策、资源、可用资金及技术的变化对规划的影响。

① 法律、政策及资金变化。土地使用、环境或其他政府政策的变化可能导致规划的改变。

② 社会经济结构变化。广阔的社会变化给防灾行动的实施带来一定影响。经济萧条或大发展、生活成本的增长、政策的变化、人口增长及环境问题可能对防灾措施有一定

影响。

2. 确定是否修改规划

规划团队根据最新信息确定需改变的区域及过程。由于知识及技术等方面的变化，规划的某些方面需做适当调整，修改规划目标和防灾行动是规划修改中最重要的内容。规划团队将从防灾行动获得的信息纳入到规划的修改中，并就规划目标和防灾行动达成共识。

为实现新的防灾目标，规划团队确定采取的防灾措施，将讨论的减缓措施列出，纳入到新的规划中，并鼓励公众参与。

(1) 原有规划目标是否可用，是否需要调整规划目标。回顾规划区域发生的变化，以确定规划是否能达到规划目标，是否和现实状况保持一致。

(2) 重新确定优先防灾措施。由于新的防灾措施及区域内某些方面的变化，需重新对防灾措施进行优先排序。

(3) 防灾措施与可用资源是否协调。确保有充分的资源可用于防灾措施的实施。考虑可用资源的来源；过去的资源是否可用；是否有新的可用资源；是否有非营利性组织或机构加入到防灾规划中。

(4) 将修改内容纳入规划。将灾害、易损性和防灾措施等信息纳入到规划中。对规划的过程、公众参与方式、防灾措施的相关责任方和资金来源等方面进行说明，修改后的规划应让利益相关者审查，并就修改后的规划达成共识，进而提交上级部门等待审核通过。

6.5 某城市防灾规划案例分析

以淮河中游某城市为例，研究城市综合防灾规划。该城市自然灾害主要涉及地震和洪水灾害，因此案例防灾规划主要以分析地震和洪水灾害为主。

6.5.1 规划概况

1. 规划区域介绍

(1) 自然概况。

规划某城市位于安徽省淮河中游，跨淮河两岸，东邻凤阳、定远，西接寿县，南倚舜耕山与长丰为界，北以凤台县与颍上、利辛、蒙城、怀远相毗邻。市辖大通、田家庵、谢家集、八公山、潘集五个区和凤台县。凤台县和潘集区位于淮河北岸，其余四区位于淮河南岸。全市总面积 2121 km^2，其中凤台县 1030 km^2，潘集区 607 km^2，南岸四区共 484 km^2；2007 年末，该市户籍总人口为 239.4 万人，其中凤台县 73.5 万人，潘集区 43.7 万人，南岸四个区共 122.2 万人，人口密度 0.107 万人/km^2。2010 年末，该市户籍人口为 242.5 万人。

淮河干流由西向东贯彻全市，流经该市 87 km，其中流经城区 40 km。淮河以南属丘陵地，地面高程在 25～240 m 之间，沿淮为湖洼地，地面高程 18～21 m；淮河以北地势平坦，属淮北平原，高程在 21～24.5 m。全市水面有 48.3 km^2，占 2.2%；丘陵（30～60 m 高程）68.2 km^2，3.2%；山地（60 m 以上高程）58.2 km^2，占 2.8%；其余 1946.3 km^2 为广阔平原，占 91.8%。近年来，随着一些老煤矿的报废，形成煤矿坍陷区，所占面积比例较小。

市区南部有上窑山，南部舜耕山，西有八公山、白鹗山，沿淮支流及洼地南岸有孔集湾、石姚段、石涧湖、窑河等；北岸有西淝河、永幸河、架河、泥河等 4 条主要支流均在市区范围内注入淮河。还有茨淮新河经市区北部在下游怀远县境入淮。

该市属暖温季风气候区，季节分明。该年平均气温为 15.3 度，最高气温为 41.2 度，最低气温为零下 22.2 度，平均霜期 138 天。城市主导风向是东南风，平均风速 2.7 m/s，最大风速 20 m/s。

（2）社会经济概况。

该市是重要的工业城市，是我国大型能源工业基地之一。1984 年经国务院批准为较大城市，1985 年被批准为开放城市。该市为全国亿吨煤基地、华东火电基地和煤化工基地的“三大基地”，经济以重工业为主，煤工业为支柱产业。

该市煤炭资源丰富，且煤质良好，适合作为动力用煤，是中国 13 个“亿吨级煤电基地”之一。电力工业发展迅猛，发电量主要供应经济发达的华东地区，成为华东电网的骨干力量。炼焦、化工、煤气等工业有很大发展。

该市交通便利，铁路运输网络发达，北通京九、濉阜线，南接合九线。公路四通八达，合肥、蚌埠、六安、霍邱、阜阳、颍上、蒙城、淮北等市县均有长途汽车通达。淮河水运四季通航，市内在新庄孜、应台孜、田家庵和上窑均设有码头。

（3）地形概况。

该市位于江淮丘陵与黄淮海平原的交界处，地貌类型兼有平原和丘陵的特点。总地势为西高东低，淮河南岸南高北低，淮河由西向东流经全境。沿河两岸由于长期黄河夺淮，泛滥冲积的影响，形成低洼河谷平原。淮河以北为黄淮海平原的一部分，海拔大都在 21～26 m 之间。淮河以南为江淮丘陵的北缘，海拔 25～240 m，地貌发育为丘岗相间。主要地貌有以下几点：

① 残丘。残丘分布在淮河以南，包括上窑山、舜耕山、八公山、大山四个部分，东西绵延数十里。海拔 50～241 m 之间，坡度 15～30 度。残丘上部大部分为基岩裸露。水土流失严重，自然植被少，土层薄，土壤多粗骨性。残丘下部为石灰贮存岩坡麓堆积带。植被覆盖度大，土层较厚，地势向岗地微倾斜，坡度小于 5 度，构成不连续的环状阶地。

② 岗地。岗地分布于淮河及其支流西淝河、港河、架河、东淝河、窑河沿岸的二级阶地上，一般海拔 20～50 m，坡度 5～15°。淮河以北岗地比较平缓，岗、傍、冲发育有明显且

呈连续分布，淮河以南岗地，起伏度较大，因受残丘岗坡侵蚀影响，冲沟明显，岗、傍、冲微地貌发育较完整，自西向东呈带状分布。

③ 河谷平原。河谷平原分布在沿岸淮河及其支流西淝河、东淝河两侧，为近代黄泛冲积物所覆盖，地势低平，海拔 15～20 m。河谷中有地表径流的侵蚀切割现象，河谷地势向谷底倾斜，主要有河漫滩、自然堤、背河洼地等微地貌类型构成。

④ 河间浅洼平原。河间浅洼平原位于淮河以北的平原地区，分布面积较广，地势由西向东南微倾斜，局部地区由边缘向中央倾斜。平原中的局部洼地，地下水位较高，地下水矿化度高，土壤有发生碱化现象，内涝较严重。

(4) 地质概况。

在地质构造上，该市位于华北地块南缘，为内部宽缓起伏的北西西向复向斜构造，从李四光构造体系上看，则处于新华夏第二沉降带与秦岭纬向构造带的复合部位。从区域构造上看，刚好处于印支期褶皱形成的淮南复向斜的位置上。

舜耕山北麓一带，奥陶系石灰岩由于喀斯特溶洞中地下水活动的结果，形成侵蚀带。山坡之下，一片平原，基岩之上为原 20 m 左右的冲积层所掩盖，为一良好的建筑区域。根据水文地质勘探资料，该市地下水的流向基本上与现代地形倾斜一致。地下水资源分布状况与江淮丘陵地区的地下水分布基本相同，是第四纪地层中的浅水和承压水，主要分布在茨淮新河以南，西淝河以东，淮河以北，青年闸以西和淮河沿岸的河漫滩及一级阶地的范围内。一般静水位在 2～4 m。

根据已掌握的地震历史资料分析，该市隶属于许昌—淮南地震带，且活动是比较明显的。1990 年国家地震局编制的我国第三张地震烈度区域划分图，确定该市地震(除凤台县部分地区以外)的基本烈度为 7 度。安徽省地震局把淮河中游地区列为全省地震重点监视地区之一。根据国标《建筑抗震设计规范》(GB50011-2001)的规定，该市市辖五区地震基本烈度按 7 度地区进行抗震设防。

(5) 城市性质。

该市是华东地区以煤炭、电力为主的能源生产基地。随着市产业结构调整和城市的发展，逐步将该市建设成为以煤炭、电力、化工为主的新型工业城市。

根据该市城市用地范围规划，到 2020 年城市建设用地规模为 165 km^2，新增建设用地主要位于南部新城区。

2. 规划原则

防灾安全规划是为了尽可能的保护人民生命财产安全，减少救灾及恢复成本，使得灾害造成的损失最小化。防灾规划应和城市规划及土地利用规划等协调，规划原则如下：

(1) 显著减少人员伤亡。明确灾害造成的潜在影响，采取保护人员生命安全和健康的措施，提供有关灾害脆弱性和减缓措施的最新信息供管理部门决策使用。执行国家有关法律及地方政策规定，显著减少人员伤害及死亡。确保减缓措施纳入到新建、扩建、改建及重建中，尤其在受到重大危害风险的领域。识别并减缓可能威胁生命安全的危险源，使灾害对人员的伤亡显著减少。

(2) 尽量减少破坏和混乱。将防灾规划纳入到土地规划，根据灾害风险及灾后恢复的需求，保护重要建筑物、住户和信息记录使灾害损失减少，并使灾后恢复加快。财产的保护还包括保存重要的记录、宝贵的工艺数据、历史资料及其他非物质文化遗产。

新规划地点避免或尽量减少危险的暴露，提高设防要求加强对未来灾害的抵御能力。高危地区及基础设施应设有保护生命及财产安全的措施。通过更新土地使用、设计及建设政策来降低灾害所带来的财产损失。研究、开发并推广符合成本效益的建筑，使其超过法律、规则及条例所规定的生命安全所需的最低水平。建立和维护各级政府、私人部门、社会团体以及高等院校等的伙伴关系，通过改善和实施方法来保护生命和财产安全。确保对重要记录的保护以及基础设施的恢复，尽量降低灾后的混乱。

(3) 与保护环境相协调。灾害不仅破坏人为环境，对自然环境也产生极为不利的影响。防灾规划和相应的环境保护法规相结合，使防灾措施对环境所造成的负面影响降到最低。确保防灾规划反映环境保护的目标，并推广使用可持续的防灾措施。

(4) 促进综合防灾政策。长期以来，人们思考和制定防灾政策和措施多以某一特定的灾害为主要对象，如制定针对地震的防灾对策，制定洪水的防灾对策。实际上，灾害发生的影响往往是多方面的，地震如发生后，在造成城市建筑物倒塌，人员伤亡的同时，还可能造成河流变道、决堤或引起堰塞湖等其他灾害，此时，灾害的影响就是多方面的，因而防灾对策也必须是多方面的、综合的。由于人口的持续增长，自然和人为灾害日益增多，综合防灾变得更为迫切。采纳并实施防灾规划，使防灾规划作为总体规划的一部分，通过有效的培训和指导来提高防灾规划的质量和效率，将灾害减缓、灾害预防和灾后恢复相联系。

确定该市的主要灾害种类，对各灾害进行风险分析，结合该市的城市总体规划和土地利用规划，在此基础上制定规划目标及减缓措施。

3. 规划依据

(1) 法律、规范。

《中华人民共和国城乡规划法》

《城市规划编制办法》

《城市规划编制办法实施细则》

《中华人民共和国防震减震法》

《地震监测设施和地震预测环境保护条例》

《建筑抗震设计规范》

《中华人民共和国防洪法》

《中华人民共和国水法》

《防洪标准》

《城市排水工程规划规范》

《城市防洪工程设计规范》

《城市用地竖向规划规范》

《中华人民共和国消防法》

《突发公共卫生事件应急条例》

《国家突发公共事件总体应急预案》

(2) 相关规划及文件。

城市总体规划。

国家和省市现行有关标准、规范和规定。

(3) 规划年限及范围。

城市防灾规划年限与该市总体规划相协调。近期规划：近三年；中期规划：3～8 年；远期规划：10 年以后。

规划范围：该市总体规划范围内的东部地区，包括田家庵区、大通区、经济技术开发区；西部地区，包括谢家集区、八公山区。该市 5 区作为规划的重点研究对象，周边的凤台县通过规划指引进行控制与引导。

6.5.2 确定主要灾害类型

根据城市灾害发生的历史记录，确定城市遭受灾害的类型；依据灾害发生的频率、造成的损失等因素确定影响城市的主要灾害类型。

1. 遭受灾害类型

该市有历史记录的灾害主要有洪水、旱灾、地震、寒潮、冰雹、火灾、风灾、滑坡、工业危险源、地面塌陷等。

(1) 洪水。该市地处淮河中游，1987 年被列为全国 25 个重点防洪城市之一。该市的洪水灾害主要是由降雨过多而导致的淮河溃堤与漫顶，淹没低洼地带，造成房屋破坏，农田、水利设施、电力设施、交通设施等受损。

该市 1951—1992 年平均降雨量 926 mm，1956 年最大降雨量达 1522.6 mm，1978 年最小为 450.3 mm。该市历史上是一个洪涝灾害十分严重的城市，仅新中国成立后的 40 余年里，就发生小洪水 14 次，大洪水 5 次。2003 年发生了历史最高洪水位 24.38 m，2005 年发生了新中国成立以来最大的秋汛，2007 年发生了自 1954 年以来的全流域性大洪水。

(2) 旱灾。淮河流域地处我国湿润气候与半干旱气候过渡带,受季风环流和地形的影响,降雨时空分布极为不均。该市旱灾害频繁发生,特别是近年来经济发展速度加快,对水资源需求量迅速增加,供需矛盾进一步激化。该市年降水量为 969 mm,蒸发量却有 1600 mm。该市旱灾程度具有较强的持续性,夏季干旱多发,不过干旱等级多集中在轻微干旱和中等干旱;秋冬季节则是严重干旱多发的季节;极端干旱多发于春季。

(3) 地震。在地质构造上,该市位于华北地块南缘,为一边缘褶皱断裂发育,内部宽缓起伏的北西西向复向斜构造,其东北为蚌埠隆起,南与合肥凹陷,西与阜阳、颍上一带复向斜相连,东部经定远与著名的郯庐深大断裂带斜接。复向斜南北两翼的褶皱断裂,是本地区主要的孕震构造,历史上寿县 5.5 级、凤台 6.25 级破坏性地震皆发生于此。区内地质构造复杂,活断层发育,地震活动处于华北与华南过渡地带,属于中强地震活动区,全市所有国土面积地震烈度为 7 度。

(4) 寒潮。寒潮天气除造成大风外,主要是带来低温寒冷天气。该市最低气温为零下 22.2 度,平均霜期 138 天。多发生在秋末春初之时,逢强寒潮天气的突然袭击,对大棚蔬菜、水产养殖等造成严重损失。

(5) 冰雹。该市属于典型的季风气候,春夏季节,冷暖空气活动频繁,容易产生深厚的大气不稳定层结,所以冷涡、冷锋、高空槽都可能产生冰雹天气。强冰雹出现时,常伴有阵性强降水、大风、降温等,具有很大的破坏力,通常会造成巨大的经济财产损失和人员伤亡。

冰雹天气是该市的主要灾害性天气之一,具有影响范围小、发展速度快、持续时间短等特点。冰雹的活动具有时间性和季节性等特征,冰雹每年都给农业、建筑、通信、电力、交通以及人民生命财产带来巨大损失。2009 年 6 月,该市田家庵区遭遇冰雹袭击,冰雹最大直径达 8 mm,损失了近 500 亩的大棚果蔬,400 余间民房受到不同程度的损坏。

(6) 火灾。2008 年该市全年发生火灾事故 178 起,比上年减少 43.5%;2009 年该市全年发生火灾事故 241 起,比上年增加 35.4%;2010 年该市全年发生火灾事故 332 起,比上年增加 40.8%;2011 年该市全年发生火灾事故 460 起,比上年增长 38.5%。

以电器、用火不慎和违章操作等原因引发的火灾为最多,居民消防安全意识淡薄、建设工程和项目不符合消防安全标准是主要起火原因。应该进行多种形式的安全用火、防火知识宣传,同时加强管理。

从造成的损失看,消防设施严重不足、消防站责任区范围大大超出国家标准,是火灾造成较大损失的主要原因。

(7) 风灾。风灾是由大风造成,该市发生的大风主要有两类:一类是由冷空气南下引起的偏北大风,这类大风常伴有气温骤降;另一类由热带强对流天气引起的大风,这类大风常伴有暴雨出现。

(8) 滑坡。该市因采煤产生大量的煤矸石,边坡较陡且易风化。煤矸石场未采取有效的防渗和导渗措施，具有渗透性强、抗渗能力弱、边坡稳定性差等特点，易导致滑坡。强降雨作为诱因增加了滑坡发生的可能性及其导致的后果。另外，因采煤导致的采空巷道纵横交错，塌陷区域内易发生滑坡等地质害灾。八公山以及舜耕山区域内间多次发生滑坡灾害，2006 年，位于八公山区和谢家集区结合部的新谢隔堤东段发生滑坡，东部 120 m 堤段堤身向堤内侧下挫，其中下沉严重堤段约 80 m，堤顶最大塌陷深度约 6 m，平均塌陷4.5 m。

(9) 地面塌陷。煤炭是该市的一个支柱产业，因煤矿开采引起的地面下沉现象十分严重，对居民生活和经济发展造成了严重影响。矿区采出煤层累计厚度大，地表沉陷深，沉陷程度广，同时积水现象也较为严重。采煤沉陷区共分为六个沉陷区，这些沉陷区大部分位于淮河以南，属于老矿区。

采空塌陷区主要沿矿井周围分布，其危险区段以淮河以南老矿区及附近的采空塌陷区为主，该地区采矿时间长，多层次采空巷道纵横交错，构造岩溶裂隙发育，存在着不可预见的突性灾害诱发因素。潘谢矿区、新集矿区的采空塌陷区也存在发生突发性灾害的可能性。随着煤炭开采强度的加大，采空塌陷区的面积不断增大，灾害危险程度加剧。

市区沉陷范围内的矿井主要有李嘴孜矿、新庄孜矿、谢一矿、李一矿、李二井、望峰岗井等，2008 年底沉陷面积总计 32.49 km^2。

(10) 工业危险源。随着该市经济的快速发展，涉及易燃易爆、有毒有害危险品的拟建、在建工业园区或建设项目逐年增多。这些区域内的工业危险源，因人为、设备、生产管理或环境因素等可能引发泄漏，进而发生火灾、爆炸、毒物扩散等事故。事故一旦发生，往往超出工业园区或建设项目的边界，给周边人群、环境造成恶劣影响，导致大量人员伤亡和财产损失。

该市的工业危险源有化工厂、发电厂、石油库和加油站，初步统计，登记、备案在册的工业危险源企业：发电厂 3 家，化工企业 9 家，加油站和油库 39 家。工业危险源产生的后果较为严重，中毒、火灾和爆炸是工业危险源常见的事故。

2. 灾害风险等级划分

在灾害风险等级划分中，根据历史记录、易损性、最大损失及可能性四个因素对可能影响城市的各单灾种分别赋值。历史记录指近百年来灾害发生的次数；易损性指人口或财产受灾害影响所占的比例；最大损失指灾害发生最严重时，所造成人员伤亡或基础设施等财产损失所占的比例；可能性指特定时期内灾害发生的次数。因素的权重因子、评分标准及其说明，如表 6-12 所示。

表 6-12　城市灾害风险分级指标及权重

影响因子	权　重	等　级	分　值	说　明
历史记录	2	高 中 低	7～10 4～6 1～3	近百年内发生 4 次及以上； 近百年内发生 3 次； 近百年内未发生或仅发生 1 次
易损性	5	高 中 低	7～10 4～6 1～3	>10%的人口或财产受灾害影响； 1%～10%的人口或财产受灾害影响； <1%的人口或财产受灾害影响
最大损失	10	高 中 低	7～10 4～6 1～3	>25%的人口或财产受灾害影响； 5%～25%的人口或财产受灾害影响； <5%的人口或财产受灾害影响
可能性	7	高 中 低	7～10 4～6 1～3	10 一遇； 50 年一遇； 100 年一遇

确定评估区域内各种灾害的 4 个因子值，从而由权重值可得各灾害的风险值。灾害风险值越大，对城市的危害就越大，作为优先考虑的灾种进行规划减缓。根据该市的统计资料，各灾种风险分析值如表 6-13 所示。风险值由高到低排在前 4 位的灾害依次是工业危险源、洪水、火灾、地震。由此可以得，该市最主要的 4 个灾种为工业危险源、洪水、火灾和地震。

表 6-13　各灾种风险分析

灾　种	历史记录	易损性	最大损失	可能性	风险值
洪水	9	9	9	6	195
冰雹	5	4	4	5	105
地震	2	10	9	3	165
火灾	10	5	7	9	178
滑坡	8	1	3	6	93
干旱	8	2	2	7	95
大风	2	4	1	6	76
寒潮	3	3	2	7	90
地面塌陷	9	6	5	9	161
工业危险源	8	7	8	10	201

6.5.3　主要灾种风险分析

地震风险分析，具体内容详见本书第 3.1 节地震风险分析。

洪水风险分析，具体内容详见本书第 3.2 节洪水风险分析。

台风风暴潮风险分析，具体内容见本书第3.3节台风风暴潮风险分析

6.5.4 规划目标

1. 地震防灾规划目标

(1) 减少地震物理破坏。降低建筑物的震害指数；提高生命线工程的抗震能力。

(2) 降低地震影响因子值。提高地震灾后救援能力；加快公共避难场所建设；建立地震防灾管理体系；具体分析可参见4.4节地震防灾规划目标。

2. 洪水防灾规划目标

(1) 将防洪标准提高到100年一遇。从漫顶洪水的模拟来看，规划区域能够抵御60年一遇的洪水，其中40年和60年一遇的洪水都出现漫顶现象，只是溢流出来的水都泄流到行洪区中，也就是上六坊、下六坊、石姚段和洛河湾内，其他地段并没有出现满堤。然而，对于100年一遇的洪水而言，从模拟横断面水位可得水位线达24.22 m，除了漫顶淹没行洪区外，由于袁郢孜位于行洪区的边缘地带，而且地势比较低，造成洪水从该地区流入，直接倾入市区。

中心城区防洪标准近期按100年一遇设防；远期按100年一遇标准设防，200年一遇洪水流量校核。风台县城和潘集区驻地防洪标准按50年一遇设防。

(2) 加强洪水管理 。从溃堤洪水的模拟来看，田家庵段堤坝的溃堤风险较大，一是由于它位于淮河拐弯处，堤坝受河流冲击力大，而且上游带来的石块、沙粒对堤的侵蚀比较严重，所以溃堤的发生概率大；二是由于田家庵堤坝以南是市区，溃堤产生的后果严重。在100年一遇的洪水周期下，溃堤造成的洪水淹没范围主要是：医院、公园小区和下陶村三片地区。

因此，一方面加强对田家庵堤坝的加固、增宽等工程性工作；另一方面针对淹没区做好溃堤洪水灾害的预防、预警和人员疏散计划。

7 城市防灾对策

可供选择的防灾措施有多项，由于经济、技术及时间等原因，需要对防灾措施进行优选，选择效益成本率高的防灾措施优先实施，以提高资源的利用率。以下为地震、洪水、火灾及工业危险源的防灾对策。

7.1 火灾安全措施

1. 调整并完善城市总体布局

对于布局不合理的旧城区，严重影响城市消防安全的工厂、仓库，应纳入近期改造规划，有计划、有步骤地采取限期迁移或改变生产使用性质等措施，消除不安全因素。

2. 加大对工业危险源的监督管理力度

加大对易发生火灾的城市工业危险源的监管力度，降低火灾发生的概率及其造成的危害。

3. 加快棚户区改造步伐

对规划区域的原有耐火等级低、相互毗连的建筑密集区或大面积棚户区，应纳入城市近期改造规划，积极采取防火分隔、提高耐火性能、开辟防火间距和消防车通道等措施，逐步改善消防安全条件。

4. 提升消防水平

加强城市消防站建设步伐，提高消防装备水平。加强消防宣传和培训，提高市民消防意识。同时，加强消防安全重点单位的监管力度，提高消防安全重点单位自身消防管理水平。

7.2 工业危险源规划措施

1. 对危险源优化布局及合理分散

在保证风险水平可接受的前提下，充分利用土地资源，将不同等级的风险源交叉分布，避免高风险装置的密集，使风险分布均匀。根据对规划区域内重大事故风险源的风险分析可知，液氨和甲醇储罐等的事故后果影响范围广、周围区域风险值较高，所以其周围区域内不宜规划风险性高的装置及人口密度较大的办公场所。对于容量较大的储罐，应大罐变小罐或减少储存的危险物质量。另外，对工业危险源进行安全规划，应依据现行标准、规范保持安全距离。

2. 加强重大事故风险源管理

需要从企业和政府两个层面着手执行。采用合理多米诺效应的预防技术，实现企业内部及企业间的信息互通、跨厂联防措施，做好重大事故的风险管理。危险化学品的生产、储存、运输必须严格遵守国家及相关行业的安全规定。

3. 制定重大事故应急预案

可根据各重大事故风险源的后果预测，对应急队伍及应急设施进行合理分配。同时在事故发生后，可依据预测事故后果的不同分区，在实施现场采取不同的应急救援行动，及时疏散群众，减少人员伤亡。

7.3 地震减缓防灾措施

1. 严抓工程抗震设防和抗震加固

由于现有的科学技术水平尚难对地震发生进行较准确地预报。因此，提高工程建筑物的抗震防灾能力是当前减轻地震灾害的最有效途径。严抓新建工程的抗震设防，并积极推动旧有工程的抗震加固，以保证城市综合抗震能力的提高。新建工程的抗震设防必须严格把好开工项目的审批关，着重抓设防标准、场地选址、施工质量管理等重要环节。必须严格执行国家标准 GB18306-2001《中国地震动参数区划图》，一般建设工程按区划图或地震小区划提供的抗震设防要求进行抗震设防。重大建设工程、易产生严重次生灾害工程应进行地震安全性评价工作，并按地震安全性评价结果进行抗震设防。对于生命线工程和重要建筑物的设计方案，应由政府组织有关部门会审，否则不予批建。

对于已建重大建设工程、可能发生严重次生灾害及有重大文物价值的建筑物等，未采取抗震设防措施的，应按规定进行抗震性能鉴定，并采取必要的抗震加固措施。现有工程的抗震加固：对规划区域内 1992—2001 年间建设的建筑和重要工程进行抗震加固；对于建造年代较久远的城区要积极进行旧城改造，把城区内的工厂和机关逐步从老城区内迁出，迁到新规划的山南新区，逐步实现对老城区的改造。

2. 加强城市生命线系统的规划与保护

生命线系统主要包括水、燃气、信息情报、电力与道路五大系统。生命线系统的保护措施是城市安全规划的要重组成部分，在灾害发生时确保救灾通道的通畅和维持市民生活的基本供应系统正常运转。生命线系统由长距离可连续设施组成,往往一处受灾,影响大片区域,因此应将生命线工程设施、建筑物当作一个整体规划和研究。规划区域作为重要的煤炭和电力供应基地,城市发展迅速,经济持续增长。但由于城市早期的发展起步较晚,基础设施和城市建设相对落后。一旦发生地震灾害,损失将十分严重。

市政管道铺设时在建设用地选址时避开主要地震带,避开软土及液化土层带,如果无法避免,则必须采取相应的工程措施,可为穿过断裂带的供水管道安装螺栓接头,在易受地震破坏的区域应安装较多隔离阀等,以提高管道的抗震能力并减少管道破坏时造成的破坏。

城市市政系统应采取分区供应,设置多源供给方式。同时,应提高自来水厂等重要供水设施的抗震能力,保证地震条件下的正常使用。对于老化的管道及时进行更换,新管道应该采用抗震能力较强的材料并严格按照管道抗震的要求进行铺设。

建立信息化的市政系统管理平台,实时监控系统的运行状态,一旦发生事故,可以关闭事故管段并安排修复工作。

3. 积极实施旧城改造

规划区域作为重要的工业、能源与电力基地,市区人口超过百万。市区内存在着一定数量的旧城区,这些旧城区不但建筑物建设的年代较早,存在大量的违章建筑物,而且人员密集,一旦发生地震,极易遭到破坏,影响生命与财产安全。需对旧城实施改造,减小地震风险。

一方面,积极发展山南新区,完善新区的各项生活与工作设施。引导旧城区居民迁往山南新区。另一方面,旧城改造工作因优先针对抗震设防不足的城区,按照地震风险大小有序地进行。

4. 加强城市建设用地选址

为防止地震灾害给城市人民的生命财产安全造成危害,城市规划和建设首先应从根本上重视城市建设用地的选址工作。在城市规划、建设和发展中应择优利用、适应、改造地质环境条件,在建设用地选址时避开主要地震带等不良地质地段,避开软土及液化土层带。

5. 提高灾后救援能力

地震条件下,人员的伤亡与很多因素有关,能否及时得到救援及医疗救助也是影响人员伤亡的重要因素。因此,有必要加强医疗救助体系的建设,可以通过增加医护人员和医院病床的数量来满足伤员需要,以保护人员的生命。同时,加强专业救灾能力的培养,积极开展防灾的教育培训,提高广大市民的救灾与自救能力。

6. 加强城市公共避难空间的建设

城市总体布局中应安排足够的用于避震疏散公共空间,保证居民在震灾发生时能就近利用公园绿地、开阔场地和街道进行自救。城市绿地的防灾作用尤为明显,可起到防止火灾蔓延、作为避灾场所及避灾通道等作用。应建设能满足灾民基本生活所需的应急疏散中心。

7.4 洪水防灾措施

1. 加强现有防洪工程设施的除险加固和河道整治,完善防洪基础设施

完善防洪基础设施是下游防灾最直接有效的措施。按设防标准完善各类防洪工程,加强工程管护设施和防洪非工程建设,基本形成配套完整的综合防洪及除涝体系。

2. 降低河道高程,提高主槽过洪能力

因为主槽过洪能力的提高既能增强河道泄洪输沙能力、减缓滩面淤积抬升速度、防止治理工程防御标准降低,又能缓解滩面淤积抬升引起治理工程防御标准降低的压力。因而一旦主槽过洪能力恢复到适当程度,滩面抬升控制的要求也可以适当放松。分析表明,一定的主槽过洪能力,一般对应着维系河槽稳定的滩槽高差、河道比降和断面宽深关系。对断面形态关系式的简单分析得出,在受来水来沙和基面变动影响的渭河下游河道,滩槽高差较多地受到基面变动的影响,而河道平衡比降和断面宽深关系较多地受到来水来沙条件的影响。

3. 治理地上河"悬河",构筑相对地下河

对历来洪水中堤防"决口"险情的分析表明,"悬河"是增大堤防出险机率、加剧堤防险情的重要因素,同时也是洪水小水大灾的直接原因。因此,从长远而言,还必须治理"悬河",结合下游河道疏浚及堤防淤背建设,在重要堤段构筑相对地下河,从而在一定程度上降低沿岸地区的洪灾风险。

4. 增强分洪、泄洪区建设

加强河道治理同时,分洪、泄洪区的建设亦同样重要,应根据河道现状和防御特大洪水方案确定蓄滞洪区,同时搞好蓄滞洪区的安全建设。

积极加强防洪工程体系建设。防洪标准的高低,防洪能力的强弱,主要取决于防洪工程的分布,工程自身防洪能力的大小及整个防洪体系的组织协调等诸多因素。防洪工程体系的规划指导思想,从"蓄泄兼筹、以泄为主"调整为"蓄泄兼筹,以蓄为主"。

除了发挥水库调蓄洪水、加大蓄滞、减少泥沙的作用之外,通过拦河建闸、平原水库、河网连通,增强平原蓄滞洪涝水的能力,使防洪工程体系在不继续增大河道行洪负担的前提下,即充分发挥河道、水域拦蓄洪水的功能,又减轻洪涝损失,为增强抗旱能力与生态环境的修复创造条件。

5. 加强组织领导和统一指挥组织领导是防灾措施中最首要的，是实施其他各项措施的前提和保证

加强领导责任制，对防汛指挥部内部和有关责任单位都要有明确的职责分工，统一领导，建立一个统一性、权威性、科学性的指挥机构，便于对泄洪进行科学调度，是保证抗洪成功的关键。

6. 建立和完善现代化防汛防灾决策和指挥信息系统

加强同水文站的联系，迅速推进水文数据库建设，努力进行水文、雨量信息采集，为防汛防灾提供最基本的第一手水情、雨情。其次引进水灾预警系统，通过计算机软件技术，模拟灾害可能发生的时间、范围、程度、损失，并对灾情进行评估，提出防灾措施，为做好各项准备工作争取主动。

完善防汛防灾通信网路指挥系统，做到指挥信息下传迅速、到位，反馈信息及时、准确。加强通信网络指挥系统是保证各项防汛政令、指令及时发布及雨情、汛情、灾情、险情等信息联络工作正常进行的重要保证。及时有效的通信，各项指令的及时到达，能较大程度地降低洪水危害，减少人民生命财产损失。各种信息及调度指令的传递速度是把握时机、决定成败的关键。

7.5 城市滑坡灾害防灾措施

根据滑坡防治原则，滑坡防治的一般工程措施主要有以下三个方面：消除或削弱使斜坡稳定性降低的各种因素；降低滑坡体的下滑力和提高滑坡体的抗滑力；保护附近建筑物的防御措施。

1. 消除或削弱使斜坡稳定性降低的因素

这项措施是指在斜坡稳定性降低的地段，消除或削弱使斜坡稳定性降低的主导因素的措施。可分为以下两类：

(1) 针对改变斜坡形态的因素的措施。

为了使斜坡不受地表水流冲刷，防止海、湖、水库波浪的冲蚀和磨蚀，可修筑导流堤(顺坝或丁坝)、水下防波堤，也可在斜坡坡脚砌石护坡，或采用预制混凝土沉排等。

(2) 针对使斜坡岩土体强度降低的因素的措施。

防止风化，为了防止软弱岩石风化，可在人工边坡形成后，用灰浆或沥青护面，或者在坡面上砌筑一层浆砌片石，并在坡脚设置排水设施，排除坡体内的积水。对于膨胀性较强的黏土斜坡，可在斜坡上种植草皮，使坡面经常保持一定的湿度，防治土坡开裂，减少地表水下渗，避免土体性质恶化、强度降低而发生滑坡。

截引地表水流，使之不能进入斜坡变形区或由坡面下渗，对于防止斜坡岩土体软化、

消除渗透变形、降低孔隙水压力和动水压力，都是极其有效的。这类措施对于滑坡区和可能产生滑坡的地区尤为重要。为了拦截地表水流，在变形区 5 m 范围以外修筑截水沟，将地表水和泉水及时引出坡体以外，使之没有停留和下渗的机会。必须注意，排水沟一定不能漏水，并要经常检修，否则将产生适得其反的效果。为了减少地表水下渗并使其迅速汇入排水沟，应整平夯实地面，并用灰浆黏土填塞裂缝或修筑隔渗层，特别是要填塞好延伸到滑动面(带)的深裂缝。

2. 直接降低滑动力和提高抗滑力

这类措施主要针对有明显蠕动因而即将失稳滑动的坡体，以求迅速改善斜坡稳定条件，提高其稳定性。

(1) 清除或削坡减荷与压脚。

斜坡上的危岩或局部不稳定块体，一般可清除。若清除困难或不可能时，可支撑加固以防止其坠落，以免影响坡体稳定和建筑物安全。减荷的主要目的是使变形体的高度降低或坡度减小。最好在经过力学计算得出变形体高度以后，再根据坡高及滑动面的具体条件进行分析，确定有效的减荷和堆渣方案。坡上部削坡挖方部分，堆填于坡下部填方压脚。填方部分要有良好的地下排水设施。

(2) 支挡、锚固、固结灌浆等。

此类措施主要针对不稳定岩土体或滑坡体进行支挡、锚固，或者通过固结灌浆等来改善岩土体的性质以提高坡体的强度和稳定性。

支挡建筑物主要有挡土墙和抗滑桩。挡土墙用于缺少必要的空地以伸展刷方斜坡或者滑动面平缓而滑动推力较小的情况。高挡土墙必须限定在无其他适宜办法时才能采用。要把挡土墙基础设置在滑动面以下的稳固岩土层中，并预留沉降缝、收缩缝和排水孔。最好在旱季施工，分段挑槽开挖，由两侧向中央施工，以免扰动坡体。小型滑坡及临时工程，可用框架式混凝土挡墙。

锚固主要用于岩质斜坡的抗滑治理。常用金属锚杆、钢缆或预应力金属锚杆，以增大软弱面(带)上的法向压力，相应增大其上的抗滑力，提高坡体的稳定性。

固结灌浆对于裂隙岩体，可采用硅酸盐水泥或有机化合材料进行固结灌浆，以提高坡体和结构面的强度，增大抗滑力。灌浆孔需钻至滑动面以下 3～5 m，并且应避免将地下水封存于滑坡体内。

[1] S. N. Jonkmana, P. H. A. J. M. van Gelder, J. K. Vrijling. An overview of quantitative risk measures for loss of life and economic damage. 2003: 142—153.

[2] P. H Bottelberghs. Risk analysis and safety policy developments in The Netherlands. Journal of Hazardous Materials ,2000,71: 45—52.

[3] ABSG Consulting Inc. Consequence assessment methods for incidents involving releases from liquefied natural gas carriers,2004: 4—39.

[4] Hirstl L, Carter D A. A "worst case" methodology for obtaining a rough but rapid indication of the societal risk from a major accident hazard installation . Journal of Hazardous Materials,2002, A92: 223—235.

[5] J. K. Vrijling, W. van Hengel, R. J. Houben. A framework for risk evaluation . Journal of Hazardous Materials,1995,43.

[6] Wertheimer, Paul . Presentation to the danish committee on concert and festival safety, Copenhagen, Denmark, October 2000.

[7] Z. Fang, S. M. Lo, J. A. Lu. On the relationship between crowd density and movement velocity. Fire Safety Journal,2003,38: 271—283.

[8] John J. Fruin. The causes and prevention of crowd disasters. First International Conference on Engineering for Crowd Safety,London, England, March 1993.

[9] D. Helbing,I. J. Faskas, P. Molnar, T. Vicsek. Simulation of pedestrian crowds in normal and evacuation situations. Pedestrian and evacuation dynamics.

[10] Simulating dynamical features of escape panic, Nature, vol 407, 28 September 2000.

[11] Smith, R. A. , Dickie, J. F. (eds) Engineering for crowd safety. Elsevier, Amsterdam, 1993.

[12] 尹占娥. 城市自然灾害风险评估与实证研究[D]. 上海：华东师范大学，2009.

[13] 薛根元，俞善贤，何风翩，等. 云娜台风灾害特点与浙江省台风灾害初步研究[J]. 自然灾害学报，2006，15(4)：39—47.

[14] 刘庭杰，施 能，顾骏强. 浙江省台风灾害的统计分析[J]. 灾害学，2002，17(4)：64—71.

[15] 浙江统计局. 浙江统计年鉴[M]. 北京：中国统计出版社，2010.

[16] Heiko apel, Annegret H. Thieken, Bruno Merz ,Gunter Bloschl. A probabilistic modelling system for assessing flood risks. Hydrology and Water Resources

Management, Vienna University of Technology, Austria, D-14473.

[17] Ojha, C. S. P., Singh, V. P., Adrian, D. D.. Determination of critical head in Soil Piping. Journal of Hydraulic Engineering, 2003, 129(7): 500—518.

[18] P. H. A. J. M. van Gelder, J. K. Vrijling. Reliability based design of flood defenses and river dikes.

[19] Joana E. M. Pragosa, The failure probability of a slope, section of hydraulic engineering faculty of civil engineering and geosciences, TU Delft, 2005.

[20] W. Kanning. Safety format and calculation methodology slope stability of dikes, A probabilistic analysis on geotechnics to determine partial safety factors, September 2005.

[21] 高延红,张俊芝,孙东亚.现有堤防的可靠性及其设防水平的费用效益分析模型[J].浙江工业大学学报,2005,33(1).

[22] Owen, M. W. Design of seawalls for wave overtopping. HR Wallingford Report EX924. JBA (2003) Hi flows/Flood zones projects.

[23] Hall et al. A methodology for national-scale flood risk assessment proceedings of the institution of civil engineers. Water and Maritime Engineering 156 Issue WM3.

[24] Davis Associates Limited Managing large events and perturbations at stations.

[25] 吴辉龙，谢平城，陈文福，等. 结合 HEC-RAS 模式与 GIS 模拟洪灾的研究[J]. 水土保持学报，2003，35(4)：345—362.

[26] International Centre for Water Hazard and Risk Management under the auspices of UNESCO (ICHARM). A feasibility study on integrated community based flood disaster management of Banke District, Nepal. Public Works Research Institute (PWRI), 2008.

[27] Knebl M R, Yang Z L, Hutchison K, et al. Regional scale flood modeling using NEXRAD rainfall, GIS, and HEC-HMS/RAS: a case study for the San Antonio River Basin Summer 2002 storm event. Journal of Environmental Management, 2005, 75: 325—336.

[28] Luino F, Cirio C G, Biddoccu M, et al. Application of a model to the evaluation of flood damage. Geoinformatica, 2009, 13: 339—353.

[29] Hawaii Water Systems Technical Studies Program Statewide Dam Break Analysis: Dam Break Analysis for Elua Reservoir. US Army Corps of Engineers, 2008.

[30] HEC-GeoRAS User's Manual Version 4.1. US Army Corps of Engineers,

September 2009.

[31] HEC-RAS: River Analysis System User's Manual Version 4.0. US Army Corps of Engineers, March 2008.

[32] HEC-RAS: River Analysis System Hydraulic Reference Manual Version 4.0. US Army Corps of Engineers, March 2008.

[33] 刘莉，谢礼立，胡进军. 城市地震的可接受死亡风险研究[J]. 自然灾害学报，2010，19(4)：1—7.

[34] Vladimir M. Trbojevic. Risk Criteria in the UK and EU. Risk Support, 2004, 15.

[35] Societal Risk And The Concept of Risk AVersion J. K. Vrijling and P. H. A. J. M. van Gelder Delft University of Technology.

[36] Risk Acceptance Criteria: current proposals and IMO position Rolf Skjong DNV 2002 surface transport technologies for sustainable development, 2002.

[37] HSE, principles for Cost Benefit Analysis (CBA) in support of ALARP decisions.

[38] Proposals for revised policies to address societal risk around onshore non-nuclear major hazard installations, 2007.

[39] Young-Do Jo, Daniel A. Crowl. Individual risk analysis of high-pressure natural gas pipelines. Journal of Loss Prevention in the Process Industries, 2008(21): 589—595.

[40] Noaa. Areal location of hazardous atmosphere program (ALOHA) (revision 5.4.1). Washington: U.S. Environmental Protection Agency, 1999.

[41] Jung S, Ng D, Lee J, et al. An approach for risk reduction (methodology) based on optimizing the facility layout and siting in toxic gas release scenarios. Journal of Loss Prevention in the Process Industries, 2010, 23(1): 139—148.

[42] Vázquez-Román R, Lee J, Jung S, et al. Optimal facility layout under toxic release in process facilities: A stochastic approach. Computers and Chemical Engineering, 2010, 34 (1): 122—133.

[43] Díaz-Ovalle C, Vázquez-Román R, Mannan M S. An approach to solve the facility layout problem based on the worst-case scenario. Journal of Loss Preventionin the Process Industries, 2010, 23(3): 385—392.

[44] Crowl D A, Louvar J F. Chemical process safety: fundamentals with applications, 2nd Edition. New Jersey: Prentice Hall, 2001.

[45] Taveau J. Risk assessment and land-use planning regulations in France following the AZF disaster. Journal of Loss Prevention in the Process

Industries,2010,23(6): 813—823.

[46] Török Z, Ajtaia N, Turcu A, et al., Comparative consequence analysis of the BLEVE phenomena in the context on Land Use Planning; Case study: The Feyzin accident. Process Safety and Environmental Protection,2011, 89(1): 1—7.

[47] Scenna N J, Santa Cruz A S M S. Road risk analysis due to the transportation of chlorine in Rosario city. Reliability Engineering and System Safety,2005, 90(1), 83—90.

[48] 丁 明,吴义纯,张立军.风电场风速概率分布参数计算方法的研究[J].中国电机工程学报,2005,25(10): 107—110.

[49] Conradsen K, Nielsen L B, Prahm L P. Review of weibull statistics for estimation of wind speed distributions. Journal of Applied Meteorology, 1984, 23(8): 1173—1183.

[50] 刘东华.突发性河流污染事故风险分析与应急管理研究[D].天津: 南开大学,2009.

[51] 吉庆丰.蒙特卡罗方法及其在水力学中的应用[M].南京: 东南大学出版社,2004.

[52] 相艳景,刘 茂,张永强,等.液氨储罐泄漏中毒事故的个人风险分析[J].安全与环境学报,2009,9(1): 176—179.

[53] 王洪丽.合成氨项目环境风险评价研究[D].北京: 北京化工大学,2006.

[54] M. D. Christou, A. Amendola, M. Smeder. The control of major accident hazards: the land-use planning issue. Journal of Hazardous Materials,1999, 65: 151—178.

[55] S. N. Jonkmana, P. H. A. J. M. van Gelder, J. K. Vrijling. An overview of quantitative risk measures for loss of life and economic damage. 2003: 142—153.

[56] Hirsti, Carter D A. A "worst case" methodology for obtaining a rough but rapid indication of the societal risk from a major accident hazard installation. Journal of Hazardous Materials. 2002, A92: 223—235.

[57] J. K. Vrijling, W. van Hengel, R. J. Houben. A framework for risk evaluation. Journal of Hazardous Materials,1995,43.

[58] Health and safety executive. Guidance on "as low as reasonably practicable" (ALARP) decisions in control of major accidents hazards (COMAH). SPC/Permissioning/12, 2007.

[59] B. J. M. Ale. Risk assessment practices in the netherlands. Safety Science, 2002,40 : 105—126.

[60] HSE. HSE Current Approach to Land Use Planning, 2004.

[61] HSE. PADHI—HSE's Land Use Planning Methodology, 2005.

[62] http: //www. hse. gov. uk/landuseplanning/padhi. pdf, March 2006.

[63] Health and Safety Executive. A review of HSE's risk analysis and protection-based analysis approaches for land-use planning. september 2004.

[64] M. M. van der Voort , A. J. J. Klein, M. de Maaijer et al. A quantitative risk assessment tool for the external safety of industrial plants with a dust explosion hazard. Journal of Loss Prevention in the Process Industries,2008.

[65] Linda Ma, Theo Arentze, Aloys Borgers et al. Modelling land-use decisions under conditions of uncertainty. Computers, Environment and Urban Systems, 2007, (31): 461—476.

[66] 李彪.城市安全规划的可视化技术研究[J].中国安全科学学报,2003,13(11): 28—31.

[67] Center for Chemical Process Safety. Guidelines for evaluating the characteristics of vapor cloud explosions, flash fires and BLEVEs. New York: The Amecrican Institute of Chemical Engineers, 1994: 157—242.

[68] HEC-RAS. River Analysis System User's Manual Version 4・0・US・Army Corps of Engineers, Narch 2008.

[69] API RP 581 Part 1-Inspection Planning Using API RBI Technology. American Petroleum Institute, Washington, D. C.